普通高等教育机电类规划教材

机电一体化技术基础及应用

南京工业大学　黄筱调
上海理工大学　赵松年　编著
上海大学　裴仁清　主审

机械工业出版社

本书简要介绍机电一体化技术的基础知识，系统阐述构成机电一体化技术的主要内容：机械系统；机电一体化中集成电路的应用；微机与接口技术；传感器技术及机械量检测；伺服系统；机电一体化中的软件技术。为结合机电一体化技术的应用，书中列举并剖析了一定数量的机电一体化技术的应用和设计实例供参考。

本书简明易懂、实用性强，可用作大专院校机械类专业机电一体化方向的教材，也可供夜大、函大、职大及技术培训班等成人教育相关专业使用，还可供从事机电一体化设计、制造的工程技术人员参考。

图书在版编目（CIP）数据

机电一体化技术基础及应用/黄筱调，赵松年编著.
—北京：机械工业出版社，1998.2（2025.7 重印）
普通高等教育机电类规划教材
ISBN 978-7-111-04431-4

Ⅰ.机… Ⅱ.①黄… ②赵… Ⅲ.机电一体化－高等教育－教材 Ⅳ.TH-39

中国版本图书馆 CIP 数据核字（2000）第 83440 号

机械工业出版社（北京市百万庄大街 22 号　邮政编码 100037）
责任编辑：邓海平　　版式设计：张世琴
责任印制：张　博　　责任校对：韩　晶
北京建宏印刷有限公司印刷
2025年7月第1版第25次印刷
184mm×260mm·12.75印张·310千字
标准书号：ISBN 978-7-111-04431-4
定价：35.00元

电话服务
客服电话：010-88361066
010-88379833
010-68326294

网络服务
机　工　官　网：www.cmpbook.com
机　工　官　博：weibo.com/cmp1952
金　书　网：www.golden-book.com
机工教育服务网：www.cmpedu.com

前　　言

本书为全国高等工业学院机械设计及制造专业教学指导委员会确定的列入原机械电子工业部《全国高等学校机电类专业“八五”教材编审、出版规划 》的新编教材。本书是原讲义经过若干大学和进修班使用过数次后，在广泛征求意见基础上编写而成的。

机械工业已发展到机电一体化的新阶段。现代机械必然是由电脑控制的伺服系统。机械产品总体方案分析的整个设计过程中，要从设计要求出发，尽可能系统地采用新的机电一体化技术和元器件。本书的目的即为培养学习者对机电一体化技术的应用能力打下基础。

本书简明扼要地介绍机电一体化技术的基础知识，较系统地阐述了构成机电一体化技术的主要内容，包括机电一体化机械系统、机电一体化中集成电路的应用、微机和接口技术、传感器技术及机械量检测、伺服系统、机电一体化中的软件技术。为结合实际，书中列举并剖析了一定数量的机电一体化技术应用和产品设计实例供参考。

本书由南京工业大学黄筱调、上海理工大学赵松年编写。主审上海大学裴仁清全面详细地审查了全书初稿，并提出中肯意见，编写者据此作了大量修改，重新编写了若干章节，经复审后定稿。编者在此特向主审人致以诚挚的谢意。同时向本书所引主要参考文献的国内外作者致意。

本书可用作大专院校机械类专业机电一体化方向的教材，也可供夜大、函大、职大、业大及技术进修班、培训班等成人教育有关专业使用，还可供从事机电一体化产品设计、制造的工程技术人员参考。

限于编者水平，书中的缺点错误恳请广大读者批评指正。

编　者

目　录

第一章 总 论

第一节 机电一体化的基本概念

在科学技术飞速发展的今天，任何一项新技术的产生都是各种技术互相渗透的结果。机电一体化是一种复合化技术，它是机械技术与微电子技术、信息技术互相渗透的产物，是机电工业发展的必然趋势。微电子技术与信息技术的引入，使古老的机械工业焕发青春，使传统的机械电器产品，在功能上、性能上以及制造技术上都提高到一个崭新水平，所带来的经济效益和社会效益是十分巨大的。

机电一体化的外文名词是 Mechantronics，起源于日本，是日本人创造的英语名词。它取英语 Mechanics 的前半部和 Electronics 的后半部拼合而成，表示机械学与电子学两种学科的综合。我国通常译为机电一体化或机械电子学。

机电一体化这一门科学，至少应当包括机电一体化技术与机电一体化产品这两个组成部分。由于计算机技术与通信技术的蓬勃发展，它还应该包括信息化的内容。因为在机电一体化产品中往往要引入仪器仪表技术，所以有时称之为“机、电、仪一体化”。机电一体化这种复合技术，其定义可概括为：机电一体化技术是从系统工程观点出发，应用机械、电子、信息等有关技术，对它们进行有机的组织与综合，实现了整体最佳化。机电一体化不是机械与电子简单的叠加，而是在信息论、控制论和系统论的基础上建立起来的应用技术。

机电一体化的实体部分是机械技术和电子技术，又通过信息技术把两者有机地结合在一起，从而构成功能更为先进的技术产品。按照系统分析的观点，机电一体化就是把机械部分和电子部分各作为一个环节，统一在一个“系统”之中。为了使该系统的运行达到最优化，应该使构成系统的所有硬件采取最佳组合方式。为了强化机电一体化产品的功能，从系统观点出发，把机械部分和电子部分融合在一起进行通盘考虑，决定哪些采用机械技术，哪些采用电子技术，并通过信息传输与处理把两者有机地组合起来。因此，从某种意义上来说，机电一体化技术是系统工程学在机械、电子领域中的应用，而机电一体化产品则显示出它的应用效果。

随着微电子技术的蓬勃发展，机电一体化的产品不断涌现出来，大致可归纳成两大类别。

第一类属于机械电子化产品，这类产品是机电一体化的初级形式，即原有的机械产品采用了微电子技术之后，其性能和功能都有了提高，甚至在结构上也发生了变化。这类产品为数不少，它们又可细分成：

1）机械本身的主要功能被电子取代，如采用微机与激光连续加工代替了传统方式的电加工的线切割机床，电子照相机的电子快门、自动曝光、自动对焦代替传统的机械式照相机等。

2）机械式信息处理机构被电子元件代替，如电子钟表、电子计算器、电子交换机、电子秤等。

3）机械式控制机构被电子式的代替，如缝纫机的凸轮机构被微型机控制系统代替；在燃料喷射装置中，加热炉中采用微机程序控制等。

4）采用微电子技术增加了控制功能，如数控机床、汽车防滑制动装置、微机控制的电机调速装置、微机控制的播种机、微机控制的联合收割机、微机控制的孵化器等。

第二类属于机械与电子融合的产品，这类产品属于机电一体化的高级形式，如工业机器人、传真复印机、声音合成装置、电子式自动售货机、计算机断层摄影装置、液晶式打字机、彩色复印机、自动探伤仪、形状认别装置、字词处理机、磁式无胶片照相机、分时计价电度表等。这些产品单靠机械或单靠电子都是无法实现的，而必须靠机械与电子进行有机的结合才能完成。

第二节　机电一体化的技术体系

一、机电一体化的构成要素

机电一体化的构成要素很多，但其中五大要素是必需的。这是与人体的五大要素进行对比时，从中得到启发的。

图 1－1 示出人体的五大要素。内脏是创造能源使人得以维持生命和进行活动的部分。人们通过五官接收外界传来的信息，头脑集中所有的信息并加以处理；与其它要素有机地统一起来进行控制，再通过手足将意志作用到外界。骨骼是把人作为一个整体组织起来，而且规定其运动。

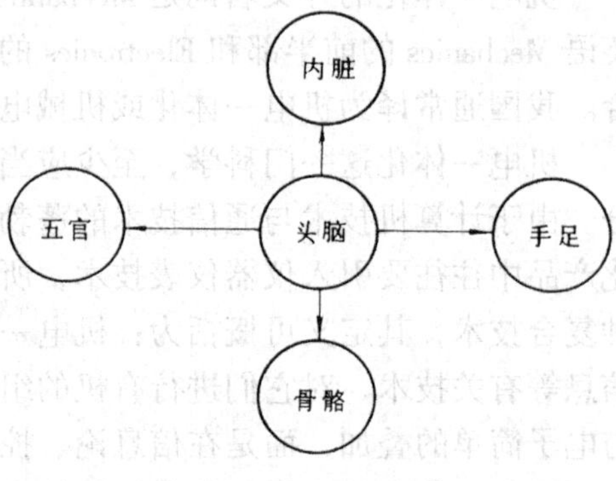

图 1－1　人的五大要素

图 1－2 示出的机电一体化与人体相对应的五大功能，图 1－3 则示出机电一体化的五大要素。

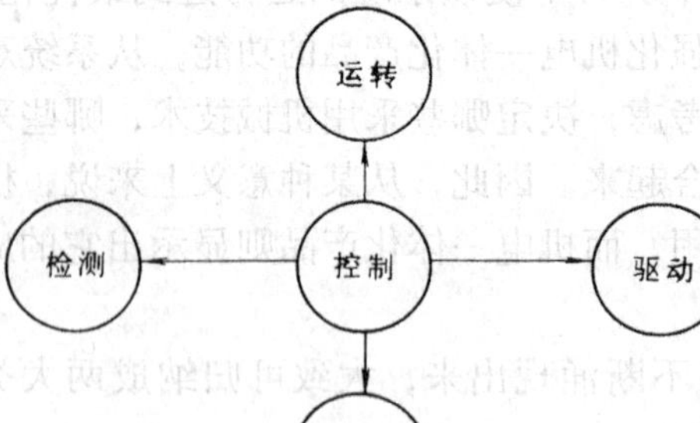

图 1－2　机电一体化的五大功能

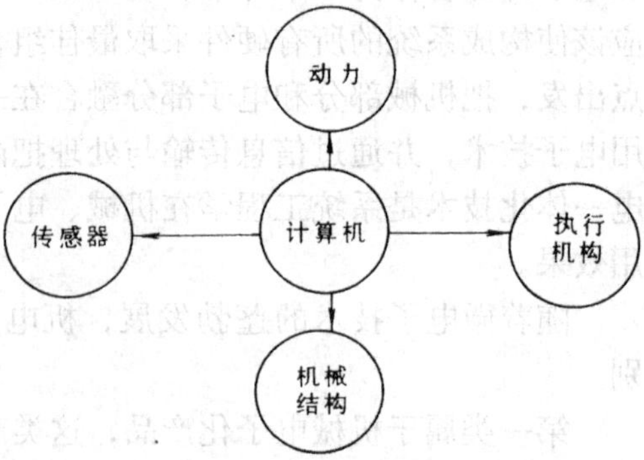

图 1－3　机电一体化系统的五大要素

二、机电一体化所联系的主要学科领域

机电一体化技术是一门新兴的学科，所联系的主要学科领域如表 1－1 所示。

从表 1－1 可知，支撑“机电一体化”这一门学科的有：1）机械学。2）控制论。3）电子学。4）计算机科学。

这四大基础学科中又可细分为九大组成部分。表 1－1 中的机械设计、动态系统分析、电机、电器及电力电子学是传统机械学和电工学的学科范围，其它则是适应机电一体化需要而开拓的部分。在控制论学科中，从经典的反馈控制，经过数字控制，发展为以状态参量为基础的多变量自适应控制、模式认别、系统仿真、人工智能等新技术所形成的现代控制。在电子学学科中，包括了传统的强电与弱电两个领域，也包括了电子学学科的新发展如微处理机等。在计算机学科中，软件工程包括系统软件与应用软件两个方面。系统软件是计算机本身的操作系统、编译系统等的总称。应用软件则是 CNC、DNC、CAD、CAM、CAT、FMS 以及计算机辅助管理等方面的技术基础。微处理机系统设计应包括两个方面，一方面是定型机种的系统开发，另一方面是专用微处理机与集成电路的设计与组装，它对于设计和制造机电一体化产品至关重要。

表 1－1 机电一体化所联系的主要学科

机械学		控制论	
机械设计	动态系统分析	经典控制　数字控制	现代控制
	机电一体化		
微处理机及常规仪器仪表	电机、电器及电力电子学	软件工程	微处理机系统设计
电子学		计算机科学	

机电一体化，按其工程对象而言可包括以下三个方面：

1）机械制造过程的机电一体化。

2）机械（包括电工）产品设计的机电一体化。

3）机械成套装置的机电一体化。

从上述学科基础来看，机电一体化作为一门综合性的技术，为这三种工程对象服务。随着科学技术的发展，以及电子技术、测试技术、激光技术等相互渗透，机械学科及电工学科已慢慢向多学科综合方向发展。单纯的机械产品或电器产品将会越来越少，今后机电结合的技术将在机械行业和电工行业中占主导地位。

三、机电一体化的相关技术

机电一体化包括软件和硬件两方面技术。硬件是由机械本体、传感器、信息处理单元和驱动单元等部分组成。因此，为加速推进机电一体化的发展，必须从以下几方面着手。

(一) 机械本体

机械本体必须从改善性能、减轻重量和提高精度等几方面考虑。

1. 减轻重量　现代机械产品一般都是采用钢铁材料为主制造的。为了减轻重量，除了在结构上加以改进外，主要应考虑利用非金属复合材料。只有机械本体减轻了重量，才有可能实现驱动系统的小型化，在控制方面才能够改善快速响应特性、减少消耗能量、提高效率。

2. 提高刚度　包括静态刚度、动态刚度以及导向面、配合面的刚度问题，必须全面考虑。要保证在减轻重量的情况下，不降低刚度。

3. 实现通用化、标准化和系列化　从改进组合单元结构设计和进行性能分析入手，使零部件具有互换性，并提高使用和维修水平。如在机械加工中，采用组合夹具、可调夹具等。

4．提高系统整体的可靠性　因为机电一体化产品不是普通的单一产品，它构成一个系统。一处出现故障，会造成整个系统停止运行。因此必须形成维修和保养方便、出现问题时易于寻找故障部位的系统。

仅从机械方面来讲，开展可靠性设计及普及该项技术的应用；加强对机电产品基础元器件的失效分析研究；并在提高元器件可靠性水平的同时，开展对整机系统可靠性的研究。机电一体化产品的设计从静强度设计到动强度设计，同时采用损伤容限设计、动力优化设计、摩擦学设计、防蚀设计、低噪声设计等。

（二）传感技术

根据用途可以分为检测自身内部信息的传感器和检测对象的外部传感器。检测装置由检测、转换、指示、信息处理、记录等部分组成。传感信息的方式有：光、电、流体、机械等。评价指标有：功能范围、灵敏度、分辨率、耐环境性、抗干扰性、可靠性等。此外，还有加工前、加工中、加工后检测等系统化的问题，以及模拟系统、数字系统（包括混合系统）等统一化的问题等。

传感器的问题集中在提高可靠性、提高灵敏度和精确度方面。提高可靠性与防干扰有直接的关系。为了避免电干扰，目前有采用光纤电缆传感器的趋势。对外部信息传感器来说，目前发展非接触型检测技术。

传感器向高级化发展，主要是实现元件化和智能化。所谓功能元件，就是用一片集成电路实现传感器和信息处理一体化。进一步建立起可以互换的传感器功能模块系列，建成传感器群的分级结构。智能化就是发展具有自诊断、自修正功能的传感器。

（三）信息处理技术

信息处理设备包括计算机主机或可编程控制器及与其配套的输入输出设备、显示器和外部存诸器（磁盘等）。机电一体化是与微电子学的显著进步、信息处理设备（特别是微型计算机）的普及应用分不开的。为进一步发展机电一体化，必须提高信息处理设备的可靠性，包括模/数转换设备的可靠性和分时处理时输入输出可靠性，提高处理速度，并解决抗干扰及标准化问题。

在研制小型、大容量、高速处理计算机同时，还需要开发高速、小功率运算部件。实现复杂的多信息联机处理，使硬件快速动作，则主要依赖于信息处理部分的高速处理功能。

（四）驱动技术

驱动方式按动力源的不同可分成：液压、气动、电动三种。前两种驱动系统比较复杂，包括泵、阀、液压缸（气缸）、过滤器、管径等。目前存在着功能可靠性、标准化以及减轻重量、减小体积等问题。

电机作为驱动机构已被广泛采用，但目前在快速响应和效率等方面还存在一些问题。目前正在积极发展内装有编码器的电机，以及控制专用组件—传感器—电机三位一体的伺服驱动单元。

（五）接口技术

将组成机电一体化产品各部分连接起来的元件就是接口。如在机械设备与微型机的连接中，由于机械动作相对微型机工作速度是极其缓慢，微型机输出的信号是以并行方式传递脉冲数字代码，输入的信号是以数字脉冲形式，而机械设备所接受的电流或电平形式的信号，以及传感器从机械设备所检测并反馈给微型机的信号，都与微型机输出和输入信号存在很大的差别；这都要求解决两者间的接口电路。接口电路要完成两个作用，其一是信息交换，指的是工作速度快的计算机与工作速度慢的外围设备之间进行信息交换时所需要的接口。另一种接口是指电平转换电路，指的是同类型元器件之间进行连接时所需要的接口。

接口采用同一标准规格，不仅给信息传递和维修带来方便，而且可以简化设计。采用通用接口可使成本下降，起码的要求是输入/输出接口要标准化。为了与计算机连接，必须使数据传送的格式标准化、规格化。

目前正致力于发展低成本、高速串行接口，解决信号电缆非接触化，光导纤维以及光耦器的大容量化、小型化、标准化等问题。

（六）软件技术

软件与硬件必须协调一致地发展。为了减少软件的研制成本，提高生产维修的效率，要逐步推行软件标准化，包括：子程序标准化，程序模块化，软件程序的固化，推行软件工程等。

此外，数据库的建立，作业描述语言的开发，语言理解、文字理解等软件问题，也是机电一体化中应予关注的问题。

第三节　机电一体化的发展前景

一、机械技术发展的总趋势

关于机械技术的发展，可以概括如表 1－2 所列的四个阶段。在这四个阶段中分别赋予机械不同的功能。进入机电一体化阶段，就是使机械技术智能化，更好地代替人进行各项工作。

表 1－2　机械技术的发展

阶　段	机　械　技　术　的　发　展		赋予机械的功能
第一阶段	机构的发明	凸轮、齿轮、联轴节、轴承、传动带、螺钉、螺母等	作业功能
第二阶段	使作业机构动作的动力机械的发明	水力、风力、蒸汽动力、内燃机、电动机等	动力功能
第三阶段	自动控制技术的发明	传感器、伺服系统等	测定功能
第四阶段	微电子学的发明	大规模集成电路、微型计算机、各种接口等	智能功能

机电一体化的前身，即机械的电子化。它首先把规定的功能变换成机械零部件，然后再与电子元件有机地结合起来或被电子元件所取代，制成完整的机械，实现比以前更加优越的功能（或性能价格比）。这里所谓的变换，既包括部分机械功能部件向电子功能部件的转换，也包括全部功能部件的转换。电子功能部件是指微处理器、运算放大器、A/D 与 D/A 变换等等。

目前，机械技术已经发展到广泛采用微型计算机的阶段。今后将不断出现“具有神经系统的机械”或实现“机械的智能化”。实现这种目标的关键在于以集成电路为核心的电子技术的革新。

日本的工业技术开发部门早在 1981 年就明确提出复合化技术、信息技术和微细加工技术乃是今后发展的三大方向。所谓复合化技术，乃是以过去已有的技术为基础，根据多种多样的需要，通过综合或复合等手段来扩充和加强从未有过的功能而产生的新技术，机电一体化就是一个典型例子。所谓信息技术，就是以计算机为代表的硬件和软件技术。由于超大规模集成电路芯片和新功能元件的发展，即将跨入第五代计算机的时代，实现高度的计算机智能化。今后计算技术的发展，将在图象识别机器上看到文字认别和声音认别的景象，计算机完全有可能取代人的五官功能，从而出现接近人类智慧的高度智能机器人。微细加工技术是在尖端技术领域里进一步推进精致化、微小化和高密集化。可以预见到21世纪，市场上将会出现加工精度达到原子或分子水平的机床，加工处理技术也会在精密测量等方面有较大进展。

二、机电一体化技术的发展方向

研究机电一体化技术的先驱者渡边茂先生在以“机电一体化技术的将来”为题所发表的特别讲演中，指出了以下七个方面的发展方向：1）复合化；2）小型化和轻量化；3）高速化；4）移动化；5）智能化；6）层次化和系统化；7）全盘化。

（一）复合化

关于复合化，如在FMS基础上发展起来的FMC就是以这种复合化概念作为系统设计的基本条件，并且可在同一地点同时处理加工、装配、检测等两种以上的工作。通过这种复合处理，便可在同一空间内将工件的停留和搬运空间压缩到最低限度，以期实现多品种小批量生产的自动化和高效率化。

（二）小型化和轻量化

小型、轻量化是指与微细加工技术相类似的一种表现。由于引进微电子技术，实现机电一体化，对提高机械的精度和功能是十分有利的。进一步来说，将机械的重量减轻到与人体重量相称的水平，乃是今后机电一体化技术发展的基本要求。

（三）高速化

高速化是现在所有技术开发的基本目标，在机电一体化领域中尤为重要。妨碍机电一体化产品实现高速化的原因有电子方面的，也有机械方面的。例如工业机器人就有动作速度低和粗笨等问题，其原因是计算机控制系统的速度低，或者为避免机械系统发生松动或摩擦等问题而不得不采用低速机械结构。

（四）移动化

移动化是指机械本身的移动。从历史的角度来看，现有的运输机械已是古老的技术。可从机械进化的意义来说，过去一直被固定的机械，今后通过移动也能提高效率。十几年前就有“能移动的机器人”问世，最近又有自动搬运车在机械制造厂中进行着工件、刀具和机械组件等的自动搬运或自动交换。在交通运输工具方面，有无人驾驶的车辆，但其运行控制或信息传输以及计算机控制系统等，乃是由于电子学的发展才得以实现的。

（五）智能化

智能化就是把人的智慧纳入机械之中，使之发挥更好的作用。由于微型机的普及，才有可能在大型计算机的终端，为了分散处理其主机功能而设置智能终端。这个终端大概就是智能化的先驱者，它的基础便是大容量存储元件的小型化和低价格。由于集成电路特别是专用集成电路的发展，智能化将越来越向高级发展。

在人与机器对话方面，需要有人机接口。由于计算机技术的发展，出现了能代替人的五官功能的电子机械。与此同时，由于图象认别技术的发展，以及通过声音输入输出实现与机器的对话，或者为人眼服务的物体认别及文字认别技术的进步，即将出现能代替多数人劳动的机械。机械制造厂通过采用这种智能化的电子技术，便可逐步实现工厂的自动化和无人化。

（六）层次化和系统化

层次（分级）化，在计算机词汇中是经常使用的，其原意是指“根据不同内容将对系统各要素发出的指令和进行的监督分为若干层次，使管理和控制功能与这些层次相对应的系统”而言的。在一般情况下，如果系统变大，为了使系统具有柔性而且能够迅速地运行，则将系统分为若干层次，使系统功能分散开来，能进行较好的过渡而安全地运转。把层次化系统联结起来则是软件。

层次化也是与系统设计有关的一种技术，在机电一体化技术中也是不可缺少的。

（七）全盘化

全盘化，原文叫“全际化”，是十几年前在研究开发方面被称之为“学际化”（学科边际之意，常译为边缘科学）的广义扩展。所谓边缘科学是介于两种以上学科之间并把这些学科结合起来的一种科学。即由不同领域的专家、学者联合起来解决某些复杂问题。

全盘化是一种非常高阶的指导方针，目前还很难理解其深远的意义，但我们可以看到机电一体化的技术开放应该打破厂与厂或行业与行业的界限。例如在机械制造厂和电子机器制造厂之间，通过边缘科学进行合作，今后可望有较大的发展。

三、机电一体化技术对机械工业的影响

机械零部件向电子元器件的过渡和转化，以及机械零部件与电子元器件的有机结合，给机械（或最终产品）本身带来一场革命。小型、轻量和高可靠性的机械必将大量涌现出来。通过功能的复合还会出现过去只有机械零部件所无法满足的各种新功能和新性能，大大提高了机械的性能价格比，更好地满足用户需要。同时还将开辟电子化的机械设备或产品的新市场。

这种形势的出现，必将进一步促进工业企业的设备更新换代。例如美欧许多工业先进的国家，首先采用降低成本（合理化、省力、提高质量和材料利用率）的手段，便是发展群控系统（DNC）和柔性制造系统（FMS）。发展这些系统的先决条件，乃是积极引进工业机器人和数控机床等先进设备，使系统电子化和自动化。从这个意义来说，机电一体化技术不仅改造了设备（系统）本身，而且也会改变企业面貌。

在这种情况下，机械加工将会大幅度地减小，生产组织和劳动组织也要作相应地调整或改进。伴随机械产品电子化的进展，机械工业领域里必然会有电子机器制造厂参加，它们之间的关系不仅是生产上的协作关系，而且是密切结合甚至形成整体的关系。即在一个工厂或公司系统中，既制造机械产品又生产电子器件，乃至两者结合的机电一体化产品。

众所周知，数控机床经过几十年的发展，已经取得了辉煌的成就，数控机床的产值占机床总产值的比例逐年上升。数控技术正向无屑成形设备、锻压设备、冲剪设备和电腐蚀加工设备等非切削加工领域扩展。在数控机床上有效地利用传感功能和信息处理功能，使机床智能化来提高加工性能和功能，将是新一代机电一体化的产品。将自动化、柔性和加工控制等技术融合在一起，构成柔性制造系统。并通过它实现无人生产系统或无人化工厂，便可有效地进行多品种小批量生产，更好地满足社会多样化的需要。日本 FANUC（发那科）公司下属的富士通工厂就是这种工厂的雏型。该厂总投资为 3700 万美元，面积仅为 20000m^2，职工只有100人，而每年却能生产高达8400万美元的机器人和小型机床。该厂的加工车间，包括机加工、装配、焊接和检验等几个工段。主要特征是机加工工段，可日夜连续进行无人看管的生产。其柔性制造系统包括127个加工单元，而每个加工单元都配备有一台或多台CNC机床，一台监控器和一个相适应的机器人，以及工件托盘交换器等，从而实现了高度自动化的生产。

四、机电一体化技术对机械产品的影响

机电一体化技术改变了机械产品的面貌，达到功能增多、体积减小、重量减轻、可靠性提高、性能价格比改善等目的。机电一体化技术对机械产品带来的影响可以具体归纳为以下几个方面。

（一）提高性能、扩展功能

机电一体化赋予机械产品多种功能。例如过去某些精密机床利用机械校正机构，只能校正机床的系统误差。今日的数控机床充分发挥计算机的威力，运用时间序列分析和精度创成等理论建立数学模型，已有可能实时预报包括随机误差在内的机床误差，然后自动校正，从而达到前所未有的精度。采用对阻尼进行预报，一旦接近临界值时就自动调整切削用量，这又可能出现永不颤振的机床，保证很高的生产率和良好的加工表面。在过去常由不同的机床分别进行粗、精加工，而今日的数控机床，既可进行大功率的重切削，又能进行高精度的精加工，从而保证了工序的高度集中。由于其高性能和多功能，深刻地改变了传统机床的结构布局，冲破了传统机床按类别的划分。

（二）简化结构

由于采用微处理机和集成电路以及新型的传动技术，代替了原有笨重的电气控制柜和驱动装置，使机电一体化的产品体积减小、零部件少而结构简化。

例如传统的电机产品是基于电磁原理而设计的，而且是以单个的电机供货，需要用户自行解决电机调速、控制等问题。机电一体化的电机产品，有的是用微电子、微机技术与电机相结合而开发的产品；有的是以微电子、微机技术为主，取代了大部分电机的功能，是电子新产品。例如：无换向器电机将电子控制部件与传统的电机结合，取消了传统的换向电刷，简化了结构，从而大大提高了电机寿命，并缩小了体积。在电机中采用单片微处理机，控制电机的功率因数，根据负荷情况调节电压，解决电机的“大马拉小车”的问题，在空载时可提高效率30%～40%，满载时可提高效率最高达10%。矢量控制异步电机，采用微型机对交流异步电机实现矢量控制，既可使异步电机具有直流电机一样的调节特性，又具有结构简单可靠，电机容量不受限制，转动惯量小、体积小、效率高等一系列优点。如固态自整角机和固态旋转变压器，就是将微电机与微处理机紧密相结合的产品。它既有原有自整角机和旋转变压器的坚固可靠，又能以数字量信息输出，改变了原有的模拟量输出，开发了新型的S/D、R/D转换技术及装置；数字式测速电机，已由传统的电机结构，改变为以直接提供数字信息的电机电子组件为主的电子结构，可直接与计算机及各类数字控制系统相连接。

（三）提高可靠性

在提高电子元件质量、可靠性的前提下，机电一体化产品可以提高耐久性，减少故障率。另一方面由于赋予其自动监视诊断功能，并采取安全联锁控制，过负荷和失控保护、停电对策，提高了设备的安全可靠性。

在火电设备中，锅炉汽轮机的协调控制系统、汽轮机的电液调节系统、自启停系统、安全保护系统等，在采用计算机后，不仅提高了机组运行的灵活性和经济性，而且使机组保护功能发展为具有预报警测、自动保护的功能，使火电设备控制逐步走向全自动控制。输电系统的继电保护系统采用微机后，解决了因电流互感器饱和而引起的保护误动作，使之具有电压差保护、失步检查、自动重合闸功能。大型轧机多级计算机分散控制系统，解决了对大型、高速、冷热轧机的多参数测量、控制和保证系统可靠性的问题。晶闸管直流传动装置使用了微机以后，实现了包括晶闸管触发、触发失效，故障自诊断，自复原逻辑限流等一系列综合功能。因而，机电一体化的产品大大地提高了原机械产品的可靠性和耐久性。

（四）节约能源

机电一体化的产品，可以节约材料、节约能源。例如目前我国各类电风扇年产量在200万台左右，如每台电扇的调速器和定时器（现常用电磁机械式）用电子调速器和定时器代替，估计每台风扇可节电5W以上，全年以用扇100天，每天开扇6h计，则每年可节约用电量600万kW·h，还可节省大批铜材和钢材。再如传统的电焊机以电磁原理和手工操作为基础，即使是一般的自动电焊机，其动作过程也仅为简单的机械动作和相应的控制。这类电焊机耗能多、效率低、质量不易保证。采用微型机技术后，发展新颖的电子控制电源以取代传统的焊接电源，实现焊接电源的节能、高效、小型化、多样化。

（五）操作改善

产品采用计算机等控制后，由于具有数字显示、多种信息的高度集中显示，减少了操作按钮及手柄，带有程序控制功能等，因而可以改善设备的操作性能，减少操作人员的训练时间，以达到任何人均可使用的简单程度。

第二章　机械系统

第一节　机械系统建模中基本物理量的描述

一、质量和惯量的转化

质量 m 一般是指储有直线运动动能的部件属性，它与电气网络中的电感或电容相似。图 2–1 是力–质量系统，如不考虑其它阻力的情况下可建立如下方程：

$$F = ma = m\frac{\mathrm{d}^2x}{\mathrm{d}t^2} = m\frac{\mathrm{d}v}{\mathrm{d}t} \tag{2-1}$$

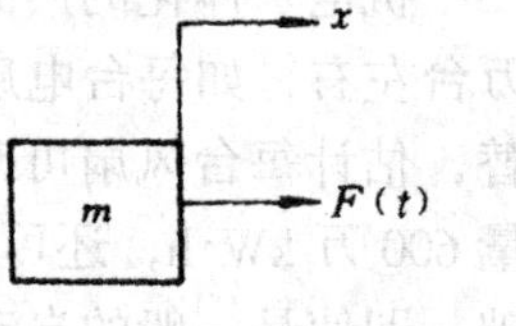

图 2–1　力–质量系统

转动惯量 J 表示具有转动动能的部件属性。一个给定的转动惯量取决于部件相对于转动轴的几何位置和部件的密度。

在一个机械系统中，经常是同时由数个具有一定质量和转动惯量的直线和旋转运动的部件组成，而且它们对被研究的元件参数都将有不同程度的影响，故需要将各运动元件的质量和转动惯量转化到被研究的元件上。转化的原则是转化前后系统瞬时动能保持不变，即：

$$E_k = \frac{1}{2}\sum_{i=1}^{k} m_i v_{si}^2 + \frac{1}{2}\sum_{i=k+1}^{n} J_{Si}\omega_i^2 \tag{2-2}$$

式中　n——系统中所有运动元件的数目；

k——系统中移动元件的数目；

v_{si}——元件 i 的重心 s 的速度；

J_{Si}——元件 i 对其重心轴 S 的转动惯量；

m_i——任意元件 i 的质量；

ω_i——元件 i 的瞬时角速度。

如果所选定的被研究元件 i 是转动的，并且向这一元件上转化，则其瞬时动能为：

$$E_k = \frac{1}{2}J_{化}\,\omega_i^2 \tag{2-3}$$

如果所选定的被研究元件 i 是移动的，并且向这一元件上转化，则瞬时动能为：

$$E_k = \frac{1}{2}m_{化}\,v_i^2 \tag{2-4}$$

式中　$m_{化}$——转化质量（等效质量）；

$J_{化}$——转化惯量（等效转动惯量）。

例 2–1　图 2–2 所示为机床传动机构原理图。已知齿轮 1、2、3、4 及丝杠 5 和工作台 6，其转动惯量 J_1、J_2、J_3、J_4、J_5，各齿轮的齿数为 z_1、z_2、z_3、z_4，丝杠螺距为 12mm，求工作台 6 的转化质量。

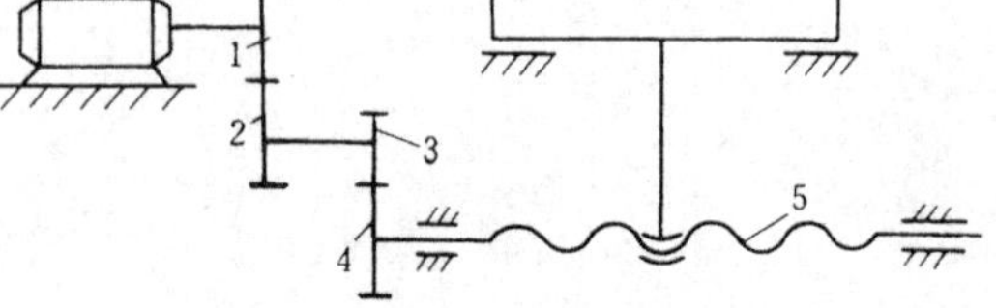

图 2–2　机床传动机构示意图

1、2、3、4—齿轮　5—丝杠　6—工作台

$$\frac{1}{2} m_{化} v_6^2 = \frac{1}{2} J_1 \omega_1^2 + \frac{1}{2} J_2 \omega_2^2 + \frac{1}{2} J_3 \omega_2^2 + \frac{1}{2} J_4 \omega_4^2 + \frac{1}{2} J_5 \omega_4^2 + \frac{1}{2} m_6 v_6^2$$

$$m_{化} = J_1 (\frac{\omega_1}{v_6})^2 + J_2 (\frac{\omega_2}{v_6})^2 + J_3 (\frac{\omega_2}{v_6})^2 + J_4 (\frac{\omega_4}{v_6})^2 + J_5 (\frac{\omega_4}{v_6})^2 + m_6 (\frac{\omega_6}{v_6})^2 =$$

$$J_1 (\frac{\omega_1}{v_6})^2 + (J_2 + J_3)(\frac{\omega_2}{v_6})^2 + (J_4 + J_5)(\frac{\omega_4}{v_6})^2 + m_6$$

$$v_6 = \frac{2\pi}{12} \omega_5 = \frac{2\pi}{12} \omega_4 = \frac{2\pi}{12} \omega_2 \frac{z_3}{z_4} = \frac{2\pi}{12} \omega_1 \frac{z_3}{z_4} \frac{z_1}{z_2}$$

则

$$m_{化} = 3.65 \left[J_1 \left(\frac{z_2 z_4}{z_1 z_3} \right)^2 + (J_2 + J_3) \left(\frac{z_4}{z_3} \right)^2 + (J_4 + J_5) \right] + m_6$$

二、弹性系数的转化

一般认为位移弹簧储有位能，这与电气网络中的电容或电感相似。当弹簧变形很小时可看成线性，其表达式为：

$$F_{(t)} = kx_{(t)} \tag{2-5}$$

式（2-5）的物理量模型见图 2-3，这是一个力-弹簧系统。

当加一转矩至圆棒或轴时，圆棒或轴的弹性可用扭力弹簧系数 k 表示，单位角位移的转矩为 $T_{(t)}$，其表达式为：

$$T_{(t)} = k\theta_{(t)} \tag{2-6}$$

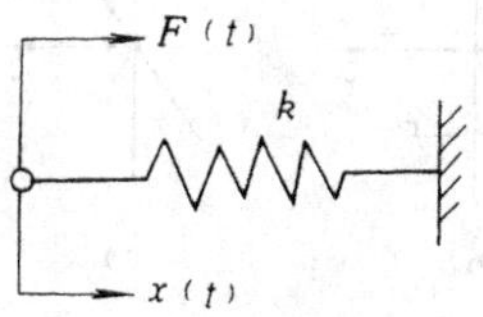

图 2-3　力-弹簧系统

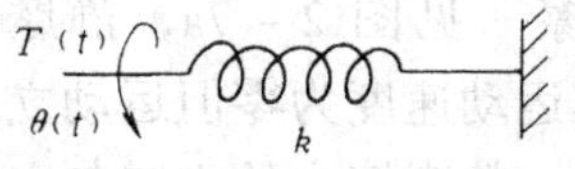

图 2-4　转矩-扭力弹簧系统

转矩-扭力弹簧系统见图 2-4。

系统中各环节的弹性变形将如何影响被研究的元件，这里弹性系数转化如下：

$$k = \sum_{j=1}^{n} k_j i_j^2 \tag{2-7}$$

式中　k——转化弹性系数；

k_j——各构件的弹性系数；

i_j——各构件到被研究元件间的传动比。

此式是对旋转传动系统而言的，如果是移动系统则需要变换。

串联弹簧的等效计算见图 2-5，其数学表达式为：

$$k = \frac{k_1 k_2}{k_1 + k_2}$$

并联弹簧的等效计算见图 2-6，其数学表达式为：

$$k = k_1 + k_2$$

三、阻尼系数的转化

机械系统在工作过程中，相互运动的元件间存在着阻力，并以不同的形式表现出来，如摩擦阻力、流体（气体或液体）的阻力以及负载阻力（诸如切削力或干扰力），这些在建立物理模型时都需要进行转化，转化为与速度有关的粘滞阻尼力。

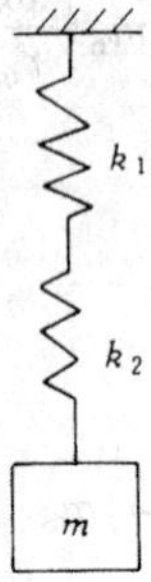

图 2-5　串联弹簧

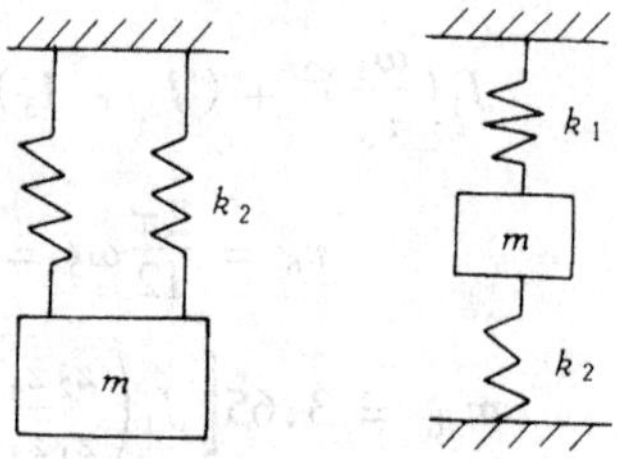

图 2-6　并联弹簧

（一）直线运动的摩擦

如果两个部件彼此相对运动，则相互间刚有运动趋势，就有摩擦力存在。物理系统的摩擦一般是非线性的。接触面之间的摩擦力特性往往取决于表面性质、表面压力以及相对运动速度等，所以很难准确地用数学形式描述。

一般摩擦力可分为三种类型。图 2-7 表示出线性与非线性摩擦力的函数关系。

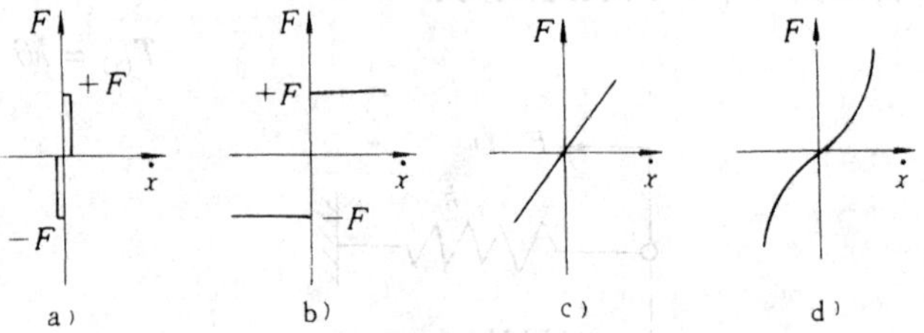

图 2-7　摩擦力的函数关系

a）静摩擦　b）库仑摩擦　c）粘滞摩擦（线性）

d）粘滞摩擦（非线性）

1．静摩擦　见图 2-7a，静摩擦存在于物体运动速度为零但运动立刻就要发生时。静摩擦力的方向与立刻就要运动的方向相反，其数学表达式为：

$$F(t) = \pm F_{\dot{x}} = 0 \quad (2-8)$$

2．动摩擦　包括库仑摩擦、干摩擦，见图 2-7b。这种摩擦只存在于物体正在运动时，动摩擦系数是一个与速度大小无关的常数，这个常数的正负取决于速度的方向，其数学表达式为：

$$F(t) = F(\dot{x}/|\dot{x}|) \quad (2-9)$$

3．粘滞摩擦　见图 2-7c、d。这种类型的摩擦表示一种阻滞力，阻滞力与该装置的速度大小成正比（线性）见图 2-7c。也有一种是非线性，见图 2-7d，其数学表达式为

$$F(t) = f\dot{x} \quad (2-10)$$

式中　f——粘滞阻尼系数。

（二）旋转运动的摩擦

直线运动的三种摩擦均适用于转动。因此式（2-8）、式（2-9）、式（2-10）分别转化为：

$$T(\dot{t}) = \pm F_{\dot{\theta}} = 0 \quad (2-11)$$

$$T(t) = F(\dot{\theta}/|\dot{\theta}|) \quad (2-12)$$

$$T(t) = f\dot{\theta} \tag{2-13}$$

式中　$\dot{\theta} = \omega$

（三）阻力系统转化为当量粘滞阻尼系数

上边讲的系统中存在的阻力性质是不相同的，但系统在运行过程中都要消耗能量是共同的。在数学模型的建立中，只有与构件运动速度成正比的阻力才是可行的。所以，利用摩擦阻力与粘滞阻力所消耗的功相等这一基本原则来求取转化粘滞阻尼系数。

例如在一谐振中，要将库仑摩擦转换成粘滞摩擦，即求其转化粘滞摩擦系数 f。其谐振方程为：

$$x = A\sin\omega t$$

$$\dot{x} = A\omega\cos\omega t$$

粘滞阻尼所耗散的功为：

$$W = \int_0^T f\dot{x}\,\mathrm{d}x = \int_0^T f\dot{x}^2\mathrm{d}x = fA^2\omega^2\cos^2\omega t\,\mathrm{d}t$$

$$= fA^2\omega^2\left(\frac{t}{2} + \frac{1}{4\omega}\sin 2\omega t\right)\Big|_0^T$$

令 $T = \dfrac{2\pi}{\omega}$，则 $W = f\pi A^2\omega$

库仑摩擦力为

$$F = \mu p$$

式中　μ——摩擦系数；

p——正压力。

在一个谐振周期中摩擦力所消耗的功为：

$$W_F = F \times 4A = 4\mu pA$$

∵　$W = W_F$

∴　$f = \dfrac{4\mu p}{\pi A\omega}$

四、减速齿轮传动链的基本物理量计算实例

（一）转动惯量的归算

为了建立动力方程，首先要将转动惯量归算到传动链中某一个部位上去。如图 2-8 所示减速齿轮传动链，Ⅰ是输入轴，Ⅱ是中间轴，Ⅲ是输出轴。J_1、J_2、J_3 分别是三根轴线上由齿轮及轴所构成的转动惯量。在Ⅰ轴上的动力平衡方程为：

$$T_1 = J_1\frac{\mathrm{d}\omega_1}{\mathrm{d}t} + T'_1 \tag{2-14}$$

式中　T_1——Ⅰ轴输入转矩；

ω_1——Ⅰ轴角速度；

T'_1——Ⅰ轴上的负载转矩。

Ⅱ轴上的动力平衡方程为：

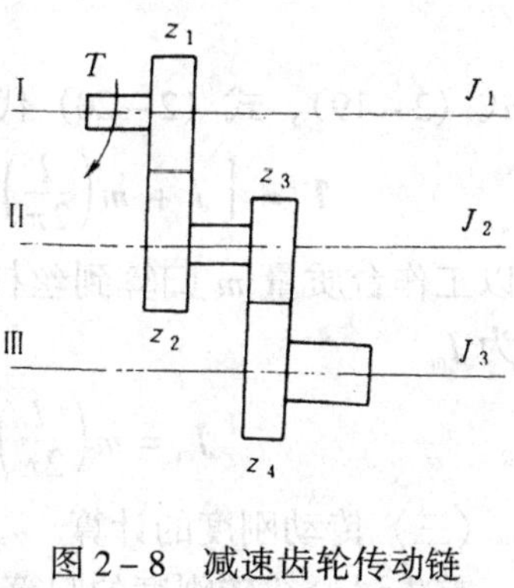

图 2-8　减速齿轮传动链

$$\frac{z_2}{z_1}T'_1 = J_2\frac{\mathrm{d}\omega_2}{\mathrm{d}\omega_1} + T'_2 = J_2\frac{z_1}{z_2}\frac{\mathrm{d}\omega_1}{\mathrm{d}t} + T'_2 \tag{2-15}$$

式中　ω_2——Ⅱ轴的角速度；

　　T'_2——Ⅱ轴上的负载转矩。

Ⅲ轴上的动力平衡方程为：

$$\frac{z_4}{z_3}T'_2 = J_3\frac{\mathrm{d}\omega_3}{\mathrm{d}t} = J_2\frac{z_1}{z_2}\frac{z_3}{z_4}\frac{\mathrm{d}\omega_1}{\mathrm{d}t} \tag{2-16}$$

将式（2-15）、式（2-16）代入式（2-14）中，得

$$T_1 = J_1\frac{\mathrm{d}\omega_1}{\mathrm{d}t} + J_2\left(\frac{z_2}{z_1}\right)^2\frac{\mathrm{d}\omega_1}{\mathrm{d}t} + J_2\left(\frac{z_1}{z_2}\frac{z_3}{z_4}\right)^2\frac{\mathrm{d}\omega_1}{\mathrm{d}t} \tag{2-17}$$

则Ⅱ轴上的转动惯量归算到Ⅰ轴上为 J'_2

$$J'_2 = J_2\left(\frac{z_1}{z_2}\right)^2$$

Ⅲ轴上的转动惯量 J_3 归算到Ⅰ轴上为 J'_1

$$J'_1 = J_2\left(\frac{z_1}{z_2}\frac{z_3}{z_4}\right)^2$$

（二）质量的归算

图2-9是机床进给系统中丝杠螺母副及工作台部分。T 是丝杠左端通过齿轮输入的转矩，ω 和 J 分别为丝杠轴的角速度和转动惯量，m 是工作台质量。

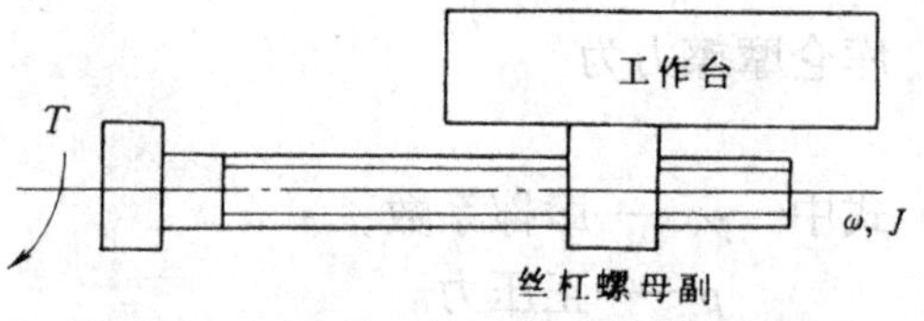

图2-9　机床工作台进给传动系统

丝杠轴上的动力方程为：

$$T = J\frac{\mathrm{d}\omega}{\mathrm{d}t} + T' \tag{2-18}$$

式中　T'——丝杠轴上的负载转矩。

当空载并略去丝杠螺母副中的传动摩擦损失时

$$T' \times 2\pi = m\frac{\mathrm{d}v}{\mathrm{d}t}l \tag{2-19}$$

式中　v——工作台线速度；

　　l——丝杠导程。

$$v = \omega l/2\pi \tag{2-20}$$

将式（2-19）、式（2-20）代入式（2-18）中得

$$T = \left[J + m\left(\frac{l}{2\pi}\right)^2\right]\frac{\mathrm{d}\omega}{\mathrm{d}t} \tag{2-21}$$

所以工作台质量 m 归算到丝杠轴上的归算转动惯量为 J_m

$$J_m = m\left(\frac{l}{2\pi}\right)^2$$

（三）传动刚度的计算

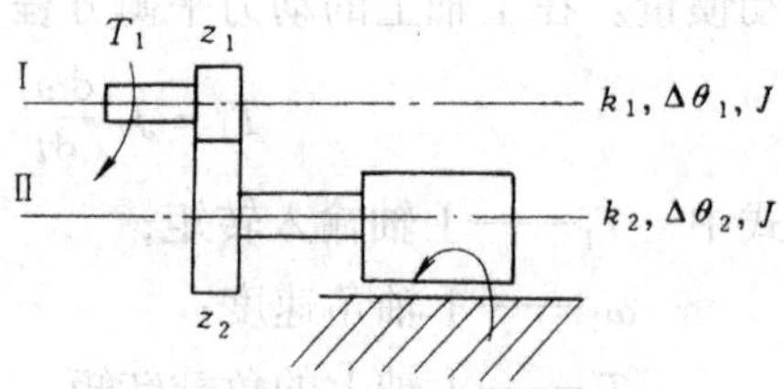

图2-10　传动刚度的示意图

首先讨论扭转刚度的归算。图2-10中 k_1、

k_2 分别为Ⅰ轴和Ⅱ轴的扭转刚度系数。当Ⅰ轴的输入转矩为 T_1 时，Ⅰ轴扭角为 $\Delta\theta_1$，Ⅱ轴扭角为 $\Delta\theta_2$，在Ⅰ轴上有

$$T_1 = k_1\Delta\theta_1$$

$$\Delta\theta_1 = \frac{T_1}{k_1}$$

略去摩擦损失在Ⅱ轴上有

$$\frac{z_2}{z_1}T_1 = k_2\Delta\theta_2$$

$$\Delta\theta_2 = \frac{z_2}{z_1}\frac{T_1}{k_2}$$

从Ⅰ轴输入端看，施加 T_1 转矩后由于Ⅰ、Ⅱ轴扭转变形造成Ⅰ轴的总扭转角为 $\Delta\theta$

$$\Delta\theta = \Delta\theta_1 + \Delta\theta_2\frac{z_2}{z_1} = T_1\left(\frac{1}{k_1} + \frac{1}{k_2\left(\frac{z_1}{z_2}\right)^2}\right)$$

即
$$T_1 = k_{\mathrm{I}}\Delta\theta \tag{2-22}$$

式中　k_{I}——传动链归算到Ⅰ轴的扭转刚度系数

$$k_{\mathrm{I}} = \frac{1}{\frac{1}{k_1} + \frac{1}{k_2(z_1/z_2)^2}}$$

如果从Ⅱ轴输出轴端看，传送输入转矩造成Ⅱ轴的总转角为 $\Delta\phi$

$$\Delta\phi = \frac{z_1}{z_2}\Delta\theta_1 + \Delta\theta_2 = \frac{z_1}{z_2}\frac{T_1}{k_1} + \frac{z_2}{z_1}\frac{T_1}{k_2} = \frac{z_2}{z_1}T_1\left(\frac{1}{k_1\left(\frac{z_2}{z_1}\right)^2} + \frac{1}{k_2}\right)$$

即
$$\frac{z_2}{z_1}T_1 = k_{\mathrm{II}}\Delta\phi \tag{2-23}$$

式中　k_{II}——传动链归算到Ⅱ轴上的扭转刚度系数

$$k_{\mathrm{II}} = \frac{1}{\frac{1}{k_1\left(\frac{z_2}{z_1}\right)^2} + \frac{1}{k_2}}$$

下面介绍传动链中轴向刚度的归算。图 2－9 所示机床进给系统在承担负载后，丝杠螺母副和螺母座都会产生轴向弹性变形。图 2－11 是它的等效作用图，k 是上述弹性变形的等效轴向刚度系数。

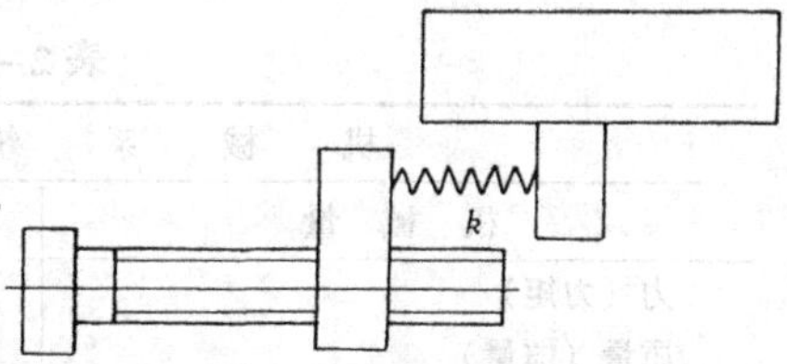

图 2－11　弹性变形等效作用图

当丝杠左端输入的转矩为 T 时，丝杠和工作台之间的弹性变形为 δ，对应于 δ 的丝杠附加转角为 $\Delta\theta$，已知

$$\delta = \frac{\Delta\theta}{2\pi}l$$

$$T = \frac{kl}{2\pi}\delta$$

所以
$$T = \left(\frac{l}{2\pi}\right)^2 k\Delta\theta = k_d\Delta\theta \quad (2-24)$$

式中 k_d——k 归算到丝杠轴上的扭转刚度系数

$$k_d = \left(\frac{l}{2\pi}\right)^2 k$$

（四）速度阻尼负载的计算

如图 2－10，当Ⅱ轴上有惯性负载及速度负载时，Ⅰ轴上的动力方程为：

$$T_1 = J_1\frac{\mathrm{d}\omega_1}{\mathrm{d}t} + T'$$

式中 ω_1——Ⅰ轴的角速度；

T'——Ⅰ轴上的负载转矩。

Ⅱ轴上的动力方程为：

$$\frac{z_2}{z_1}T' = J_2\frac{\mathrm{d}\omega_2}{\mathrm{d}t} + C\omega_2 = J_2\frac{z_1}{z_2}\frac{\mathrm{d}\omega_1}{\mathrm{d}t} + C\frac{z_1}{z_2}\omega_1$$

式中 ω_2——Ⅱ轴角速度；

C——作用在Ⅱ轴上的速度阻尼系数；

从上二式得到

$$T_1 = J_1\frac{\mathrm{d}\omega_1}{\mathrm{d}t} + J_2\left(\frac{z_1}{z_2}\right)^2\frac{\mathrm{d}\omega_1}{\mathrm{d}t} + C'\omega_1$$

式中 C'——作用在Ⅱ轴上的速度阻尼系数归算到Ⅰ轴上的等效值

$$C' = \left(\frac{z_1}{z_2}\right)^2 C$$

五、机械系统与电系统中基本物理量的对应关系

用机械量 k、f、m 组成的机械系统可用电物理量 R、C、L 组成的电系统来实现，反之亦然。如果把机械系统的力 F 与电系统的电压相对应，则可得出其它基本物理量的对应关系如表 2－1 所示。将机械系统的力 F 与电系统的电流 I 相对应，则可得出其它基本物理量的对应关系如表 2－2 所示。

表 2－1　力—电压相似物理量对照表

机械系统		电系统	
机械量	机械符号	电气量	电符号
力（力矩）	F (M)	电压	U
质量（惯量）	m (J)	电感	L
弹簧刚度（弹性系数）	k	电容的倒数	$1/C$
粘性摩擦系数（阻尼或粘阻）	f	电阻	R
位移（角位移）	x (ϑ)	电荷量	Q
速度（角速度）	$\dot{x}$ $(\dot{\vartheta})$	电流	I

表 2-2 力—电流相似物理量对照表

机械系统		电系统	
机械量	机械符号	电气量	电符号
力（力矩）	F（M）	电流	I
质量（惯量）	m（J）	电容	C
弹簧刚度（弹性系数）	k	电感的倒数	$1/L$
粘性摩擦系数（阻尼或粘阻）	f	电阻的倒数	$1/R$
位移（角位移）	x（θ）	磁通	Φ
速度（角速度）	$\dot{x}$（$\dot{\theta}$）	电压	U

第二节 机械系统中的制动和加速控制

一、转动惯量、力矩及其动力学关系

（一）多级转动的转动惯量

设图 2-12 所示的多级传动装置中各轴的转速为：

$$n_1, n_2, \cdots, n_i, \cdots, n_k$$

各轴的转动惯量为 J_1、J_2、…、J_i、…、J_k，由式（2-3）可得到 k 根轴对轴 i 的等效转动惯量为

$$[J]_1 = J_1\left(\frac{n_1}{n_1}\right)^2 + J_2\left(\frac{n_2}{n_1}\right)^2 + \cdots + J_i\left(\frac{n_i}{n_1}\right)^2 + \cdots + J_k\left(\frac{n_k}{n_1}\right)^2$$

则

$$[J]_i = \sum_{j=1}^{k} J_j\left(\frac{n_j}{n_i}\right)^2 \qquad (2-25)$$

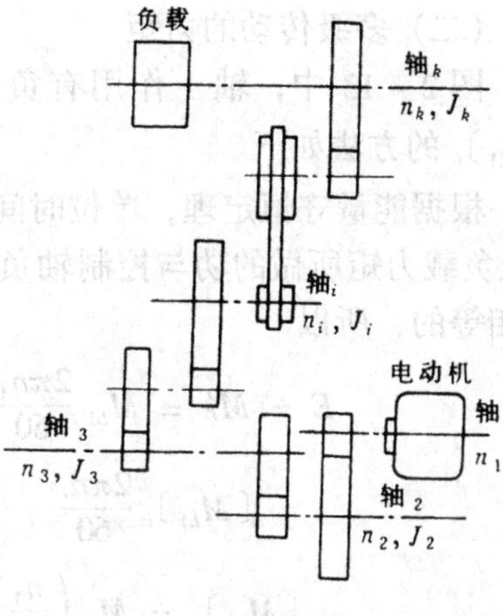

图 2-12 多级传动的转动惯量

对图 2-9 所示工作台对特定的控制轴的转动惯量求法如下。

设 m 为工作台质量（kg）；v 为工作台的移动速度（m/s）；$[J]_i$ 为工作台对控制轴 i 的等效转动惯量（kg·m²）；n 为控制轴 i 的转速（r/min）。

由式（2-3）和式（2-4）可求出 $[J]_i$，单位为 kg·m²。

$$[J]_i = \frac{900mv^2}{\pi^2 n^2} \qquad (2-26)$$

若有 k 个直线运动物体，由一个控制轴驱动，则对控制轴的等效转动惯量

$$[J]_i = \frac{900}{\pi^2}\left[m_1\left(\frac{v_1}{n_i}\right)^2 + m_2\left(\frac{v_2}{n_i}\right)^2 + \cdots + m_k\left(\frac{v_k}{n_i}\right)^2\right]$$

即

$$[J]_i = \frac{900}{\pi^2}\sum_{j=1}^{k} m_j\left(\frac{v_j}{n_i}\right)^2$$

若速度单位为 m/s，则上式可写成

$$〔J〕_i = \frac{1}{4\pi^2}\sum_{j=1}^{k} m_j\left(\frac{v_j}{n_i}\right)^2 \quad (2-27)$$

式中 $m_1, m_2, \cdots, m_i, \cdots m_k$——各物体的质量（kg）；

$v_1, v_2, \cdots, v_i, \cdots v_k$——各物体的速度（m/s）；

n_i——控制轴的转速（r/min）。

综合式（2-25）、式（2-27）就可得到回转-直线运动装置的等效转动惯量。对特定的控制轴 i（例如电机轴）的整个传动装置的等效转动惯量，按下式计算

$$〔J〕_i = \sum_{j=1}^{k} J_j\left(\frac{n_j}{n_i}\right)^2 + \frac{1}{4\pi^2}\sum_{j'=1}^{k'} m'_j\left(\frac{v'_j}{n_i}\right)^2$$

式中 k——构成传动装置的回转轴个数；

k'——构成装置的直线运动部分的个数；

n_i——特定控制轴 i 的转速（r/min）；

n_j——任意回转轴 j 的转速（r/min）；

v'_j——任意的直线运动部分的移动速度（m/s）；

J_j——对任意回转轴 j 的回转体的转动惯量（kg·m²）；

m'_j——任意直线运动的质量（kg）；

j、j'——任意正整数。

（二）多级传动的力矩

图 2-13 中，轴 1 作用有负载力矩 M_{L1}，将此力矩换算成控制轴 i 的等效负载力矩 $〔M_{L1}〕_i$ 的方法如下。

根据能量守恒定理，单位时间（每秒）内，轴 1 上负载力矩所做的功与控制轴负载力矩所做的功是相等的，所以

$$E = M\phi = M_{L1}\frac{2\pi n_1}{60} = 〔M_{L1}〕_i\frac{2\pi n_i}{60}$$

即
$$〔M_{L1}〕_i = M_{L1}\left(\frac{n_1}{n_i}\right) \quad (2-28)$$

对多轴上作用有负载力矩情况下，其等效负载力矩的求法如下。

设 M_{Lj} 为任意轴 j 上作用的负载力矩；$〔M_{Lj}〕_i$ 为控制轴 i 上的等效力矩；n_j 和 n_i 为任意轴 j 和控制轴 i 的转速；k 为负载轴的数目；j 为正整数，$j=1, 2, \cdots, k$。由式（2-28）得

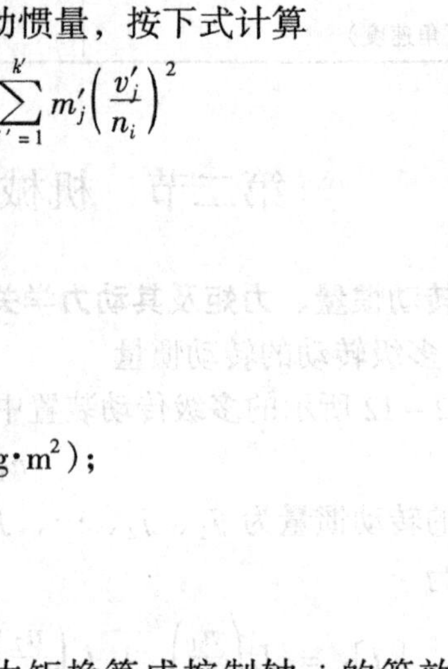

图 2-13 多级传动的力矩

$$〔M_L〕_i = M_{L1}\left(\frac{n_1}{n_i}\right) + M_{L2}\left(\frac{n_2}{n_i}\right) + \cdots + M_{Lj}\left(\frac{n_j}{n_i}\right) + \cdots + M_{Lk}\left(\frac{n_k}{n_i}\right)$$

即
$$\left[M_L\right]_i = \sum_{j=1}^{k} M_{Lj}\left(\frac{n_j}{n_i}\right) \tag{2-29}$$

在不同的条件下，摩擦系数不是常值，又因为摩擦阻力矩与摩擦系数有关，所以摩擦阻力矩往往是估算出来的。

在控制精度要求不高时，或者调整部分有裕度时，可根据相类似机构的数据估计机械效率，根据机械效率来推算摩擦阻力矩。

机械效率
$$\eta = \frac{\left[M_L\right]_i}{M_i} = \frac{M_i - \left[M_f\right]_i}{M_i} \tag{2-30}$$

式中　$\left[M_f\right]_i$——换算成驱动轴（控制轴）的等效阻力矩；

$\left[M_L\right]_i$——换算成驱动轴（控制轴）的等效负载阻力矩；

M_i——驱动轴（控制轴）的输入力矩。

由式（2－30）可求出等效阻力矩
$$\left[M_f\right]_i = M_i(1-\eta)$$

由等效负载力矩 $\left[M_L\right]_i$ 求等效阻力矩
$$\left[M_f\right]_i = \left[M_L\right]_i\left(\frac{1}{\eta}-1\right)$$

（三）机械系统中的动力学方程

根据动力学方程知
$$M = J\frac{\mathrm{d}\omega}{\mathrm{d}t}$$

若 M 为常量时得
$$\omega = \int \frac{M}{J}\mathrm{d}t = \frac{M}{J}t + \omega_0$$

当用转速 n（r/min）表示上式得
$$n = \frac{30M}{\pi J}t + n_0 \tag{2-31}$$

式（2－31）中的单位：力矩 M 为（N·m），n_0 与 n（r/min）为轴转速，时间 t（s）以及 J 为（$kg\cdot m^2$）。当加速时 M 为正值，减速时 M 为负值。由式（2－31）即可求出加速或减速所需时间
$$t = \frac{\pi J(n-n_0)}{30M} \tag{2-32}$$

以上各式中 M 和 J 都是与时间无关的函数。但在实际问题中，例如起动时电机的输出力矩是变化的，机械手装置中转臂至回转轴的距离在回转时也是变化的，因而 J 也随之变化。若考虑力矩 M 与 J 是时间的函数，则
$$M = f_{1(t)} \qquad J = f_{2(t)}$$

则
$$\frac{\mathrm{d}\omega}{\mathrm{d}t} = \frac{f_{1(t)}}{f_{2(t)}}$$

积分后得

$$\omega = \int \frac{f_{1(t)}}{f_{2(t)}} \mathrm{d}t + \omega_0$$

或
$$n = \frac{30}{\pi} \int \frac{f_{1(t)}}{f_{2(t)}} \mathrm{d}t + n_0 \tag{2-33}$$

二、机械系统的制动控制

机械系统的制动问题就是讨论在一定时间内把机械装置减速至预定的速度或减速到停止等有关问题。如机床的工作台停止时的定位精度就取决于制动控制的精度。

制动过程比较复杂，是一个动态过程，为了简化计算，以下近似地作为等减速运动来处理。

（一）制动力矩

当已知控制轴的速度（转速）、制动时间、负载力矩、装置的阻力矩以及等效转动惯量〔J〕时，就可计算制动时所需的力矩。因负载力矩也起制动作用，所以也看作制动力矩。下面分析将某一控制轴转速，在一定时间内由初速减至预定的转速 n 的情况。由式（2－32）得

$$M_B + [M_L]_i + [M_f]_i = \frac{\pi J(n_0 - n)}{30t}$$

即
$$M_B = \frac{\pi J(n_0 - n)}{30t} - [M_L]_i - [M_f]_i \tag{2-34}$$

式中　M_B——控制轴设置的制动力矩（N·m）；

　　t——控制时间（s）。

在式（2－34）中〔M_L〕$_i$ 与〔M_f〕$_i$ 均以其绝对值代入。若已知装置的机械效率 η 时，则

$$M_B = \frac{\pi J}{30} \frac{n_0 - n}{t} - \frac{[M_L]_i}{\eta} \tag{2-35}$$

（二）制动时间

机械装置在制动器选定后，就可计算到停止时所需要的时间。这时，制动力矩 M_B、等效负载力矩〔M_L〕$_i$、等效摩擦阻力矩〔M_f〕$_i$、装置的等效转动惯量 J_i 以及制动速度是已知条件。制动动作开始后，总的制动力矩为

$$\sum M_B = M_B + [M_L]_i + [M_f]_i \tag{2-36}$$

由式（2－34）得

$$t = \frac{\pi [J]_i}{30} \frac{n_0 - n}{\sum M_B} \tag{2-37}$$

（三）制动距离（制动转角）

开始制动后，工作台或转臂因其自身惯性作用，往往不是停在预定的位置上。为了提高运动部件停止的位置精度，设计时应确定制动距离以及制动的时间。

设控制轴转速为 n_0（r/min），直线运动速度为 v_0（m/min）。当装在控制轴上的制动器动作后，控制轴减速到 n（r/min），工作台速度降到 v（m/min），试求减速时间内总的转角和移动距离。

根据式（2－31）得

$$n = \frac{1}{60}\left\{\frac{30t}{\pi\left[J\right]_i}\left(\sum M_B\right) + n_0\right\}$$

式中，n 的单位为 r/s。以初速 n_0（r/min）转动的控制轴上作用有 $\sum M_B$ 的制动力矩后，在 t 秒钟内转了 n_B 转，n_B 为

$$n_B = \int_0^t n\mathrm{d}t =$$

$$\frac{1}{60}\int_0^t\left\{\frac{30t}{\pi\left[J\right]_i}\left(\sum M_B\right) + n_0\right\}\mathrm{d}t =$$

$$\frac{1}{60}\left\{\frac{30}{\pi\left[J\right]_i}\left(\sum M_B\right)\frac{t^2}{2} + n_0 t\right\} =$$

$$\frac{1}{60}\times\frac{1}{2}\left\{\left[\frac{30}{\pi\left[J\right]_i}\left(\sum M_B\right) t + n_0\right] + n_0\right\}t$$

上式中的中括号内容与式（2-31）相同，所以上式可简化为

$$n_B = \frac{1}{2}\frac{n + n_0}{60}t \tag{2-38}$$

将式（2-37）代入式（2-38）后得

$$n_B = \frac{\pi\left[J\right]_i}{3600}\frac{(n_0^2 - n^2)}{\sum M_B} \tag{2-39}$$

由式（2-39）可求出总回转角 φ_B（单位为 rad）

$$\varphi_B = 2\pi n_B = \frac{\pi^2\left[J\right]_i}{1800}\frac{(n_0^2 - n^2)}{\sum M_B} \tag{2-40}$$

用类似的方法可推导有关直线运动的制动距离。设初速度 v_0（m/min）与终速度 v（m/min），则制动距离 s_B 为

$$s_B = \frac{1}{2}\frac{v + v_0}{60}t \tag{2-41}$$

当 t 为未知值时，代入式（2-37）求得 s_B 为

$$s_B = \frac{\pi\left[J\right]_i}{3600}\frac{(v + v_0)(n_0 - n)}{\sum M_B} \tag{2-42}$$

例 2-2 图 2-14 所示为一进给工作台。电动机 M，制动器 B、工作台 A、齿轮 G1 ~ G4 以及轴 1、2 的数据如表 2-3 所示。试求：1）此装置换算至电动机轴的等效转动惯量。2）设控制轴上制动器 B（M_B = 50N·m）动作后，希望工作台停止在所要求的位置上。试求制动器开始动作的位置（摩擦阻力矩可忽略不计）。3）设工作台导轨面摩擦系数 $\mu = 0.05$，此导轨面的滑动摩擦考虑在内时，工作台的制动距离变化多少？

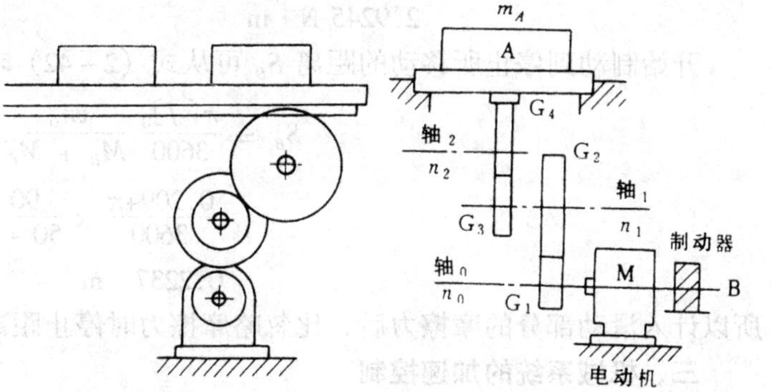

图 2-14 进给工作台

表 2-3 进给工作台的数据

	齿轮				轴		工作台	电动机	制动器
	G_1	G_2	G_3	G_4	1	2	A	M	B
速度 (r/min)	720	180	180	102	100	102	90 (m/min)	720	
J ($kg\cdot m^2$)	J_{G1}	J_{G2}	J_{G3}	J_{G4}	J_{S1}	J_{S2}	J_A	J_M	J_B
	0. 0028	0. 606	0. 017	0. 153	0. 0008	0. 0008		0. 0403	0. 0055

注：工作台质量（包括工件在内）$m_A = 300kg$

解 1）等效转动惯量 装置回转部分对轴 0 的等效转动惯量〔J_1〕。

$$〔J_1〕_0 = J_M + J_B + J_{G1} + (J_{G2} + J_{G3} + J_{S1})\left(\frac{n_1}{n_0}\right)^2 + (J_{G4} + J_{S2})\left(\frac{n_2}{n_0}\right)^2 =$$

$$0.0403 + 0.0055 + 0.0028 + (0.606 + 0.017 + 0.0008) \times \frac{180}{720}$$

$$+ (0.153 + 0.0008) \times \left(\frac{102}{720}\right)^2 kg \cdot m^2 =$$

$$0.0907 \quad kg \cdot m^2$$

装置的直线运动部分对轴 0 的等效转动惯量〔J_2〕$_0$ 为

$$〔J_2〕_0 = \frac{m_A v^2}{4\pi^2 n_0^2} = \frac{300 \times 90^2}{4\pi^2 \times 720^2} kg \cdot m^2 = 0.1187 kg \cdot m^2$$

因此，与装置的电机轴有关的等效转动惯量为

$$〔J〕_0 = 〔J_1〕_0 + 〔J_2〕_0 = (0.0907 + 0.1187) kg \cdot m^2 = 0.2094 \quad kg \cdot m^2$$

2）停止距离 停止距离可由式（2-42）求出，式中 $n = 0$，$v = 0$。

$$S = \frac{\pi〔J〕_0}{3600}\frac{v_0 n_0}{M_B} = \frac{\pi \times 0.2094}{3600}\frac{90 \times 720}{50} m = 0.2369 \quad m$$

即停止位置之前 236 .9mm 时制动器开始工作为佳。

3）停止距离的变化 考虑工作台导轨间有摩擦力时，换算到电动机轴上的等效摩擦力矩〔M_f〕，可以从下式求得

$$〔M_f〕_0 = \mu m_A g \frac{v}{2\pi n_0} = 0.05 \times 300 \times 9.8 \times \frac{90}{2\pi \times 720} N \cdot m =$$

$$2.9245 \ N \cdot m$$

开始制动到停止所移动的距离 S_B 可从式（2-42）求出

$$S_B = \frac{\pi〔J〕_0}{3600}\frac{v n_0}{M_B + M_f} =$$

$$\frac{0.2094\pi}{3600} \times \frac{90 \times 720}{50 + 2.9245} m =$$

$$0.2237 \quad m$$

所以计入滑动部分的摩擦力后，比忽略摩擦力时停止距离短了 13.2 mm。

三、机械系统的加速控制

在力学分析时，加速与减速的运动形态是相似的。但对于实际控制问题来说，由于驱动源一般使用电动机，而电动机的加速和减速特性有差异。此外，制动控制时制动力矩当作常

值，一般问题不大，而在加速控制时电动机的起动力矩并不一定是常值，所以加速控制的计算要复杂一些。

下面分别讨论加速力矩为常值和随控制轴的转速而变化的两种情况。

（一）加速（起动）时间

计算加速时间分为加速力矩为常值和加速力矩随时间而变化的两种情况。计算时应知道加速力矩、等效负载力矩、等效摩擦阻力矩、装置的等效转动惯量以及转速（速度）。

1. 加速力矩为常值的情况　设 $[M_A]_i$ 为控制轴的净加速力矩（N·m）、$[M_M]_i$ 为控制轴上电动机的加速力矩（N·m），则 $[M_A]_i$ 可表示为

$$[M_A]_i = [M_M]_i - [M_L]_i - [M_f]_i \tag{2-43}$$

在概略计算时可用机械效率 η 来估算摩擦阻力矩，得

$$[M_A]_i = [M_M]_i - [M_L]_i / \eta \tag{2-44}$$

加速时间为

$$t = \frac{\pi}{30}\frac{[J]\,n - n_0}{[M_A]_i} \tag{2-45}$$

式中　n_0、n——轴的初转速与加速后的转速（r/min）。

2. 加速力矩随时间而变化　为简化计算一般先求出平均加速力矩再计算加速时间。计算平均加速力矩的方法有两种：一是把开始加速时的电机输出力矩和最大电机输出力矩的平均值作为平均加速力矩；或是根据电机输出力矩—转速曲线和负载—载速曲线来求出平均加速力矩。

设 M_{M0} 为开始加速时的电机输出力矩（N·m）；$M_{M\max}$ 为加速时间内最大电机输出力矩（N·m）；$M_{L\max}$ 为加速时间内最大负载力矩（含阻力矩）（N·m）；$M_{L\min}$ 为加速时间内最小负载力矩（含阻力矩）（N·m）。

平均加速力矩 M_{Mm} 和平均负载力矩 M_{Lm} 为

$$M_{Mm} = \frac{1}{2}\left(M_{M0} + M_{M\max}\right) \tag{2-46}$$

$$M_{Lm} = \frac{1}{2}\left(M_{L\min} + M_{L\max}\right) \tag{2-47}$$

平均加速力矩 M_{Mm} 可按下式求出，为区别 M_{Mm}，记作 M'_{Mm}。

$$M'_{Mm} = M_{Mm} - M_{Lm}$$

图 2-15 给出了电动机力矩 M_M 和负载力矩 M_L（含阻力矩 M_f）与转速的关系。n_r 是电动机输出力矩与负载力矩相等的稳定转速（r/min）。图中 M_M 与 M_L 线围起来的 $ABCD$ 面积代表一种能量，它可以转换成装置的动能，使装置加速。在负载力矩 M_L 线上作一直线 A_1B_1（如 M_L 线为曲线，则 A_1B_1 也是曲线），使 A_1B_1 线上斜线所示的面积等于 A_1B_1 线下斜线所示的面积，则 A_1B_1 线与 AB 线之差可看成平均加速力矩 M_{Am}。

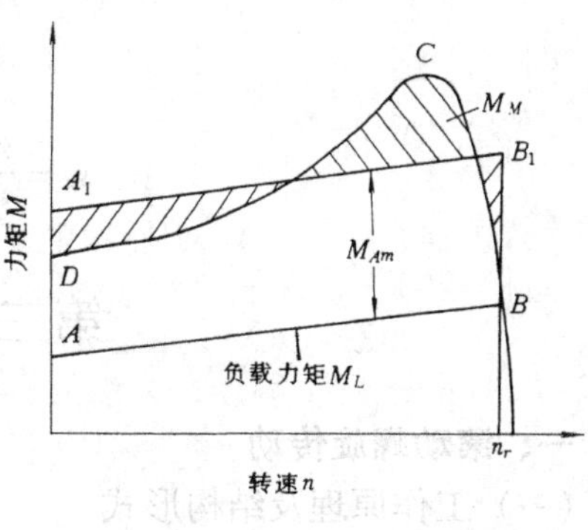

图 2-15　$M_M - n$ 曲线

用求出的加速力矩 M'_{Mm} 代入式（2－32）后，得

$$t = \frac{\pi[J]_i}{30}\frac{(n - n_0)}{M'_{Mm}}$$

电动机起动力矩特性曲线可以从样本上查到，也可用电流表测量电流来推定，当电机电流一定时，电机的起动力矩与电流成正比，即

$$\frac{\text{起动电流}}{\text{标称电流}} = \frac{\text{起动力矩}}{\text{标称力矩}}$$

根据测得的电流值的变化就可推定起动力矩－转速（时间）的特性曲线。

（二）加速距离

设控制轴的初转速为 n_0（r/min），直线运动部分的速度为 v_0（m/min）。当增速到转速为 n，速度为 v 时，求此时间内控制轴总转数 n_A，总回转角 φ_A 和移动距离 s_A。

当平均加速度力矩为一常数时，加速过程中的 n_A、φ_A 和 s_A 的公式与制动过程中的公式类似，加速时间内控制轴的总转数

$$n_A = \frac{1}{60}\left(\frac{30}{\pi[J]_i}M'_{Mm}\frac{t^2}{2} + n_0 t\right)$$

或

$$n_A = \frac{1}{2}\,\frac{n + n_0}{60}t$$

消去 t 后得

$$n_A = \frac{\pi[J]_i}{3600}\,\frac{n^2 - n_0^2}{M'_{Mm}} \tag{2－48}$$

将上式中 $M'_{Mm} = M_{Mm} - M_{Lm}$，得

$$n_A = \frac{\pi[J]_i}{3600}\,\frac{n^2 - n_0^2}{M_{Mm} - M_{Lm}} \tag{2－49}$$

加速过程中轴的回转角 $\varphi_A = 2\pi n_A$。

$$\varphi_A = \frac{\pi^2[J]_i}{1800}\,\frac{n^2 - n_0^2}{M_{Mm} - M_{Lm}} \tag{2－50}$$

式中，φ_A 的单位为 rad。

与制动过程类似，加速过程中移动距离 s_A（单位为 m）为

$$s_A = \frac{1}{2}\,\frac{v + v_0}{60}t$$

或

$$s_A = \frac{\pi[J]_i(v + v_0)(n - n_0)}{3600\,(M_{Mm} - M_{Lm})} \tag{2－51}$$

第三节　机械传动装置

一、滚动螺旋传动

（一）工作原理及结构形式

螺杆和螺母的螺纹滚道间置滚珠，当螺杆或螺母转动时，滚珠沿螺纹滚道滚动，使螺杆

和螺母作相对运动时为滚动摩擦，提高了传动效率和传动精度。

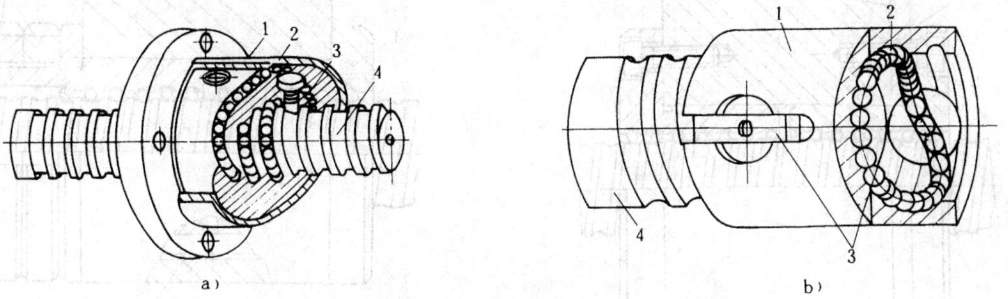

图 2-16　滚动螺旋传动
a）外循环　b）内循环
1—螺母　2—钢球　3—挡球器、反向器　4—螺杆

在螺母(或螺杆)上有滚珠返回通道，与螺纹滚道形成循环回路，使滚珠在螺母滚道内循环。根据滚珠的循环方式，滚动螺旋传动结构形式为内循环类型与外循环类型，见图 2-16。

内循环镶块式是在螺母上开有侧孔，孔内镶有反向器，将相邻两螺纹滚道联接起来。滚珠从螺纹滚道进入反向器，越过螺杆牙顶，进入相邻螺纹滚道，形成循环回路。该类型特点是螺母的外径尺寸较小，和滑动螺旋副大致相同。滚珠返回通道短，有利于减少滚珠数量、减少磨损、提高传动效率，但反向器回行槽加工要求高，见图 2-17。

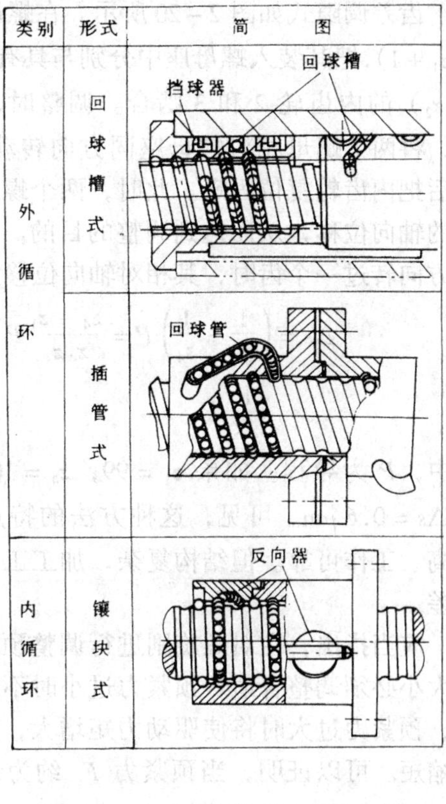

图 2-17　滚动螺旋传动结构简图

外循环有回球槽式和插管式。回球槽式是螺母外表面有回球槽，槽的两端有通孔与螺母的螺纹滚道相切，形成滚珠返回通道。为引导滚珠在通孔内顺利出入，在孔口置有挡球器。其特点是螺母外径尺寸较小，安装方便。插管采用外接套管作为滚珠返回通道。该形式结构简单、制造方便，但弯管突出于螺母外部，外形尺寸较大。若用弯管端部作挡球器，耐磨性差。见图 2-17。

（二）消除间隙和调整预紧

滚动螺旋传动的消除间隙和调整预紧一般有垫片式、螺纹式和齿差式三种。

垫片式调整垫片厚度，使螺母产生轴向位移。该形式结构紧凑、工作可靠、调整方便、应用广，但不很准确。并且当滚道磨损时不能随意调整，除非更换垫圈，故适用于一般精度的机构。如图 2-18 所示，调整垫片 2 的厚度 H，可使螺母 1 产生轴向移动，以达到消除轴向间隙和预紧的目的。

螺纹调隙式如图 2-19 所示。螺母 1 的外端有凸缘，螺母 3 加工有螺纹的外端伸出螺母座外，用两个圆螺母 2 锁紧。键 4 的作用是防止两个螺母的相对转动。旋转圆螺母即可调整

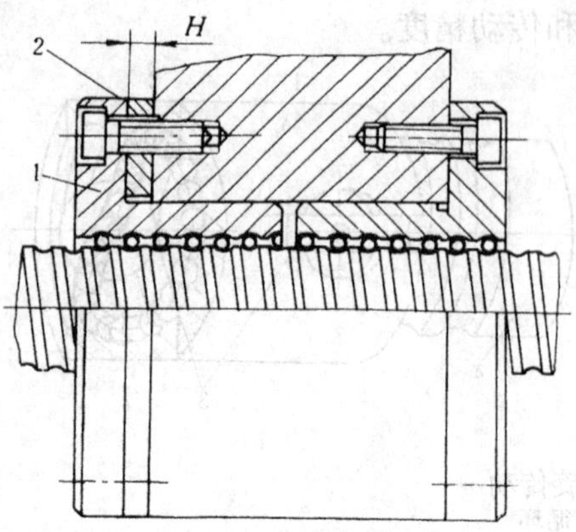

图 2-18　垫片调隙式

1—螺母　2—垫片

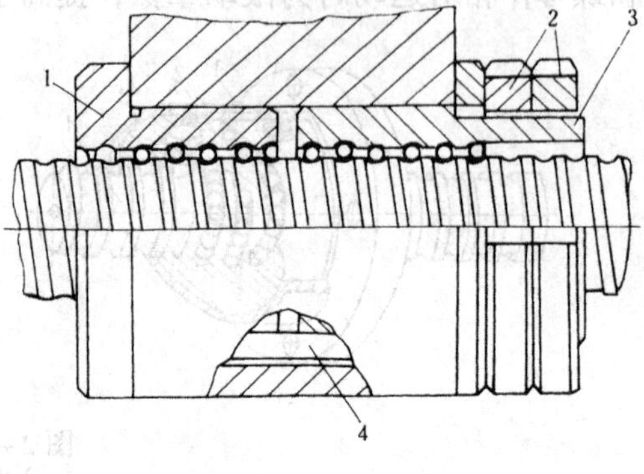

图 2-19　螺纹调隙式

1、2、3—螺母　4—键

轴向间隙和预紧。这种方法的特点是结构紧凑、工作可靠、调整方便。缺点是不很精确。

齿差调隙式如图 2-20 所示。在螺母 1 和 4 的凸缘上切出齿数相差一个齿的外齿轮（$z_4 = z_1 + 1$），把其装入螺母座中分别与具有相应齿数（z_1 和 z_2）的内齿轮 2 和 3 啮合。调整时，先取下内齿轮，将两个螺母相对螺母座同方向转动一定的齿数，然后把内齿轮复位固定。此时，两个螺母之间产生相应的轴向位移，从而达到调整的目的。当两个螺母按同方向转过一个齿时，其相对轴向位移为

$$\Delta s = \left(\frac{1}{z_1} - \frac{1}{z_4}\right) P = \frac{z_4 - z_1}{z_4 z_1} P = \frac{1}{z_4 z_1} P$$

式中，P 为导程。如果 $z_1 = 99$，$z_4 = 100$，$P = 6\text{mm}$，则 $\Delta s = 0.6\ \mu\text{m}$。可见，这种方法的特点是调整精度很高、工作可靠。但结构复杂，加工工艺和装配性能较差。

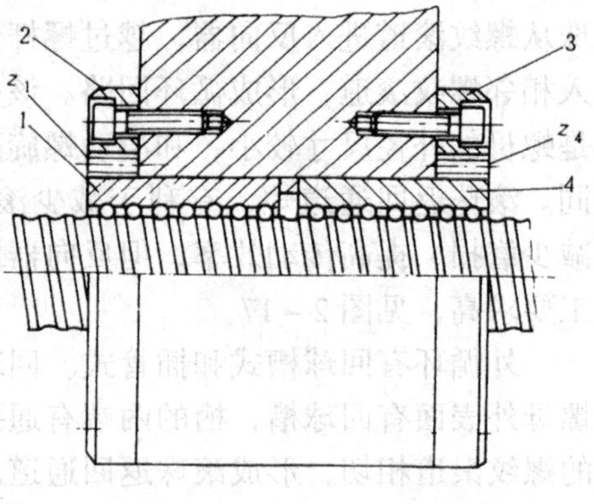

图 2-20　齿差式调隙式

1、4—螺母　2、3—内齿轮

应当指出，在对螺旋副进行调整预紧时，预紧力的大小必须调整合适，预紧力过小时不能保证无隙传动，预紧力过大时将使驱动力矩增大，效率降低，寿命缩短。可以证明，当预紧力 F_a 约为最大载荷 $F_{a\max}$ 的 1/3 时，将达到最佳情况。如采用双螺母预紧时，工作螺母和预紧螺母受预紧力 F_a 作用，将产生轴向弹性变形 δ_{a0}，螺杆受轴向载荷 F 后，工作螺母的轴向变形量增加 δ_{a1}，预紧螺母的轴向变形量相应减少 δ_{a1}，其变形量与各螺母的受力关系可用图 2-21 表示。即预紧力取得最大轴向载荷的 1/3 时，对寿命和

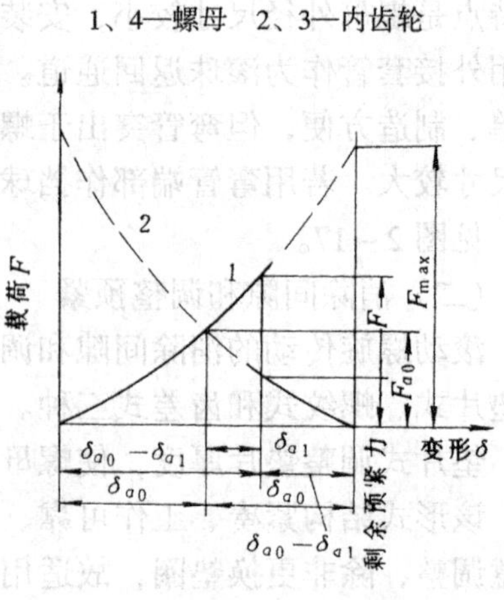

图 2-21　工作螺母和预紧螺母的受力关系图

1—工作螺母变形曲线　2—预紧螺母变形曲线

效率没有影响。过大的预紧力将使寿命和效率降低。

（三）滚动螺旋机构的主要尺寸、精度等级和标记方法

1．主要尺寸　滚动螺旋主要尺寸的计算公式列于表 2－4。

表 2－4　滚动螺旋主要尺寸的计算公式

主要尺寸	符号	计算公式												
公称直径（滚珠中心圆直径）	D_0（mm）	30		40		50			60			80		根据承载能力选用
螺距	P（mm）	5	6	6	8	6	8	10	8	10	12	10	12	根据承载能力选用
螺旋升角	λ（°）	3°2′	3°39′	2°44′	3°39′	2°11′	2°55′	3°39′	2°26′	3°2′	3°39′	2°17′	2°44′	$\lambda=\mathrm{tg}^{-1}\frac{P}{\pi D_0}$，一般 $\lambda=2°\sim5°$
滚珠直径	d_0（mm）	3.175	3.969	3.969	4.763	3.969	4.763	5.953	4.763	5.953	7.144	5.953	7.144	
螺纹滚道半径	R	一般 $R=(1.04\sim1.15)r_0$ 目前，内循环常取 $R=1.04r_0$ 外循环常取 $R=1.04r_0$ 或 $R=1.11r_0$												
接触角	α	$\alpha=45°$												
偏心距	e	$e=\left(R-\frac{d_0}{2}\right)\sin\alpha=0.707\left(R-\frac{d_0}{2}\right)$												
丝杠外径	d	$d=D_0-(0.2\sim0.25)d_0$												
丝杠内径	d_1	$d_1=D_0+2e-2R$												
螺纹牙顶圆角半径	r_3	$r_3=0.1d_0$（用于内循环）												
螺母外径	D	$D=D_0-2e+2R$												
螺母内径	D_1	$D_1=D_0+(0.2\sim0.25)d_0$（外循环） $D_1=D_0+\frac{D_0-d}{3}$（内循环）												

2．滚珠丝杠副的标注法

滚珠丝杠副结构、规格、精度的标注法如下（各制造厂略有不同）：

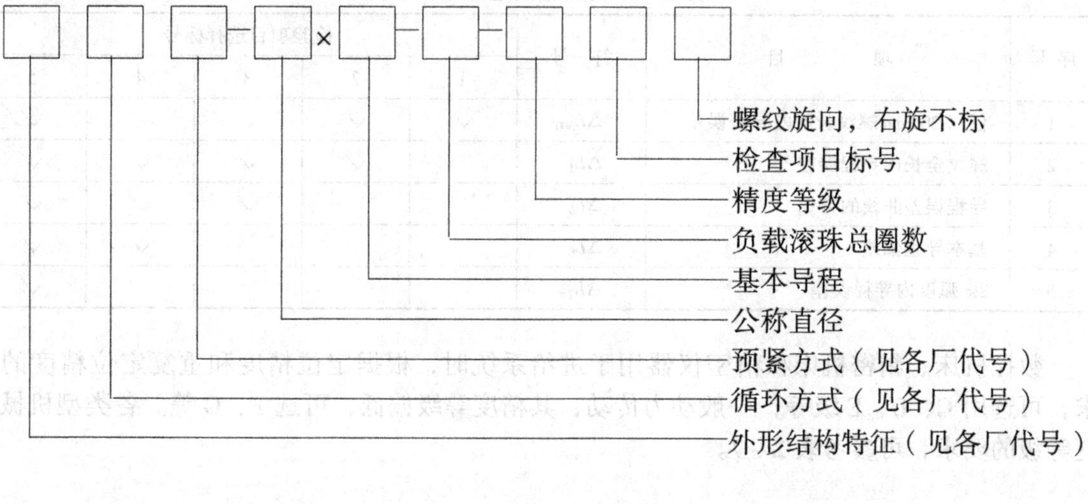

示例：

1）汉江机床厂标记法：$FC_1B-60\times6-5-E2$ 左，它表示法兰凸出式插管型、变位螺距预加载荷、公称直径 60mm、基本导程 6mm、每个螺母上承载滚珠总圈数为 5 圈、E 级精度、检查 1～2 项、左旋螺纹。

2）南京工艺装备制造厂标记法：FFZD40×5－3－D3/1400×900，它表示浮动式内循环、法兰与直筒螺母组合垫片预紧、公称直径 40mm、基本导程 5mm、承载滚珠总圈数为 3 圈、D 级精度、检查 1～3 项、右旋、丝杠全长 1400mm、螺纹长度 900mm。

3．精度等级

JB31 6.2 －82《滚珠丝杠副精度》标准规定分为六个等级：C、D、E、F、G、H。C 级最高，H 级最低。各精度等级的导程公差见表 2－5。

表 2－5　滚珠丝杠副精度等级导程误差

项　　目	符　号	精　度　等　级					
		C	D	E	F	G	H
基本导程极限偏差(μm)	δL_0	±4	±5	±6	/	/	/
2π 弧度内导程公差(μm)	$\delta L_{2\pi}$	4	5	6	/	/	/
任意 300mm 内导程公差(μm)	δL_{300}	5	10	15	25	50	100
螺纹全长内导程公差(μm)	δL_1	$\delta L_1=\delta L_{300}\times\left(\frac{1-2L_0}{300}\right)K_1$					
	K_1	0.8	0.8	0.8	0.8	0.8	1.0
导程误差曲线的带宽公差(μm)	δL_b	$\delta L_b=\delta L_{300}\times\left(\frac{1-2L_0}{300}\right)K_2$					
	K_2	0.6	0.6	0.6	0.6	0.6	/

注：测量螺纹全长内导程误差时，应在螺纹两端分别扣除长度 L_0，$L=(2-4)L_0$（L_0 为基本导程）。

为了提高经济性，按实际使用的导程精度要求，在每一精度等级内再分项，分别规定导程精度的检查项目。分项规定见表 2－6。分项 1～5 表示导程精度检验项目的规定内容，未指定检验项目，其误差值（偏差值）不超过下一等级的规定值，H 级则不予规定。例如，D3 表示只检验前 3 个项目，其余 2 个项目不得超过 E 级的规定。

表 2－6　导程精度选择检验项目

序号	项　　目	符　号	检验项目选择标号				
			1	2	3	4	5
1	任意 300mm 螺纹长度内导程误差	ΔL_{300}	✓	✓	✓	✓	✓
2	螺纹全长内导程误差	ΔL_1		✓	✓	✓	✓
3	导程误差曲线的带宽	ΔL_b			✓	✓	✓
4	基本导程偏差	ΔL_0				✓	✓
5	2π 弧度内导程误差	$\Delta L_{2\pi}$					✓

数控机床、精密机床和精密仪器用于进给系统时，根据定位精度和重复定位精度的要求，可选用 C、D、E 级等；一般动力传动，其精度等级偏低，可选 F、G 等。各类型机械精度等级的要求，可参考表 2－7。

表 2-7　各类机械精度等级要求

机械种类		X（横向）	Y（立向）	Z（纵向）	W（刀杆、镗杆）
		坐标方向			
开环系统	数控压力机	E	—	E	—
	数控绘图机	E	—	E	—
	数控车床	E、D	—	E	—
	数控磨床	D、C	—	D	—
	数控线切割机	D	—	D	—
	数控钻床	E	E、F	E	—
	数控铣床	D	D	D	—
	数控镗床	D、C	D、C	D、C	E
	数控坐标镗床	D、C	D、C	D、C	D
	自动换刀数控机床	D、C	D、C	D、C	E
坐标镗床，螺纹磨床		D、C	D、C	D、C	D
仪表机床		D、C	D、C	D、C	—
普通机床，通用机床		F	F	F	—

表 2-8　滚珠丝杠副典型的支承方式

序号	支承方式	图例	特点	支承系数：压杆稳定 f_k	支承系数：临界转速 f_c
1	单推-单推	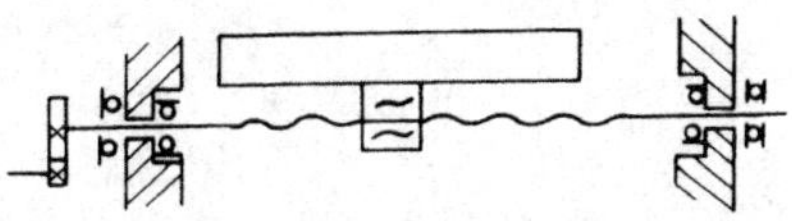	1.轴向刚度较高 2.预拉伸安装时，预加载荷较大，轴承寿命比(2)方案低 3.适宜中速、精度高，并可用双推—单推组合	1	0.65
2	双推-双推	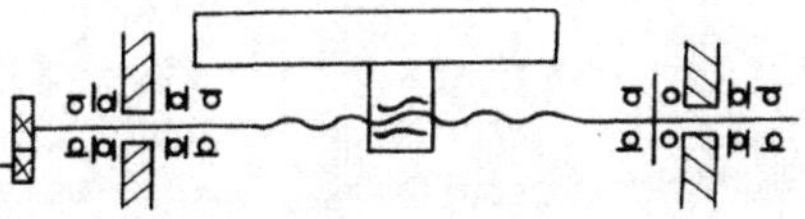	1.轴向刚度最高 2.预拉伸安装，预加载荷较小，轴承寿命较高 3.适用于高速、高刚度、高精度	4	1.44
3	双推-简支	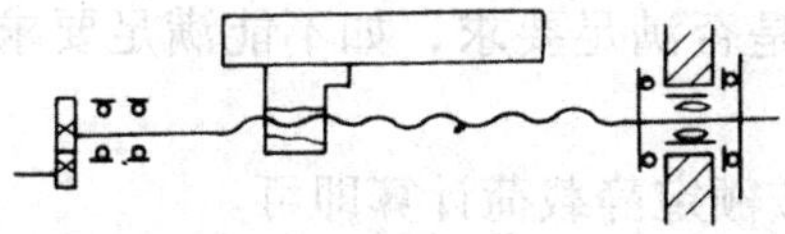	1.轴向刚度不高，与螺母位置有关 2.双推端可预拉伸安装 3.适宜于中速、精度较高的长丝杠	2	1
4	双推-自由	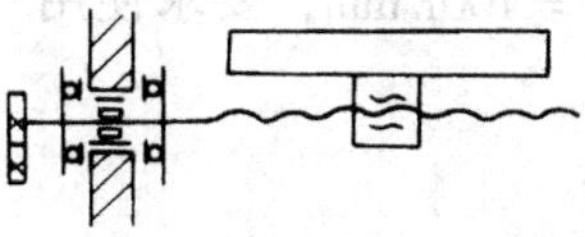	1.轴向刚度低，与螺母位置有关 2.双推端可预拉伸安装 3.适宜于中小载荷与低速，更宜垂直安装，短丝杠	0.25	0.21

（四）支撑方式的选择

丝杠的轴承组合及轴承座、螺母座以及与其它零件的连接刚性，对滚珠丝杠副传动系统的刚度和精度都有很大的影响，需在设计、安装时认真考虑。为了提高轴向刚度，丝杠支承常用推力轴承为主的轴承组合，仅当轴向载荷很小时，才用向心推力轴承。表 2-8 中列出了轴承组合的四种典型支承方式，并简述了它们的特点。

除表 2-8 中所列的特点以外，应该知道，当滚珠丝杠副工作时，因受热（摩擦及其它热源）而伸长，它对第一种支承方式的预紧轴承将会引起卸载，甚至可能产生轴向间隙，此时与第三、第四种支承情况类似，但对第二种支承方式，其卸载的结果可能在两端支承中造成预紧力的不对称，且只能允许在某个伸长范围内，即要严格限制其温升，故这种高刚度、高精度的支承方式更适宜于精密丝杠传动系统。普通机械常用第三、第四种方案，其费用比较低廉，前者用于长丝杠，后者仅用于短丝杠。

（五）滚动螺旋传动的设计计算

设计滚动螺旋传动时，已知条件是：工作载荷 F 或平均工作载荷 F_m；螺旋的使用寿命 L'_n；螺杆的工作长度（或螺母的有效行程）l；螺杆的转速 n（r/min）以及滚道硬度 HRC 和运转情况。

一般设计步骤是：

1）求出螺旋传动的计算载荷 F_C

$$F_C = K_F K_H K_L F_m$$

式中 K_F——载荷系数，1～2.5；

K_H——硬度系数，1～4；

K_L——短行程系数，1～1.3；

F_m——平均工作载荷。

2）考虑寿命　从滚动螺旋的系列中找出相应的额定动载荷，初步确定其规格（或型号）

$$C'_a = \sqrt{\frac{n_m L'_h}{1.67 \times 10^4}} F_C$$

式中 C'_a——额定动载荷；

n_m——螺杆的平均转速（r/min）；

L'_h——运转寿命（h）。

3）根据所选规格（或型号）列出主要参数。

4）验算传动效率、刚度及工作稳定性是否满足要求，如不能满足要求则应另选其它型号并重新进行验算。

5）对于低速（$n \leqslant 10$r/min）传动，只按额定静载荷计算即可。

例 2-3　试计算一数控铣床工作台进给用滚动螺旋传动。已知平均工作载荷 F_m = 3800N，螺杆工作长度 L = 1.2 m，平均转速 n_m = 100r/min，要求使用寿命 L'_h= 15000h 左右，螺杆材料为 CrWMn 钢，滚道硬度 58～62HRC。

解（1）　求计算载荷 F_C

$$F_C = K_F K_H K_L F_m =$$

$$1.2 \times 1 \times 1 \times 3800\text{N} =$$

4560N

(2) 根据寿命条件计算必需的额定动载荷

$$L'_h = 1500\text{h}$$

$$n_m = 100\text{r/min}$$

$$C'_a = \sqrt{\frac{n_m L'_h}{1.67 \times 10^4}} F_C =$$

$$\sqrt{\frac{100 \times 15000}{1.67 \times 10^4}} \times 4560\text{N} =$$

20422N

(3) 根据必需的额定动载荷 C'_a 选择螺旋尺寸

现假设用内循环结构，按螺旋的许用动载荷 C_a 接近 C'_a 或稍大于 C'_a 的原则，所选择的螺旋有下列几个规格：

1) $D_0 = 50\text{mm}$(公称直径)

$d_0 = 3.969\text{mm}$(滚珠直径)

$P = 6\text{mm}$(螺距)

$\lambda = 2°11'$(螺旋升角)

$C_a = 2000\text{N}$

2) $D_0 = 40\text{mm}$

$d_0 = 3.969\text{mm}$

$P = 6\text{mm}$

$\lambda = 2°44'$

圈数 × 列数 = 1 × 4

$C_a = 22380\text{N}$

3) $D_0 = 32\text{mm}$

$d_0 = 3.969\text{mm}$

$P = 6\text{mm}$

$\lambda = 3°25'$

圈数 × 列数 = 1 × 4

$C_a = 20300\text{N}$

4) $D_0 = 63\text{mm}$

$d_0 = 4.763\text{mm}$

$P = 6\text{mm}$

$\lambda = 2°19'$

圈数 × 列数 = 1 × 2

$C_a = 21200\text{N}$

考虑各种因素选用 1)。滚道半径 R 为

$$R = 0.52 d_0 = 0.52 \times 3.969\text{mm} = 2.064\text{mm}$$

偏心距为：

$$e = 0.07\left(R - \frac{d_0}{2}\right) =$$

$$0.07\left(2.064 - \frac{3.969}{2}\right)\text{mm} =$$

$$5.6 \times 10^{-2}\text{mm}$$

螺杆内径为：

$$d_1 = D_0 + 2e - 2R =$$

$$(50 + 0.112 - 4.128)\text{mm} =$$

$$45.76\text{mm}$$

（4）稳定性计算

因螺杆较长，所以稳定性验算应以下式求临界载荷

$$F_{cr} = \frac{\pi^2 EI_a}{(\mu l)^2}$$

式中　E——螺杆材料的弹性模量，对于钢，$E = 206\text{GPa}$；

I_a——螺杆危险截面的轴惯性矩；

$$I_a = \frac{\pi d^4}{64} = \frac{\pi \times (0.046)^4}{64} = 2.19 \times 10^{-7}\text{m}^4$$

μ——长度系数，两端用铰接时 $\mu = 1$；

$l = 1.2\text{m}$。

$$\therefore \quad F_{cr} = \frac{(3.14)^2 \times 206 \times 10^9 \times 2.19 \times 10^{-7}}{(1 \times 1.2)^2}\text{N} = 3.15 \times 10^5\text{N}$$

故　$\dfrac{F_{cr}}{F_m} = \dfrac{3.15 \times 10^5}{3.8 \times 10^3} = 82.8 > 2.5 \sim 4$ 是安全的。

（5）刚度验算

按最不利情况考虑，螺纹螺距因受轴向力引起的弹性变形与受转矩引起弹性变形方向是一致的。

故有

$$\delta_s = \frac{16T_1 s^2}{\pi^2 G d_1^4} + \frac{4Fs}{\pi E d_1^2}$$

式中　$T_1 = F_m \dfrac{D_0}{2}\text{tg}(\lambda + \rho_1) = 3800 \times \dfrac{5 \times 10^2}{2}\text{tg}(2°11' + 8'40'')\text{N}\cdot\text{m} =$

$3.8\text{N}\cdot\text{m}$

式中摩擦系数 μ 按 0.0025 计，$\rho_1 = 8'40''$

$$P = 6\text{mm} \qquad d_1 = 46\text{mm}$$

$$G = 83.3\text{GPa} \qquad E = 2.1 \times 10^{11}\text{Pa}$$

$$\therefore \quad \delta_s = \frac{16 \times 3.8 \times (6 \times 10^{-3})^2 \times 10^6}{3.14^2 \times 8.33 \times 10^{10} \times (4.6 \times 10^{-2})^4} + \frac{4 \times 3.8 \times 10^3 \times 6 \times 10^{-3} \times 10^6}{3.14 \times 2.06 \times 10^{11} \times (4.6 \times 10^{-2})^2}\mu\text{m} =$$

$$5.95 \times 10^{-4} + 6.66 \times 10^{-2}\mu\text{m} =$$

$$6.7195 \times 10^{-2}\mu\text{m}$$

每米螺纹长度上的螺纹距离的弹性变形为

$$\frac{\delta_s}{s} = \frac{6.7195 \times 10^{-2}}{6 \times 10^{-3}}\mu\text{m/m} = 11.013\mu\text{m/m}$$

滚动螺旋$\left(\frac{\delta_s}{s}\right)_P$可按滑动螺旋（同精度等级）的一半定，根据有关表得出$\left(\frac{\delta_s}{s}\right)_P = 15\mu m/m$。所以

$$\frac{\delta_s}{s} < \left(\frac{\delta_s}{s}\right)_P$$

（6）效率验算

$$\eta = \frac{tg\lambda}{tg(\lambda + \rho_1)}$$

式中 $tg\rho_1 = f = 0.0025; \rho_1 = 8'40''$

$\lambda = 2°11'$

所以

$$\eta = \frac{tg2°11'}{tg(2°11' + 8'40'')} = 0.939$$

二、齿轮传动装置

（一）应用概述

在下列情况下，在进给轴上常用齿轮传动：

1）使伺服电动机的转速与低速的滚珠丝杠装置、齿轮齿条传动装置、蜗轮传动装置的转速相匹配。

2）减少外部转动惯量折算到电机轴上的值。

3）增大主动轴的转矩。

4）把电动机的实际位置与机床所需要的位置联成一体。

一个驱动装置是否要用齿轮传动装置，取决于以上所述各点对于进给机械结构的重要程度。对于一般的数控进给驱动装置来说，其主要目的是达到进给速度要求以及使主轴增加转矩。对于增速驱动装置，齿轮最重要的任务是与外部转动惯量相适应。

图 2－22 给出了进给丝杠机构装有进给电机的例子。

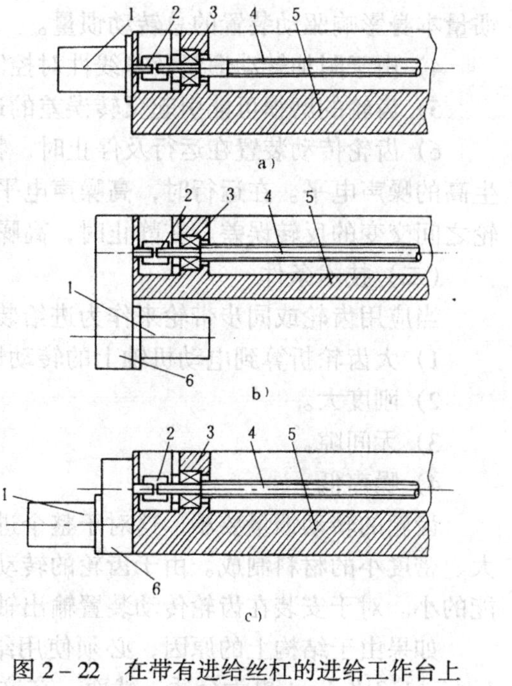

图 2－22　在带有进给丝杠的进给工作台上进给电动机的安装

a）直接联接　b）同步带传动装置　c）齿轮传动装置

1—电动机　2—联轴节　3—丝杠轴承

4—进给丝杠　5—床身　6—进给丝杠传动装置

图 2－22a 所示结构类型是要求最低的型式，但它只提供两个自由度。选择“丝杠导程”与“电动机转速”使进给速度和进给力相配合。主要用于转矩范围为 15～40N·m、转速高达 1200r/min 左右、并采用永磁直流伺服电动机的场合。这种类型提供最大的扭转刚度，摩擦反转误差最小，间隙为零。

图 2－22b 所示结构类型具有较小的机械外形尺寸，降低进给机构的倾斜转矩与偏斜。当两轴之间的距离较大时，最好使用同步带。

图 2－22c 所示结构类型大部分与电激直流伺服电动机一起使用。所使用的是一级或两级齿轮传动装置。进给丝杠转速与转矩通过选择齿轮速比来加以协调，但是必须有降低反转误差的措施。同步带传动装置及永磁式伺服电动机的驱动装置也可以用结构类型 3。

了解齿轮传动装置的基本优缺点，并根据应用中各种情况，决定是否安装齿轮传动装置。

齿轮传动装置的优点：

1）进给电动机轴与进给丝杠不必在同一条直线上，即电动机的安装有多种的方式。

2）电动机轴上外部转动惯量 J_{exi} 按比值 $1/i^2$ 减少，要求电动机轴上的转矩减少 $1/i$，这表明可使用较小的电动机。

3）在要求快速横向进给速度时，为使电动机转速一体化，除了进给丝杠导程 h 以外，齿轮速比 i 是另一个重要参数。

4）对于转动惯量和驱动装置有关的动态特性一体化，可选用适当的齿轮速比使之最优化。

齿轮传动装置的缺点：

1）齿轮传动装置是一个附加的结构部件，对其设计和生产都有一定的要求，增加了制造成本。

2）齿轮传动可能把附加的非线性（间隙）引入位置控制环，而且这类非线性只能部分地予以消除。

3）虽然齿轮传动装置输出端的全部转动惯量可以通过齿轮速比予以减少，但齿轮转动惯量本身影响驱动装置的总转动惯量。

4）由于附加转动惯量及非线性对控制参数产生影响，因此必须仔细地调整速度调节器。

5）齿轮的磨损可能引起反转误差的逐渐扩大，因此必须及时重新调整。

6）齿轮传动装置在运行及停止时，特别是电源为一个线性同步换流器时，齿轮可能产生高的噪声电平。在运行时，高噪声电平产生的原因是齿廓误差及齿根面啮合过程引起的齿轮之间交变的反转误差。在静止时，高噪声电平产生的原因是齿轮间隙内的电动机振动。

（二）技术条件

当应用齿轮或同步带轮来作为进给装置时，需要满足以下技术要求：

1）大齿轮折算到电动机轴上的转动惯量要小。

2）刚度大。

3）无间隙。

4）噪声低。

齿轮的转动惯量要小，这对于整个进给驱动装置的动态特性是重要的。齿轮应该由刚度大、密度小的材料制成。由于齿轮的转动惯量与其直径 4 次方成正比，它的直径应选得尽可能的小。对于安装在齿轮传动装置输出轴上的齿轮特别要注意该点。

如果由于结构上的原因，必须使用结构类型 3（图 3－22）来代替类型 1，则齿轮速比 $1\leqslant i\leqslant 1.3$ 比 $i=1$ 更为合适。然而，在这种情况下，电动机最高转速必定高于直接联接时速比（$i=1$）所需要的转速。下面对这两种齿轮速比作一比较分析。

齿轮速比 $i=1$ 时，齿轮 1 与齿轮 2 的直径为 d。

齿轮速比 $i>1$ 时，电机轴上齿轮 1 的直径为 d_1，驱动轴上齿轮 2 的直径为 d_2。

各齿轮折算到电动机轴上的齿轮转动惯量是：

当齿轮速比 $i=1$　　　　$J_{(i=1)} \approx 2d^4$

当齿轮速比 $i>1$　　　　$J_{(i>1)} \approx \dfrac{d_2^4}{i^2} + d_1^4$

如果我们假定 $d_1 + d_2 = 2d$，然后代入$\dfrac{d_2}{d_1} = i$，得转动惯量的关系式为：

$$\frac{J_{(i=1)}}{J_{(i>1)}} = \frac{0.125(1+i)^4}{1+i^2}$$

在范围 $1 \leqslant i \leqslant 1.3$ 里，可得到近似值为：

$$\frac{J_{(i=1)}}{J_{(i>1)}} \approx i$$

这表示速比范围在 $1 \leqslant i \leqslant 1.3$ 的齿轮转动惯量是速比 $i=1$ 的齿轮转动惯量的 $1/i$。

对于带传动装置的结构类型 2，通过改变为多级齿轮可以得到较小的总转动惯量。有关文献研究表明，齿轮速比不变时，两级齿轮产生的转动惯量几乎是单级齿轮转动惯量的 2/3。因此，两级齿轮中第一级的齿轮宽度减少的可能性不必考虑。图 2－23 表示 $i=4$ 时一级减速与两级减速的齿轮传动装置结构形式之对比。

对于两级减速传动装置来说，假定具有两个相等的速比 $i=2$，得到齿轮转动惯量为：

一级：　　　　$J \approx 17 d_1^4$

两级：　　　　$J \approx 6.25\ d_1^4$

然而对于两级齿轮传动装置，必须要保证间隙的影响小，故要求较高。由于这个原因，一级齿轮传动装置一般是更可取的。

为了使机械传动部件的总刚度大，齿轮装置的扭转弹性常数必须保持尽可能的大，对于同步带齿轮，如果适当地确定尺寸并预加载荷，就会具有很高的刚度值。

齿轮传动装置的齿轮轴必须尽可能地短，且有较好地抗弯曲与抗扭性能。

电动机与滚珠丝杠之间在传动过程中的反转误差，可以利用图 2－22 的结构类型 1 来加以改善。具有同步带传动装置的结构类型 2 或 3 在很大程度上也能消除反转误差。反转误差之和相当于位置控制信号流的滞后。

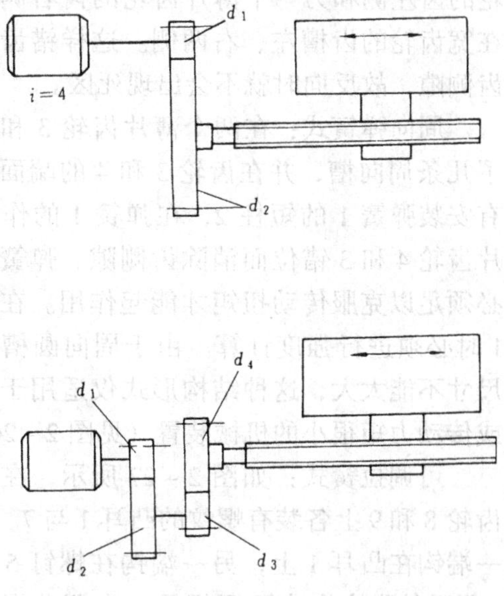

图 2－23　一级齿轮传动装置和两级齿轮传动装置转动惯量比较

由于在轮廓控制传动及相当的低速进行定位时，最大驱动转矩不起作用，因此不必按最大驱动转矩设计齿轮的预载荷。然而，当计算预加载齿轮的刚度时，必须考虑到预载荷。

（三）齿轮传动间隙的消除措施

齿轮完全无间隙的传动，只是在理论上能够实现。事实上齿轮在制造过程中加工误差总是无法避免的。两个啮合着的齿轮。总要有微量的齿侧隙才能使齿轮正常地工作。为保证齿轮传动的精度，应采用一些措施尽可能地消除齿侧隙。

1. 圆柱齿轮传动

（1）偏心轴套调整法　如图 2-24 所示，电液脉冲马达 2 是用偏心环 1 装在壳体内，该偏心环可以调节两个啮合着的圆柱齿轮中心距，这样就可以用缩小中心距的方法来消除圆柱齿轮正、反转时的齿侧隙。

（2）轴向垫片调整法　两个啮合着的圆柱齿轮 1 和 3（见图 2-25），如果它们的节圆直径沿着齿宽方向制成稍有锥度（其外形有些像插齿刀），这样就可以用轴向垫片 2 使齿轮 1 在轴向错位而消除它的齿侧隙。装配时，调整轴向垫片 2 的厚度大小，可以达到齿轮 1 与齿轮 3 无侧隙啮合，并且转动灵活。

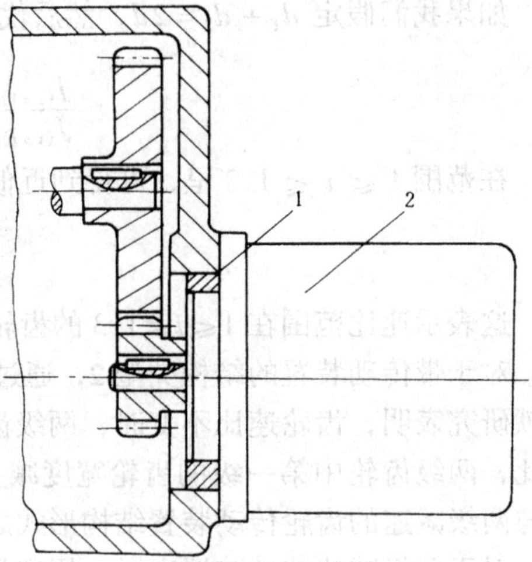

图 2-24　偏心轴套式消除间隙结构

1—偏心环　2—电液脉冲马达

以上两种调整方法的特点是结构简单，但齿侧隙调整后不能自动补偿。

（3）双片薄齿轮错齿调整法　两个啮合着的圆柱齿轮，其中一个是宽齿轮，另一个是由两薄片组成的齿轮，再附加某些措施，使一个薄片齿轮的齿左侧和另一个薄片齿轮的齿右侧分别紧贴在宽齿轮的齿槽左、右两侧。这样错齿后就没有齿侧隙，故反向时就不会出现死区。

周向弹簧式：在两个薄片齿轮 3 和 4 上各开了几条周向槽，并在齿轮 3 和 4 的端面上各压配有安装弹簧 1 的短柱 2，在弹簧 1 的作用下使薄片齿轮 4 和 3 错位而消除齿侧隙。弹簧 1 的张力必须足以克服传动扭矩才能起作用。在设计弹簧 1 时必须进行强度计算。由于周向圆槽及弹簧的尺寸不能太大，这种结构形式仅适用于读数装置或传动力矩很小的机械装置（见图 2-26）。

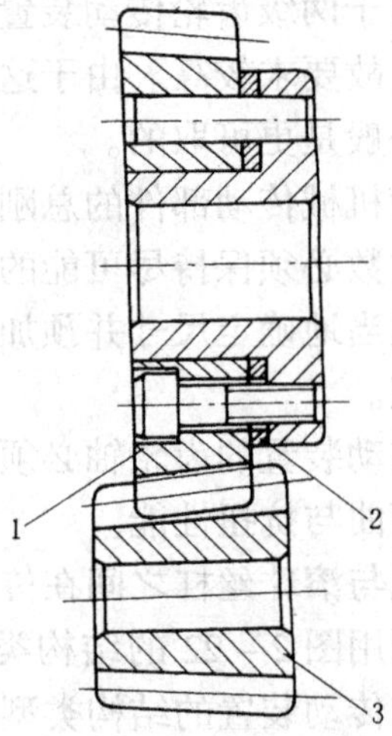

图 2-25　带锥度齿轮的消除间隙结构

1、3—齿轮　2—垫片

可调拉簧式：如图 2-27 所示，在两个薄片齿轮 8 和 9 上各装有螺纹的凸耳 1 与 7。弹簧 2 的一端钩在凸耳 1 上，另一端钩在螺钉 5 上。弹簧 2 所受的张力大小可用螺母 3 来调节螺钉 5 的伸出长度。调整好后可用螺母 4 来锁紧，在简易数控机床进给传动中，步进电机和长丝杠之间的齿轮传动常采用这种方式。

以上两种调整方法的特点是齿侧隙能够自动补偿，但其结构比较复杂。

2．斜齿轮传动齿侧隙的消除方法。

（1）垫片调整法　见图 2-28。基本上与上述错齿调整法相同，也就是用两个薄片齿轮和一个宽齿轮啮合，只是在两个薄片斜齿轮的中间隔开了一小段距离，这样它的螺旋线便错开了。在两个薄片斜齿轮 3 和 4 中间，加一个垫片 2，这样一来，薄片齿轮 3 和 4 的螺旋线就错位，而分别与宽齿轮 1 齿的左、右侧面贴紧。垫片 2 的厚度 H 与齿侧隙 Δ 的关系，可用下式表示：

$$H = \Delta \mathrm{ctg}\beta$$

式中　β——螺旋角。

在实践中，通常是采用试测法。用磨削厚度不同的垫片，再测试齿侧隙是否已消除及转动是否灵活，直至满足要求为止。

这种调整方法的特点是结构比较简单，但调整起来比较费事，并且齿侧隙也不能自动补偿。

（2）轴向压簧调整法　见图 2－29。两个薄片斜齿轮 1 和 2 用键滑套在轴 6 上，弹簧 3 的轴向压力可用螺母 5 来调节，而使两薄片齿轮 1 和 2 的齿侧面，分别贴紧在宽齿轮 7 齿槽的左、右两侧面。弹簧力的大小必须调整恰当，过紧会使齿轮磨损过快而影响使用寿命，过松则不起消除间隙作用。这种调整方法的特点是齿侧隙可以自动补偿，但轴向尺寸较大，结构不紧凑。

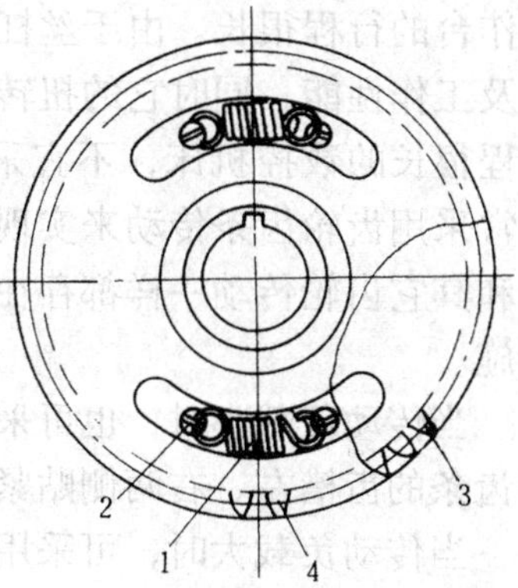

图 2－26　圆柱薄片齿轮周向弹簧错齿调整法

1—弹簧　2—短柱　3、4—齿轮

3．锥齿轮传动　锥齿轮同圆柱齿轮一样，可用上述类似的方法来消除齿侧隙。通常采用的调整方法有下列两种。

（1）轴向压簧调整法　见图 2－30。两个啮合着的锥

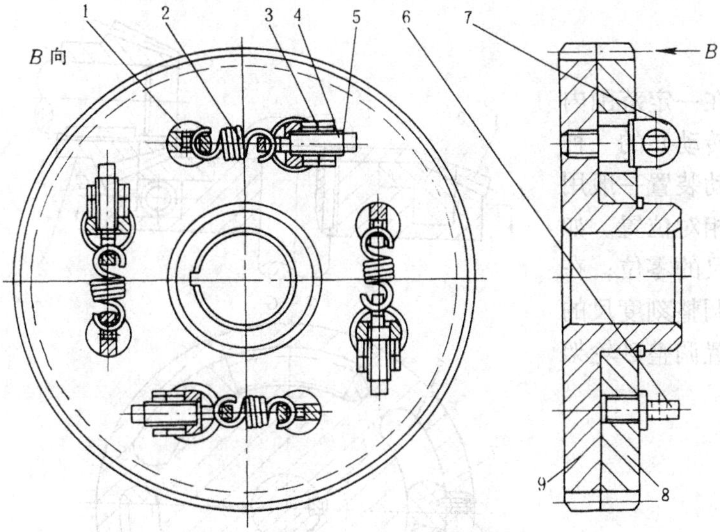

图 2－27　圆柱薄片齿轮可调拉簧错齿调整法

1、6、7—凸耳　2—弹簧　3、4—螺母　5—螺钉　8、9—薄片齿轮

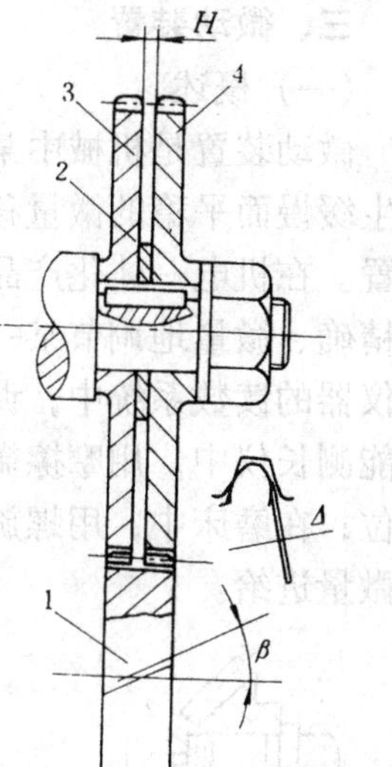

图 2－28　斜齿薄片齿轮垫片错齿调整法

1—宽齿轮　2—垫片　3、4—薄片齿轮

齿轮 1 和 4，在锥齿轮 4 的传动轴 7 上装有压簧 5，弹簧力的大小可用螺母 6 来调节。锥齿轮 4 在弹簧力的作用下，使其稍作轴向移动。即可消除齿侧隙。

（2）周向弹簧调整法　见图 2－31。两个啮合着的锥齿轮，把其中一个锥齿轮做成大小两片 1 和 2，在大片锥齿轮 1 上制有三个周向圆弧槽 8，而在小片锥齿轮 2 的端面上制有三

个凸爪7。凸爪7伸入大片锥齿轮1的圆弧槽8中。弹簧5的一端顶在凸爪7上，而其另一端顶在镶块4上。止头螺钉6是装配时用的，安装完毕后，便把止头螺钉6卸去。这样一来，在弹簧力的作用下，大片锥齿轮1就和小片锥齿轮2的齿稍稍错开，而达到消除齿侧隙的目的。

4．齿轮齿条传动　大型数控机床（例如大型龙门铣床等）工作台的行程很长。由于丝杠太长容易下垂，影响它的螺距精度及工作性能，同时它的扭转刚度也相应下降，所以对工作台行程很长的数控机床，不宜采用滚珠丝杠副来实现进给运动，而常采用齿轮齿条传动来实现它的进给运动。但是齿轮齿条传动和其它齿轮传动一样都存在齿侧隙，故也要采取消除间隙的措施。

当传动负载小时，也可采用双片薄齿轮错齿调整法，分别与齿条的齿槽左、右两侧贴紧，而消除其齿侧隙。

当传动负载大时，可采用双齿轮1与6（见图2－32）分别与齿条啮合，并用预载力装置4在齿轮3上预加负载，于是齿轮3使其左、右相啮合的齿轮2及5向外伸长，则同轴上安装的小齿轮1及6亦向外伸长，这样就能分别与齿条7上齿槽的左侧及右侧分别贴紧而无间隙。

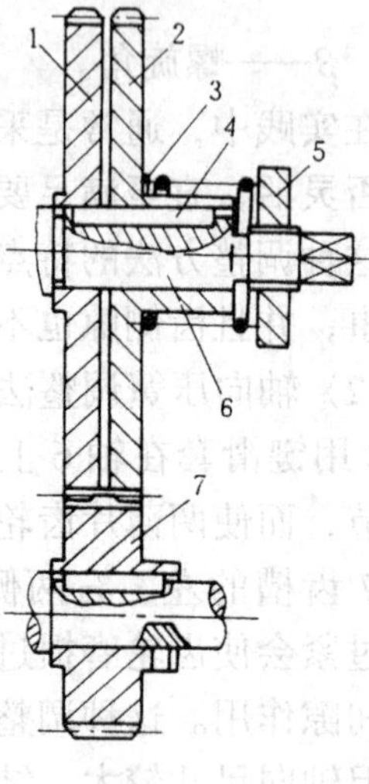

图2－29　斜齿薄片齿轮轴向压簧错齿调整法

1、2—薄片齿轮　3—弹簧　4—键　5—螺母　6—轴　7—宽齿轮

三、微动装置

（一）概述

微动装置是机械中某一部件在一定范围内产生缓慢而平稳的微量移动（或转动）的一种装置。在机电一体化产品中，微动装置一般用于精确、微量地调节某一部件的相对位置。如在仪器的读数系统中，调整刻度尺的零位；在万能测长仪中，用摩擦微动装置调整刻度尺的零位；在磨床中，用螺旋微动装置调整砂轮架的微量进给。

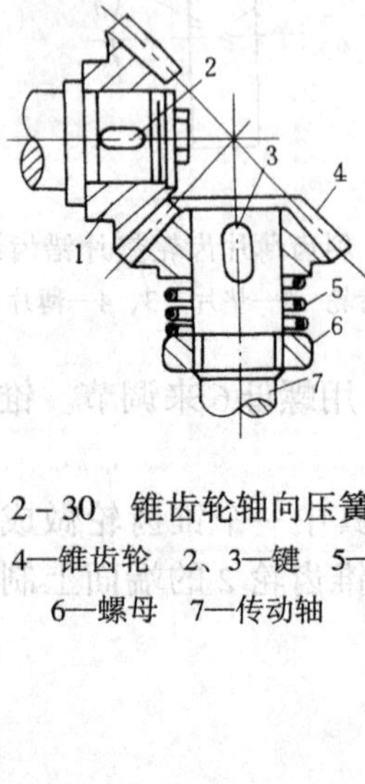

图2－30　锥齿轮轴向压簧调整法

1、4—锥齿轮　2、3—键　5—压簧　6—螺母　7—传动轴

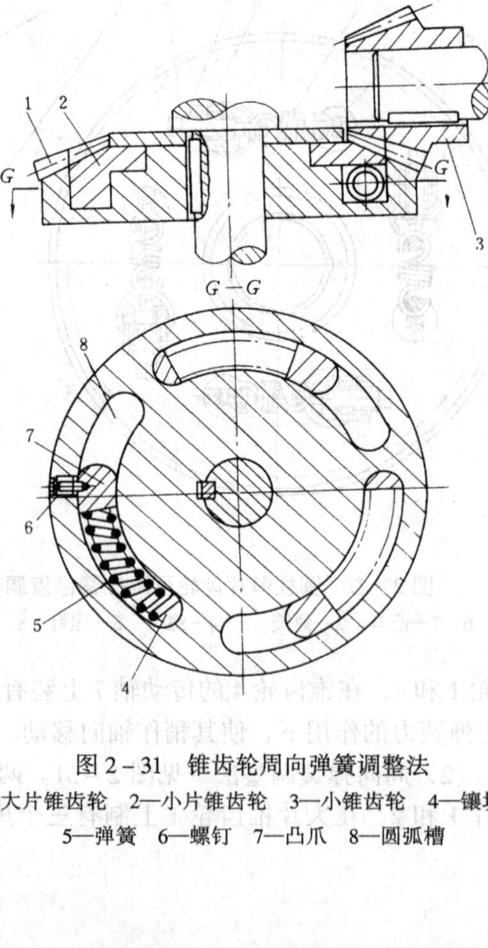

图2－31　锥齿轮周向弹簧调整法

1—大片锥齿轮　2—小片锥齿轮　3—小锥齿轮　4—镶块　5—弹簧　6—螺钉　7—凸爪　8—圆弧槽

微动装置性能的好坏，在一定程度上影响机械产品的精度和操作性能。因此，对微动装置基本性能的要求是：

1）应有足够的灵敏度，使微动装置的最小位移量能满足使用要求。

2）传动灵活、平稳、无空回产生。

3）工作可靠、对调整好的位置在一定时期内应保持稳定。

4）若微动装置包括在仪器的读数系统中，则要求微动手轮的转动角度与直线微动（或角度微动）的位移量成正比。

5）要有良好的工艺性，使用方便并经久耐用。

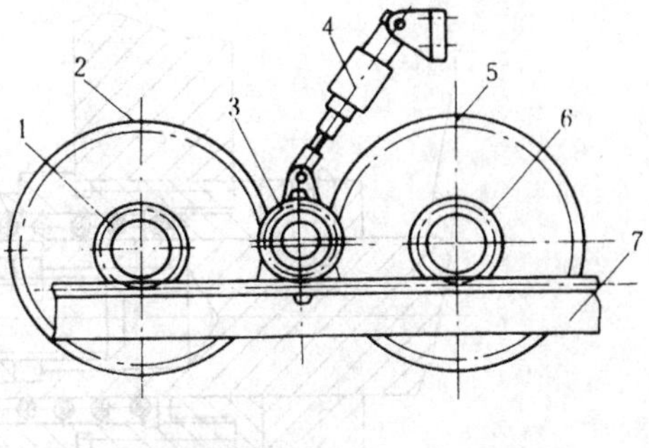

图 2－32　齿轮齿条传动的齿侧隙消除法
1、6—小齿轮　2、5—大齿轮　3—齿轮
4—预载力装置　7—齿条

按传动原理不同，微动装置分为机械式微动装置、电气—机械式微动装置和其它形式的微动装置，下面分别予以介绍。

（二）机械式微动装置

在微动装置中，常用的机械传动类型有：螺旋传动、齿轮传动、摩擦传动、杠杆传动以及几种传动方案的综合。

1. 螺旋微动装置　螺旋微动装置结构简单、制造较方便。图 2－33 为万能工具显微镜工作台的微动装置，它由螺母 2、调节螺母 3、微动手轮 4、螺杆 5 和滚珠 6 等组成。整个装置固定在测微外套 1 上；旋转微动手轮 4 时，螺杆 5 顶动工作台，实现工作台的微动。

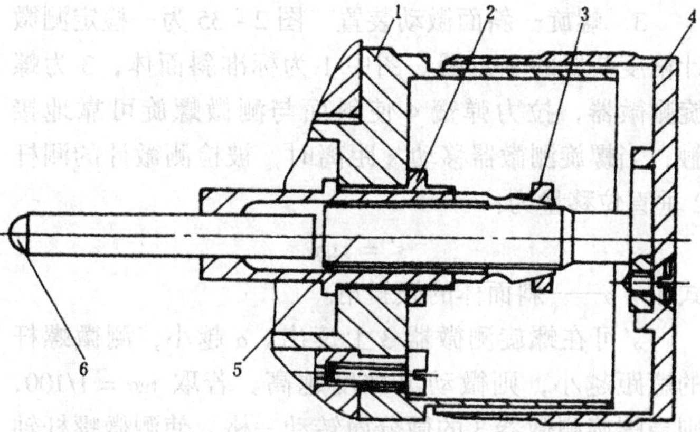

图 2－33　螺旋微动装置
1—外套　2—螺母　3—调节螺母　4—手轮　5—螺杆　6—滚珠

螺旋微动装置的最小微动量 S_{min} 为：

$$S_{min} = P\frac{\Delta\varphi}{360°}$$

式中　P——螺杆的螺距；

$\Delta\varphi$——人手的灵敏度，即人手轻微旋转手轮一下，手轮的最小转角。

为提高螺旋微动装置的灵敏度，可以增大手轮或减小螺距。但手轮太大，不仅使微动装置的空间体积增大，而且由于操作不灵便反而使灵敏度降低；若螺距太小，则加工困难，使用时也易磨损。因此在某些仪器中，采用差动螺旋微动装置。

2. 差动螺旋微动装置　图 2－34 是在电接触量仪中应用的差动螺旋微动装置。图中螺杆 4 为主动件，可移动螺母 5 及与其联接在一起的滑杆 1 是从动件，3 为固定螺母。螺杆 4 上有两段螺纹 A 和 B，其螺距分别为 P_1、P_2（$P_2 > P_1$）。若两段螺纹均为右旋，则可移动螺母真正位移为：

$$S=(P_2-P_1)\ n$$

式中　n——螺杆 4 的转数。

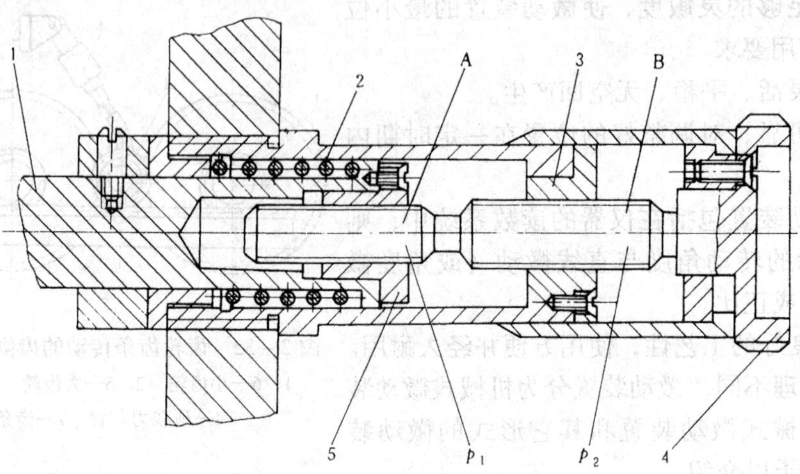

图 2-34　差动螺旋微动装置

1—滑杆　2—弹簧　3—固定螺母　4—螺杆　5—移动螺母

图中的压力弹簧 4 是用来消除螺杆与螺母间的轴向间隙，使传动过程中不会产生空回。

3．螺旋—斜面微动装置　图 2-35 为一检定测微计精度装置的示意图。图中 1 为标准斜面体，3 为螺旋测微器，拉力弹簧 4 使斜面与测微螺旋可靠地接触；当螺旋测微器移动 s 距离时，被检测微计的测杆 2 垂直位移量为：

$$s'=s\,\mathrm{tg}\alpha$$

式中　α——斜面体的倾斜角。

s'可在螺旋测微器 3 上读出。α 越小，测微螺杆的螺距越小，则微动灵敏度越高。若取 $\mathrm{tg}\alpha=1/100$，则当螺旋测微器 3 的微分筒转动一格，使测微螺杆轴向位移0.01 mm 时，则被检测微计测杆位移量 s'为 $0.01\times1/100\mathrm{mm}=0.0001\mathrm{mm}$。在这一装置中，螺旋测微器微分筒的转角与测微计测杆的位移应严格成正比例关系。所以，斜面体的斜角 α 应准确，其上下平面和基座 5 的上平面均应精细加工，斜面体移动的方向精度应好，否则将影响检定精度。

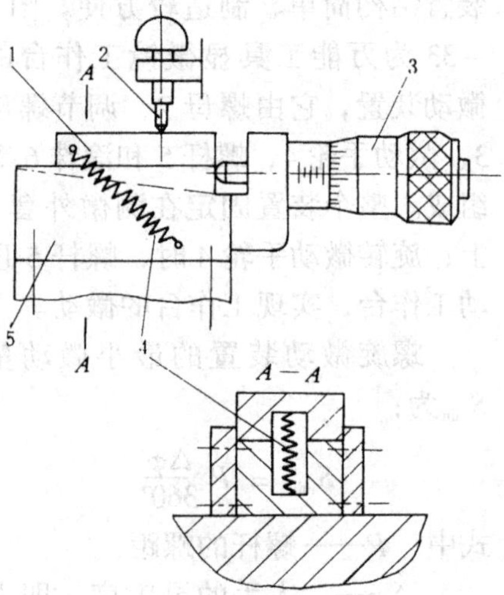

图 2-35　螺旋—斜面微动装置

1—标准斜面体　2—测杆　3—螺旋测微器

4—弹簧　5—基座

4．螺旋—杠杆微动装置　图 2-36 为在测角仪器上使用的螺旋—杠杆微动装置。它由固定在仪器上不动部分上的负载板 2、弹簧套筒 1、滑动筒 7、弹簧 8、螺杆 3、读数手轮 4、螺母 6 和读数套筒 5 组成。

仪器回转机构的摆动杆 9 的末端在滑动筒 7 和螺杆 3 之间，转动螺杆 3，摆动杆 9 便绕其中心转动；因为摆动杆 9 与仪器回转机构固为一体，所以当摆动杆 9 偏转时，仪器回转机构也随之转动。

在不动的读数套筒 5 上，刻有测定读数手轮 4 整轮数的标尺线。

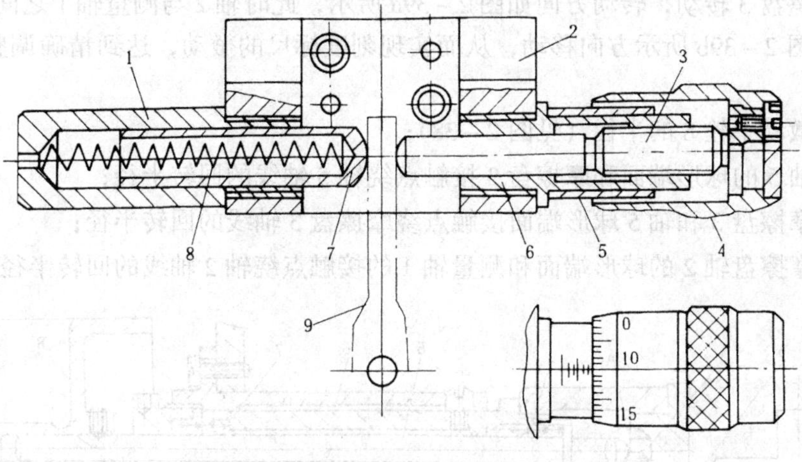

图 2－36　螺旋—杠杆微动装置

1—弹簧套筒　2—负载板　3—螺杆　4—读数手轮　5—读数套筒　6—螺母　7—滑动筒　8—弹簧　9—摆动杆

在某些仪器中，常需由微动手轮直接读数。现以此装置为例，讨论分度值的计算方法。设摆动杆臂长 $L = 102\text{mm}$，测微螺杆的螺距 $P = 0.3\ \text{mm}$，试计算读数手轮的分度值。

由于螺杆转动一圈时，它将移动 $P = 0.3\ \text{mm}$，这时摆动杆 9 将对原始位置偏转 α 角

$$\text{tg}\alpha = \frac{P}{L} = 0.0029$$

所以　$\alpha \approx 10'$。

也就是说，读数套筒的分度值为 $10'$。

将读数手轮一周分为 60 格，由于读数手轮转动一圈时为 $10'$，因而在转动一格时将等于 $10''$。即读数手轮转动的分数值。

5．齿轮—杠件微动装置　图 2－37 所示的齿轮—杠杆微动装置用于显微镜工作台的轴向微动，以实现高倍率物镜的精确调焦。因为高倍率物镜景深很小，所以需要工作台作微小而且可靠的位移。这里用三级齿轮减速，将手轮轴 1 的转动变为扇形齿轮 2 的微小转动，再用杠杆机构将扇形齿轮 2 的微小转动变为工作台 3 的上下微动。

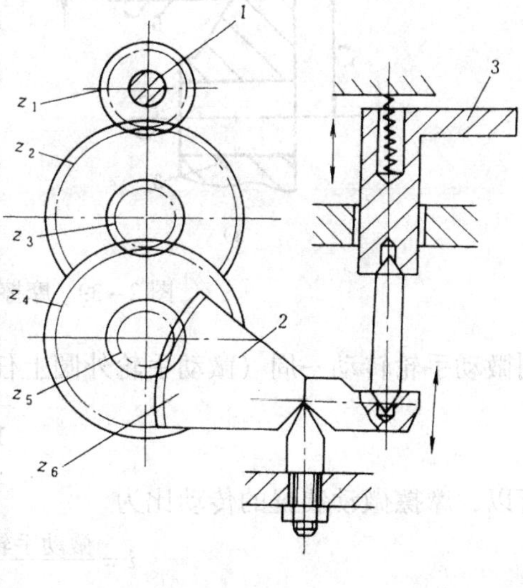

图 2－37　齿轮—杠杆微动装置

1—手轮轴　2—扇形齿轮　3—工作台

6．摩擦微动装置　在万能测长仪中，应用摩擦微动装置移动刻度标尺，使其能精确地对准刻度零点。结构如图 2－38 所示。微动手轮 8 与传动轴 5 用螺钉联接在一起，传动轴 5 的球形端面靠压力弹簧 4 压在摩擦盘 3 上，盘 3 的底面装有滚珠止推

轴承，使摩擦盘的转动比较灵敏。利用压力弹簧 7，并通过轴套 6，使摩擦盘的转轴 2 的球形端面压在测量轴 1（刻度标尺固定在测量轴内）的侧表面上。当转动微动手轮 8 时，通过轴 5 带动摩擦盘 3 转动，转动方向如图 2 - 39a 所示，此时轴 2 与测量轴 1 之间产生摩擦，使测量轴 1 按图 2 - 39b 所示方向移动，从而实现刻度标尺的微动，达到精确调整零位的目的。设：

r_1——微动手轮 8 的半径（见图 2 - 38）；

r_2——轴 5 的球形端面和摩擦盘 3 接触点绕轴 5 轴线的回转半径；

r_3——摩擦盘 3 和轴 5 球形端面接触点绕摩擦盘 3 轴线的回转半径；

r_4——摩擦盘轴 2 的球形端面和测量轴 1 的接触点绕轴 2 轴线的回转半径；

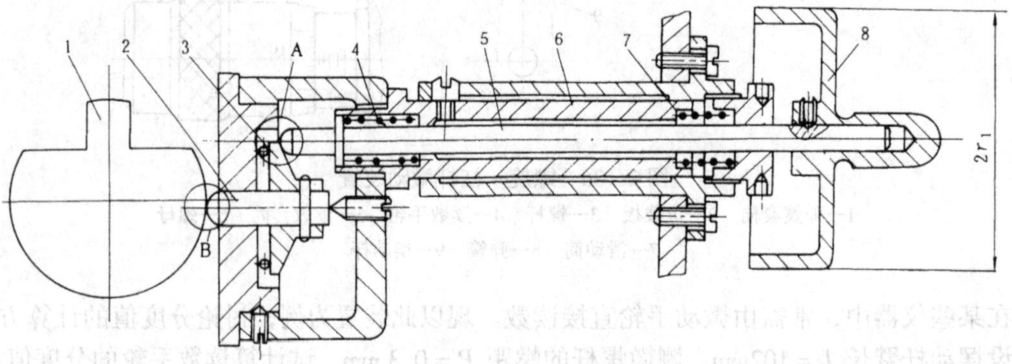

图 2 - 38　摩擦微动装置

1—测量轴　2—轴　3—摩擦盘　4、7—弹簧　5—传动轴　6—轴套　8—微动手轮

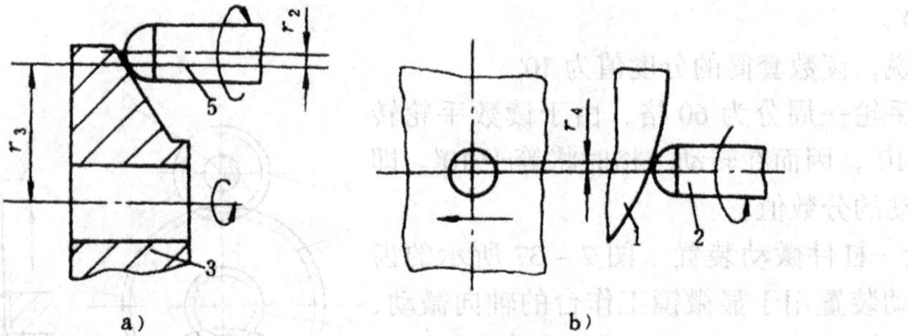

图 2 - 39　摩擦微动装置 A、B 局部放大图

则微动手轮转动一周（微动手轮外圆上任一点移动 $2\pi r_1$，测量轴的直线位移为

$$1 \times \frac{r_2}{r_3} \times 2\pi r_4$$

所以，摩擦微动装置的传动比为

$$i = \frac{\text{微动手轮外圆上任一点的位移}}{\text{测量轴的位移}} =$$

$$\frac{2\pi r_1}{1 \times \dfrac{r_2}{r_3} \times 2\pi r_4} = \frac{r_1 r_3}{r_2 r_4}$$

由上式可知，若需要微动灵敏度高，即传动比较大时，可使 r_1、r_3 增大，或使 r_2、r_4 减小。在装配时可调整 r_3 之值，来达到所要求的传动比。

当 $r_1 = 25\text{mm}$、$r_2 = 0.53\ \text{mm}$、$r_3 = 12\text{mm}$、$r_4 = 0.57\ \text{mm}$ 时

$$i = \frac{25 \times 12}{0.53 \times 0.57} \approx 1000$$

摩擦微动装置的特点是结构简单，制造方便，微调灵敏度较高，传动中无空回，传动比一般可达 1000 以上，这样大的传动比若用齿轮或蜗杆传动也可以达到。但与摩擦传动比较，结构要复杂，加工较困难，成本也要高一些。同时，摩擦传动运动平稳，可达到极微量移动的目的。由于摩擦传动可能产生相对滑动，故不宜用于示数传动链中。又由于摩擦面间为点接触，故磨损较快，且只能用于需要较小微动力的精密机械中。

(三) 电气机械式微动装置

图 2-40 为美国辛辛那提·米拉克隆 S 系列切入式外圆磨床的一种进给方式。

该机构由步进电机 1 与 2、齿轮 3、丝杠螺母副、快速液压缸 5 和砂轮架 4 等元件组成。进给动作如下：

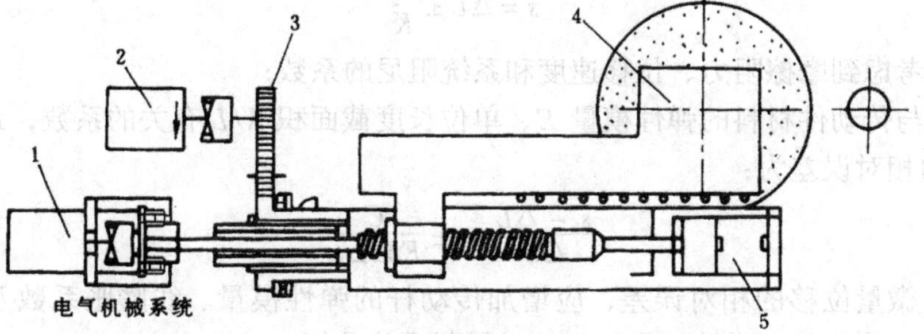

图 2-40　电气机械式微量进给机构简图

1、2—步进电机　3—齿轮　4—砂轮架　5—快速液压缸

由步进电机 1 经齿轮、丝杠螺母副，带动砂轮架实现粗磨、半精磨、精磨等进给。通过步进电机 2，经减速器及丝杠螺母实现补偿进给，最小微进量为0.0005 mm。

(四) 其它形式的微动装置

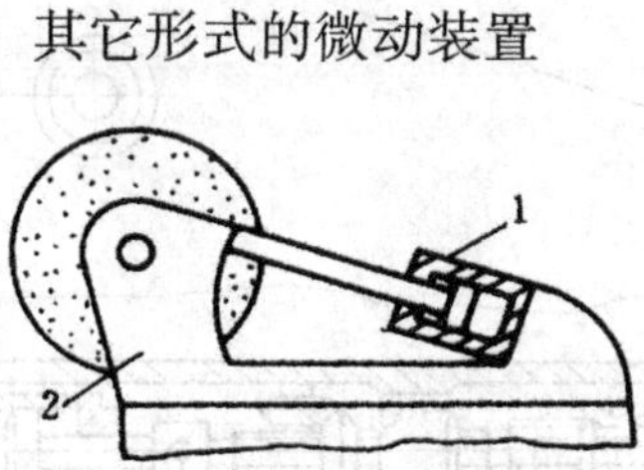

图 2-41　弹性变形式微进给机构

1—液压缸　2—砂轮架

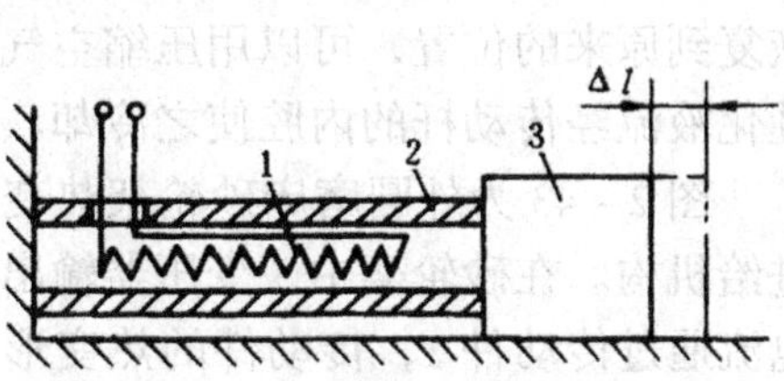

图 2-42　热变形微动装置原理

1—加热电阻丝　2—传动杆　3—运动件

1．弹性变形式的微动装置　这类装置是利用弹性元件的变形能，或利用运动件本身的弹性变形来实现微量位移的。在构件的弹性范围内，只要精确地控制所加的力，就能得到稳定的变形，实现所需的微量进给。图 2-41 为英国琼斯·希普曼微进给机构。它通过液压缸 1

与活塞杆相互作用，砂轮架 2 发生弹性变形来实现微量进给。由于没有外摩擦力，进给精度可达到较高程度，可实现0.25 μm 的微量进给量。

2．热变形式微动装置　热变形传动的机理如图 2－42 所示，传动杆 2 的一端固定在机座上，另一端固定在沿导轨移动的运动件 3 上。当加热电阻丝 1 通电加热时，使传动杆 2 受热伸长，其伸长量为：

$$\Delta L = \alpha L\ (t_1 - t_0) = \alpha L \Delta t$$

式中　α——传动杆材料的线膨胀系数（mm/℃）；

L——传动杆长度（mm）；

t_1——加热时的温度（℃）；

t_0——加热前的温度（℃）；

当传动杆由于热变形而产生的力大于导轨副中的静摩擦力时，运动件 3 就开始移动。理想的状态是：传动杆的伸长量等于运动件的位移量。但因导轨副摩擦力的性质有变化，位移速度有快慢，运动件的质量有大小以及系统阻尼的大小等原因，往往达不到理想的情况。

所以，当传动杆伸长量为 ΔL 时，运动件的实际位移量为：

$$s = \Delta L \pm \frac{C}{K}$$

式中　C——考虑到摩擦阻力、位移速度和系统阻尼的系数；

K——与传动件材料的弹性模量 E、单位长度截面积 A/L 有关的系数，$K = EA/L$。

所以，位移的相对误差为：

$$\frac{s - \Delta L}{\Delta L} = \pm \frac{C}{EA\alpha \Delta t}$$

因此，为减少微量位移的相对误差，应增加传动杆的弹性模量、线膨胀系数及截面积。所以，应选择线膨胀系数和弹性模量较高的材料制成传动杆。

传动杆的加热可通过杆腔内的电阻丝 1 进行，也可以直接将大电流接通传动件；后一种加工方法的优点是热惯性和损失较小，并且结构也较简单。

利用变压器、变阻器等调节方法可调节传动杆的加热速度，以实现对位移速度和微进给量的控制。为了使传动杆恢复到原来的位置，可以用压缩空气或乳化液流经传动杆的内腔使之冷却。

图 2－43 为外圆磨床砂轮架热变形进给机构。在砂轮架中，变压器输出的电流通过传动件 1，传动件的热变形伸长使砂轮架获得微量进给；液压缸 2 用以实现砂轮架快速趋近或离开工件。

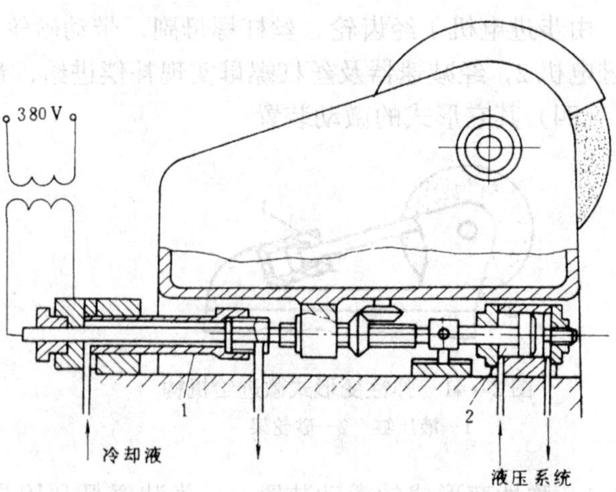

图 2－43　砂轮架热变形进给机构

1—传动件　2—液压缸

3．磁致伸缩式微动装置　该装置是利用某些材料在磁场作用下具有尺寸变化的性质来实现微量位移的。图 2－44 为该类进给装置的工作原理图。磁致伸缩棒1的左端固定在机座上，右端与运动件2相联。绕在伸缩棒外的线圈通电激磁后，在磁场的作用下，棒产生伸缩变形而使运动件实现微量位移。改变磁场强度可得到不同的位移进给量。

在磁场作用下，伸缩棒的变形量 ΔL（μm）为：

$$\Delta L = \pm \lambda L$$

式中 λ——磁致伸缩系数；

L——伸缩棒被磁化部分的长度（m）。

当伸缩棒磁变形时产生的伸缩力克服运动件导轨副的摩擦力时，运动件便产生位移，最小位移量为：

$$\Delta L_{min} > F_0 / K$$

式中 F_0——导轨副的静摩擦力；

K——伸缩棒的刚度。

伸缩棒的最大位移量受材料的磁致伸缩性质的影响，在一般情况下为：

$$\Delta L_{max} \leqslant \lambda_s L - F_d / K$$

式中 λ_s——磁饱和时磁致伸缩系数；

F_d——导轨副的动摩擦力。

磁致伸缩式微量进给机构的特征为：

1）重复精度高，无间隙。

2）刚性好，转动惯量小，工作稳定性好。

3）结构简单、紧凑。

4）进给量有限。

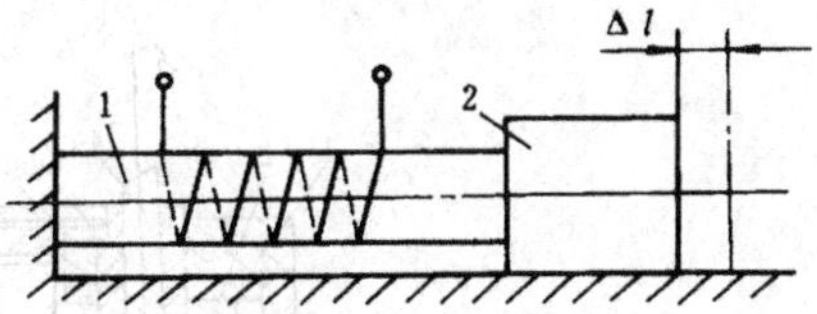

图2-44 磁致伸缩式微量进给工作原理图
1—磁致伸缩棒 2—运动件

该类装置适用于精确位移调整，切削刀具的磨损补偿，温度变形补偿及自动调节系统等。图2-45为精密坐标调整用的磁致伸缩传动原理图，可用于坐标工作台。粗位移时，用丝杠螺母副传动；在微量位移时，应用装在螺母与工作台间的磁致伸缩棒来实现。

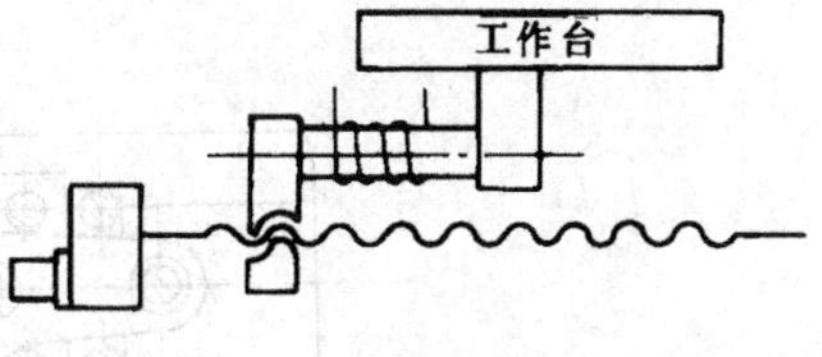

图2-45 精密坐标调整用的磁致伸缩传动原理图

在磁场作用下，即使是理想材料，其磁致伸缩量也是有限的。如100mm长的铁钴钒棒，只能伸长7μm。为了实现较大位移的进给或步进，可采用如图2-46所示的机构。图示伸缩棒1的左右端上装有液压夹头2、3，当励磁线圈4的充磁和夹头2、3的夹紧、放松按顺序进行时，就使伸缩棒实现步进进给 ΔL 或位移 $n\Delta L$。其中，n 为线圈的励磁循环的次数。

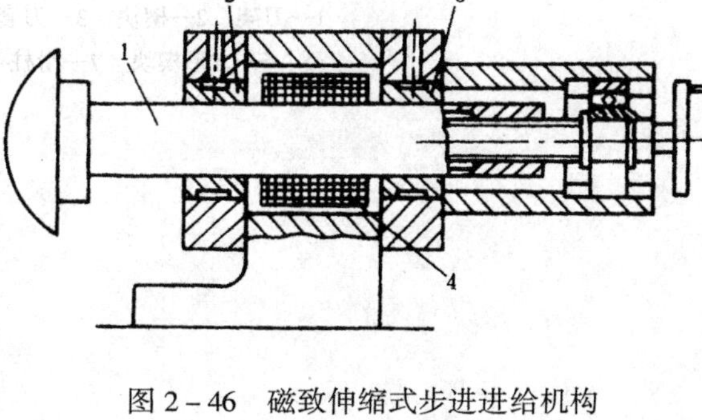

图2-46 磁致伸缩式步进进给机构
1—伸缩棒 2、3—液压夹头 4—励磁线圈

4．压电式微动装置 用钛酸铅和锆酸

铅组成的多晶固溶体——锆钛酸铅压电陶瓷（简称压电陶瓷，代号为 PZT）是一种新型的压电材料；它具有从机械能转变成电能或从电能转变为机械能的压电效应。经极化处理后的压电陶瓷在外力作用下，发生机械变形，在其表面上产生电荷，这个现象称为正压电效应；反之，在压电陶瓷上加直流电场，改变了陶瓷体的极化强度，其形状尺寸也会产生变化，则称此为逆压电效应。

利用压电陶瓷的逆压电效应来实现微量位移，就不必采用传统的传动系统，因而避免了机械结构造成的误差；这种形式的微量位移具有位移分辨率高（可达千分之几微米）、结构简单而尺寸小、不发热无杂散电磁场和易于遥控等优点。

图 2-47 为圆管式压电陶瓷微量进给刀具补偿装置。材料为 PZT-5 型的圆管式压电陶瓷 8 的尺寸为 ϕ24mm × ϕ27mm × 48mm，内外壁为电极。当压电陶瓷通以正向直流电压后，向左伸张，推动滑柱 7、方形楔块 6 和圆柱楔块 2，借助于楔块 2 的斜面克服压板弹簧 5 的压力，将固定镗刀 4 的刀套 3 顶起，实现了镗刀 4 的一次微量位移。而当压电陶瓷通上反向直流电压时，向右收缩，楔块 6 的右端出现空隙，因而对压电陶瓷 8 通上正反向交替变化的直流脉冲电压，就可以连续地实现镗刀的径向补偿，刀尖总位移量为0.1 mm。

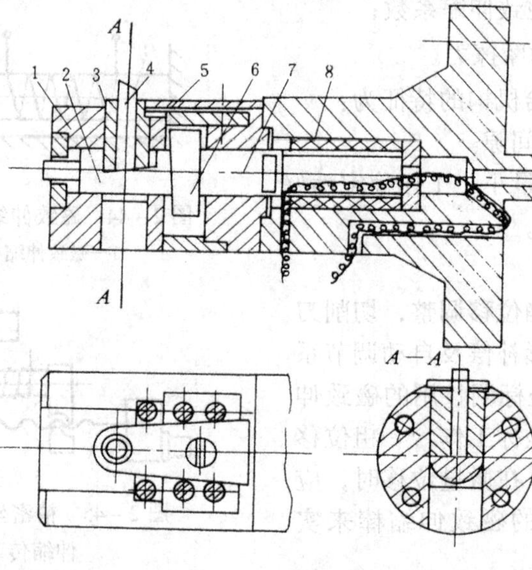

图 2-47　刀具补偿机构

1—刀架　2—楔块　3—刀套　4—镗刀　5—压板弹簧
6—方形楔块　7—滑柱　8—圆管式压电陶瓷

第三章　机电一体化中集成电路的应用

第一节　集成电路应用基础

机电一体化与微电子控制技术及专用大规模集成电路有密切关系，集成电路技术是机电一体化技术的核心技术之一。标志集成电路发展水平的主要指标之一是单片的集成度，即一小块硅片电路能容纳的器件数。按照集成度的不同有小规模、中规模、大规模集成电路之分。一般认为小规模集成电路（SSI）是在一个芯片中包含十几个门电路以内的元器件和连线；中规模集成电路（MSI），包含上百个门电路的元器件和连线；大规模集成电路（LSI）包含几百至几千个门电路的元器件和连线；超大规模集成电路包含的元器件则更多。机电一体化产品或系统中所用集成电路的集成技术发展如表 3－1 所示。

表 3－1　集成电路的发展过程

年　代	元器件数（每个芯片）	最小条宽（μm）	代 表 产 品	主 要 应 用 领 域
1950 年	1～10	几百～几十	晶体管	军事、国防
1960 年	10～1000	20～10	中、小规模集成电路	军事、国防
1970 年	1000～10 万	6～2	大规模集成电路	民用、机电一体化产品
1980 年	10 万～100 万	1～0.5	超大规模集成电路	民用消费、机电一体化产品
1990 年	100 万～1 亿	0.5～0.15	超大规模集成电路	人工智能、高档机电一体化产品
2000 年以后	1 亿元件以上	0.15～0.1	超大规模集成电路	人工智能、高档机电一体化产品

集成电路在机电一体化产品中应用极其广泛。在微型机外围使用最多的有 TTL、CMOS 和 LSI 等数字集成电路。以运算放大器为代表的线性集成电路具有极好的性能，在各方面也都得到应用。例如，利用运算放大器把传感器检测出的低电平信号进行放大，得到所希望的信号以后，输出给微型机的输入接口电路，或输出给其它装置。本节立足于读者已具有一定的数字电路和集成器件方面的基本知识，着重介绍一些集成电路的简单应用实例。

一、基本逻辑运算电路的应用

（一）NOR 门的应用

有甲、乙两种物品在传送带上进行传送，如图 3－1 所示。检测器 LS_1-LS_3 监视物品在传送带上通过的情况。

1）物品甲通过时，S_1、S_2、S_3 都导通。

2）物品乙通过时，S_1 截止，S_2、S_3 导通。

因此，要判别是甲还是乙通过传送带，只要点亮相应的指示灯就行了。甲物品通过用指示灯 HL_1 表示，乙物品通过用指示灯 HL_2 表示。判别电路如图 3－2 所示。

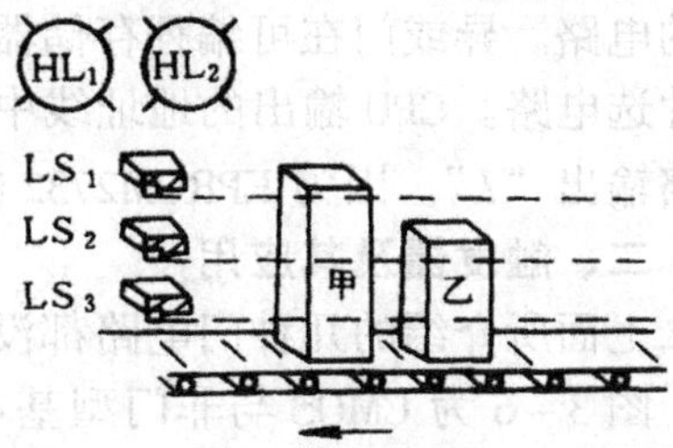

图 3－1　检测器位置示意图

灯 HL_1 亮时，A、B、C 端应均为低电平。

灯 HL_2 亮时，A 应为高电平，B、C 为低电平。

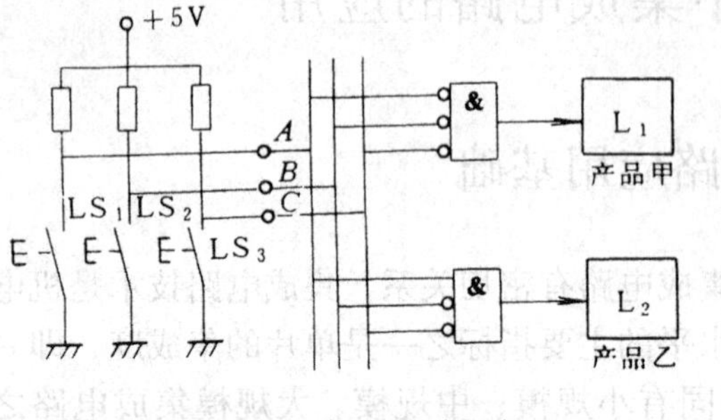

图 3-2　产品判别电路

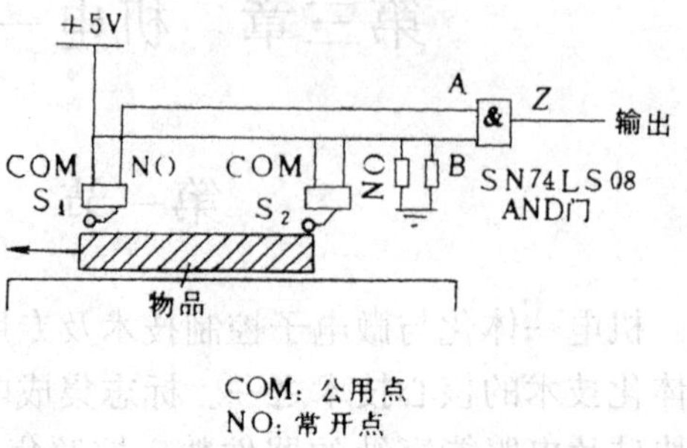

图 3-3　AND 门应用

（二）AND 门电路的应用

当两个输入端的 AND 门电路输入皆为"H"时，输出 Z 才为"H"。利用这种性质对物品进行测长，当物品的长度大于或等于某一规定的数值时，门电路输出为"H"，否则输出为"L"。具体电路如图 3-3 所示。S_1 与 S_2 为两个微型开关，它们的具体位置根据所选定的被测物品长度来决定。假定物品从右向左运动，若物品长度等于或大于所选取的尺寸时，两个微型开关都接通了电源。此时 AND 门的两个输入端 A 与 B 皆为"H"，根据 AND 的性质，输出 Z 为"H"。否则，当物品的长度小于规定的尺寸时，由于 S_1 和 S_2 不能同时接到电源上，所以 A 与 B 不能同时为"H"，那么输出 Z 为"L"。

（三）OR 门的应用

只要有一个输入为"H"时，输出 Z 便为"H"，利用或门的这种性质可以组成图 3-4 所示电路。该电路中的 OR 门有两个输入，一个来自传感器，另一个来自按钮开关。在机械设备中，当传感器一检测到某种状态时，从传感器便自动地输出"H"信号。通过 OR 门后进行放大，驱动电磁铁去动作。另一方面，操作人员也可以用按钮开关强制使电磁铁动作。

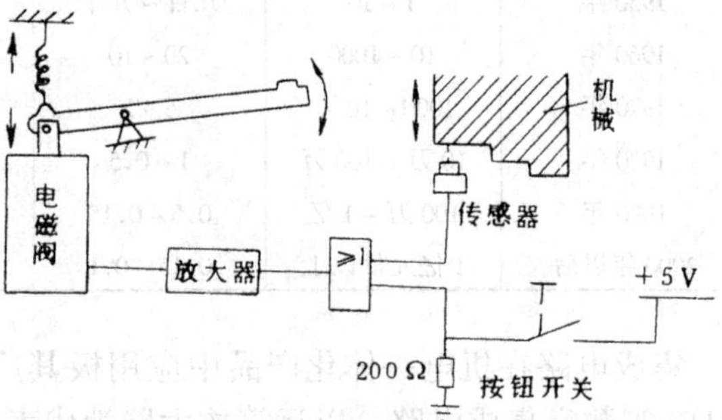

图 3-4　OR 门的应用

（四）EX-OR 异或门的应用

当两个输入值不相等时，输出为"H"。利用异或门电路的比较性质，可以组成许多有用的电路。异或门在可编程存储器片选电路中应用如图 3-5 所示，该电路是可编程存储器的片选电路。CPU 输出的地址线中 A_{12} ~ A_{15} 若与外部开关 S_0 ~ S_3 设定的 4 位数值相同时，该电路输出"L"。因为 EPROM2732 的片选端$\overline{CE}$为低有效，所以此时 2732 被选中。

二、触发器及其应用

上面所介绍的几种门电路都没有记忆功能。下面介绍的触发器是一种具有记忆功能的器件。图 3-6 为 CMOS 与非门型基本 RS 触发器（即输入信号低电平有效）。当使能端 EN = 1 时，触发器状态被输出；当 EN = 0 时，输出为高阻状态。触发器按其功能分有 RS 触发器、JK 触发器、D 触发器和 T 触发器，下面予以简介。

（一）RS 触发器

图 3-7 是具有同步输入端子 C、置位 S 和复位 R 端子的 RS 触发器。当 C 端上时钟脉冲的上升边或下降边来到时，加在输入端子 R、S 上的电平信号就被记忆在触发器中，即 Q 端的输出状态取决于 R、S 的状态。根据时间波形图的顺序去操作按钮开关 S1、S2 和输入时钟脉冲，就可得到 Q 端的输出波形。即：在时钟脉冲的下降边时，S 使触发器置成“*H*”，此时 Q 端为“*H*”。同样，在时钟脉冲的下降边时，R 使触发器复位，此时 Q 端变成“*L*”。上述的两种输出状态均在时钟脉冲到来前得到保持，这种具有保持状态的功能就是触发器最基本的记忆性质。

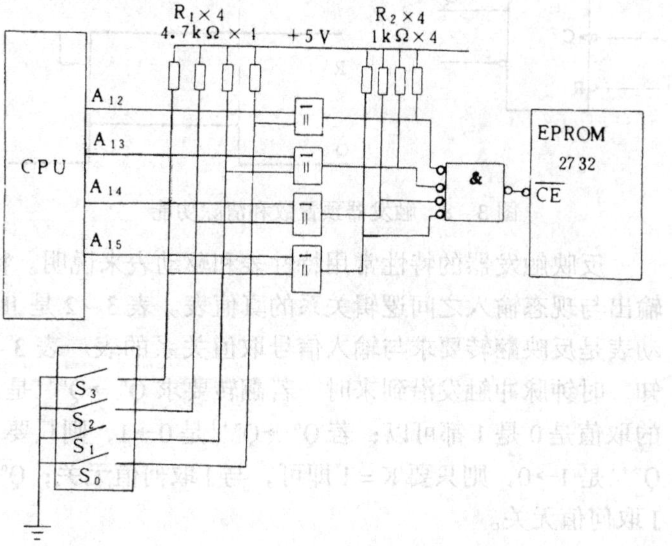

图 3-5 可编程存储器片选电路

触发器预置数功能通过 S 端实现，其清除功能通过 R 端实现，如图 3-8 所示。R 端和 S 端与时钟脉冲无关。当预置数 S 端加上“*L*”电平时，触发器 Q 端就被置成“*H*”。当 R 端上加上“L”电平时，触发器 Q 端就被置成“*L*”。利用这些性质可以让触发器强制复位或在发生什么异常时使用。

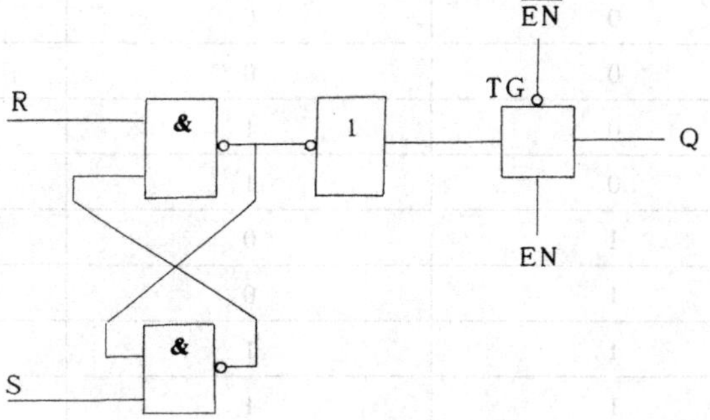

图 3-6 CMOS 基本 RS 触发器逻辑图

（二）JK 触发器

在 C1 触发沿操作下，根据输入信号 J、K 值的不同，凡是具有置 0、置 1、翻转和保持功能的电路称为 JK 触发器。由于在数字电路中，对触发器的功能要求不外乎上述四种，所以 JK 触发器是一种功能齐全、使用起来既方便又灵活

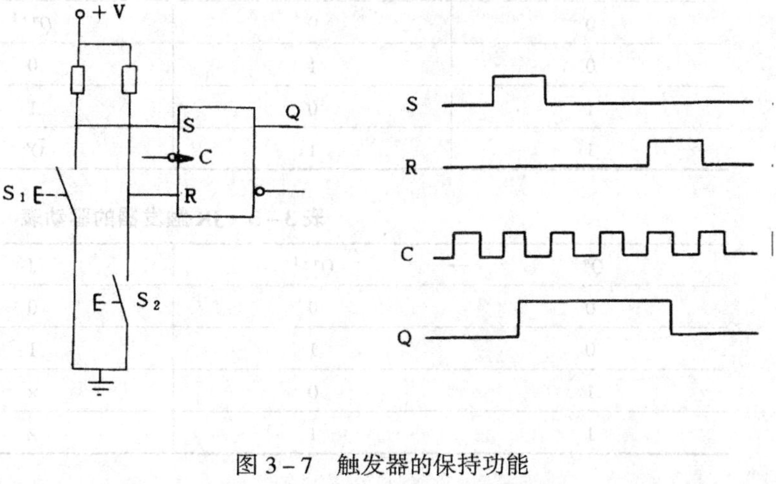

图 3-7 触发器的保持功能

的电路。见图 3－9 所示。

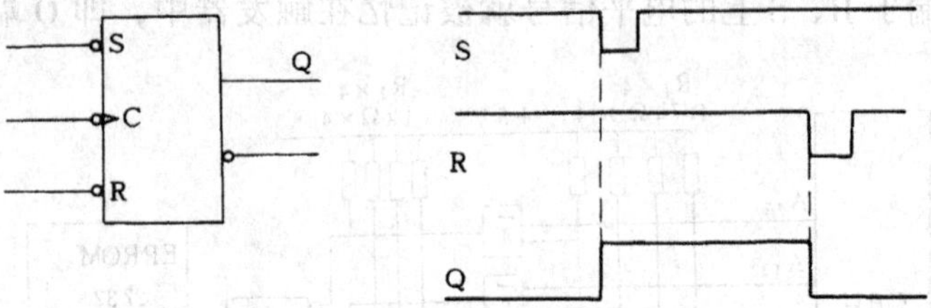

图 3－8 触发器预置数和清除功能

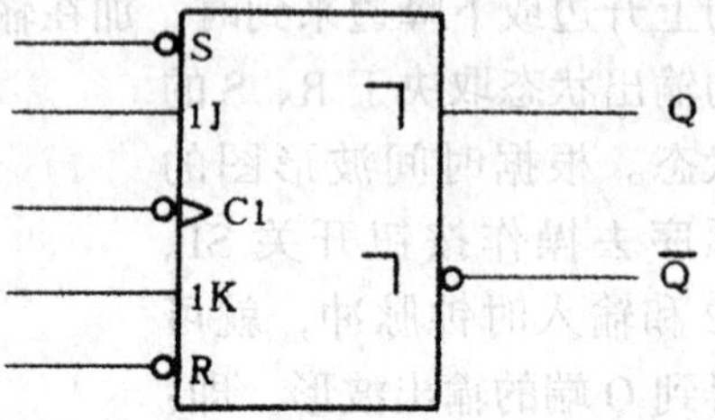

图 3－9 数据锁定出（主从）JK 触发器

反映触发器的特性常用特性表和驱动表来说明。特性表是反映在时钟脉冲操作下，次态输出与现态输入之间逻辑关系的真值表。表 3－2 是 JK 触发器的特性表及其简化的形式。驱动表是反映翻转要求与输入信号取值关系的表。表 3－3 是 JK 触发器的驱动表。由表 3－3 知，时钟脉冲触发沿到来时，若翻转要求 $Q^n \to Q^{n+1}$ 是 0→0，则只要 J＝0 就可以了，至于 K 的取值是 0 是 1 都可以；若 $Q^n \to Q^{n+1}$ 是 0→1，则只要 J＝1 即可，与 K 取何值无关；若 $Q^n \to Q^{n+1}$ 是 1→0，则只要 K＝1 即可，与 J 取何值无关；$Q^n \to Q^{n+1}$ 是 1→1，则只要 K＝0 即可，与 J 取何值无关。

表 3－2 JK 触发器的特性表

Q^n	J	K	Q^{n+1}
0	0	0	0
0	0	1	0
0	1	0	1
0	1	1	1
1	0	0	1
1	0	1	0
1	1	0	1
1	1	1	0

简 化 表

J	K	Q^{n+1}	注
0	0	Q^{n+1}	保 持
0	1	0	置 0
1	0	1	置 1
1	1	$\overline{Q}^n$	翻 转

表 3－3 JK 触发器的驱动表

Q^n →	Q^{n+1}	J	K
0	0	0	×
0	1	1	×
1	0	×	1
1	1	×	0

（三）D触发器

在C1触发沿操作下，根据输入信号D值的不同，凡是具有置0、置1功能的电路都称为D触发器，符号如图3-10所示。D触发器具有一个数据D输入端，时钟C1输入端和Q、$\overline{Q}$输出端。如果D输入端加上数据，那么当时钟信号来到时，D之值就出现在输出$\overline{Q}$端。D触发器特性表与驱动表见表3-4和表3-5。

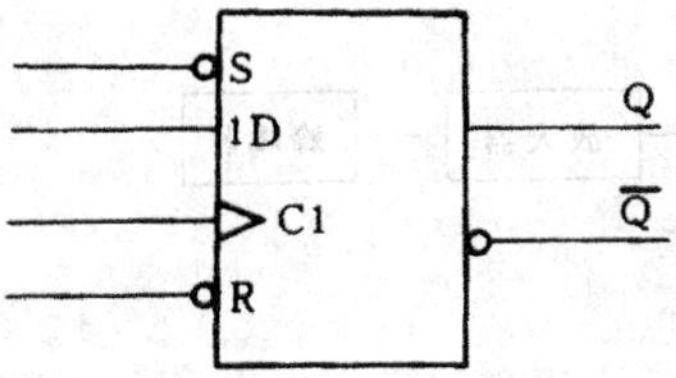

图3-10 边沿上升沿D触发器

表3-4 D触发器的特性表

Q^n	D	Q^{n+1}
0	0	0
0	1	1
1	0	0
1	1	1

D	Q^{n+1}	注
0	0	置0
1	1	置1

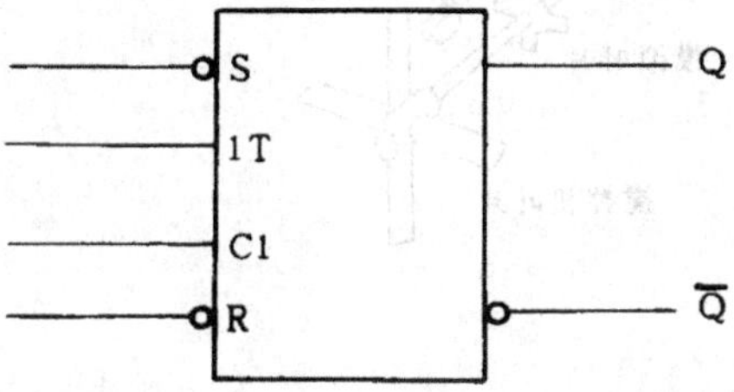

图3-11 T触发器

表3-5 D触发器的驱动表

Q^n	Q^{n+1}	D
0	0	0
0	1	1
0	0	0
1	1	1

（四）T触发器

在C1触发沿操作下，根据输入信号T取值的不同，凡是具有保持和翻转功能的电路都称为T触发器。符号如图3-11所示。

在JK触发器中，令T=J=K便可构成T触发器，也就是当T端置为“1”状态时，每当时钟信号一出现，Q输出端的状态跟着改变。T触发器的特性表与驱动表见表3-6和表3-7。

表3-6 T触发器的特性表

Q^n	T	Q^{n+1}
0	0	0
0	1	1
1	0	1
1	1	0

T	Q^{n+1}	注
0	Q^n	保持
1	$\overline{Q^n}$	翻转

（五）应用实例介绍

1．搅拌机叶片折断报警电路　利用NAND门和触发器组成的电路如图3-12所示。当出现叶片折断时，报警器发出鸣叫，同时立即停止搅拌运转，其工作原理分析如下：

表 3－7　T 触发器的驱动表

Q^n →	Q^{n+1}	T
0	0	0
0	1	1
1	0	1
1	1	0

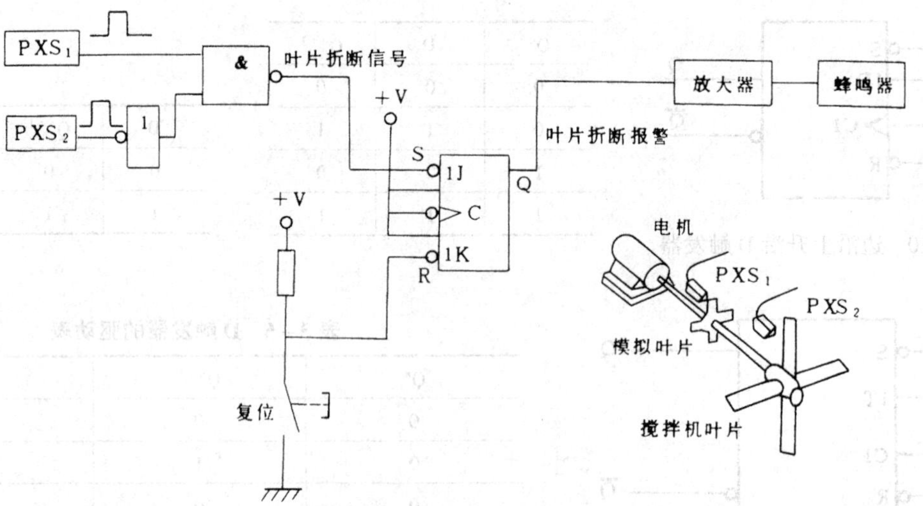

图 3－12　搅拌机叶片折断监测电路

接近开关 PXS_1 对模拟叶片进行监测，而 PXS_2 对搅拌机叶片进行监测。在正常情况下，PXS_1 和 PXS_2 同为"*H*"或"*L*"状态。当叶片折断时 PXS_1 处于"*H*"状态时，PXS_2 则处于"*L*"状态，即把 PXS_1 与 PXS_2 不同状态时作为折断信号。当有折断状态时，NAND 门电路输出为"*L*"，从而触发器的 Q 端呈预置状态。经过功率放大，使报警器发出叶片折断的报警鸣叫声。若按一下复位按钮，触发器复位，报警器停止鸣叫。为防止干扰信号的窜入，把触发器的 1J、1K 端与 C 端连结在一起并接到正电源上。

2．D 触发器抢答电路　图 3－13 是用 CMOS 集成电路同步 D 触发器 CC4042、C421 构成的信号鉴别电路，当有四个信号分别送给 CC4042 四个数据输入端 D_0、D_1、D_2、D_3 时，该电路可以鉴别哪个信号最先到达。在智力竞赛抢答时，就可以用这种电路来判断谁抢在最前面。S_0、S_1、S_2、S_3 可以看成是四个抢答开关，由参加竞赛的四个组 A、B、C、D 分别操纵。

在图 3－13 所示电路中，由于 CC4042（C421）的 POL 端直接接到了电源电压 V_{DD} 上，也即 POL＝1，故内部四个同步 D 触发器在 CP＝1 时都可接收输入信号；当 CP 由 1 变为 0 的瞬间，触发器锁存此时输入信号的状态；当 CP＝0 时均保持锁存的状态不变。

在工作开始之前，由于开关 S_0、S_1、S_2、S_3 都处在断开状态，D_0、D_1、D_2、D_3 都通过 1MΩ 电阻接到地端，故

$$D_0 = D_1 = D_2 = D_3 = 0$$

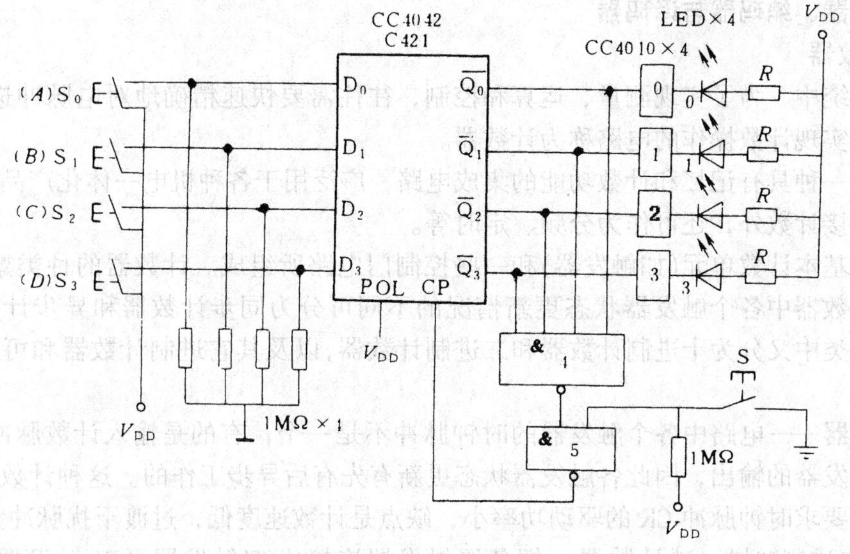

图 3-13　第一信号鉴别电路

按下复位开关 S 时，与非门 5 输出高电平，即 CP = 1，$D_0 = D_1 = D_2 = D_3 = 0$ 被接收进触发器中，即

$$Q_0 = Q_1 = Q_2 = Q_3 = 0$$
$$\overline{Q}_0 = \overline{Q}_1 = \overline{Q}_2 = \overline{Q}_3 = 1$$

此时即使松开 S，但由于与非门 4 的 4 个输入端均为高电平，其输出为低电平，所以与非门 5 的输出端仍保持高电平，即仍有 CP = 1。

抢答开始时，谁先按下抢答开关，对应的$\overline{Q} = 0$，该输出端的指示灯相应的发光二极管就会亮，此时门 4 输出为 1，门 5 输出为 0，即 CP = 0，在 CP 下降沿的作用下，这一先变化的状态以及其余尚未变化的状态均被锁存，并在 CP = 0 期间保持不变。至于此后再按下其它的开关，对电路不会有任何响应。因此，竞赛主持人根据指示灯亮灭情况，就可以很容易地判断出谁抢在前面了。

例如 C 组最先按下开关 S_2，则在按下瞬间$\overline{Q}_2 = 0$，而$\overline{Q}_0 = \overline{Q}_1 = \overline{Q}_3 = 1$。$\overline{Q}_2 = 0$ 一方面点亮 LED_2，另一方面使 CP = 0。显然，CP 一旦由 1 变成 0，CC4042 中的四个同步 D 触发器将锁存下列状态不变：

$Q_0 = 0$，$\overline{Q}_0 = 1$

$Q_1 = 0$，$\overline{Q}_1 = 1$

$Q_2 = 0$，$\overline{Q}_2 = 0$

$Q_3 = 0$，$\overline{Q}_3 = 1$

LED_0、LED_1、LED_3——不亮

LED_2——亮

再按任何抢答开关，对电路不会有任何响应。

若需再次进行抢答，则只要按一下复位开关 S，使 CP = 1 即可。

三、计数器、编码器与译码器

(一) 计数器

在数字系统中，为了实现测量、运算和控制，往往需要快速精确地对电脉冲进行计数。人们常把能够实现计数操作的电路称为计数器。

计数器是一种具有记忆和计数功能的集成电路，广泛用于各种机电一体化产品中。计数器除了用于直接计数外，还可作为分频、定时等。

计数器由基本计数单元(如触发器)和一些控制门电路所组成。计数器的种类繁多、特点各异。但按计数器中各个触发器状态更新情况的不同可分为同步计数器和异步计数器两大类。在这两大类中又分为十进制计数器和二进制计数器,以及其它进制计数器和可逆计数器等。

异步计数器——电路中各个触发器的时钟脉冲不是一个，有的是输入计数脉冲 CK，有的则是其它触发器的输出，因此各触发器状态更新有先有后异步工作的。这种计数器的优点是电路简单，要求时钟脉冲 CK 的驱动功率小，缺点是计数速度低，过渡干扰脉冲大。

1. 异步二进制递增、减计数器　把各级触发器连接成 T′触发器（JK 触发器只要令 J 端、K 端为“1”即可)，然后把计数脉冲 CK 送到最低位触发器的时钟输入端，把低位触发器的输出 Q 或 $\overline{Q}$ 送到高一位触发器的时钟输入端，也就是把 T′触发器一级一级地串联起来。至于高位的时钟信号是取自低一位的 Q 端还是 $\overline{Q}$ 端，则取决于计数器是递增计数还是递减计数，以及所选择的触发器是上升沿还是下降沿触发。若选择的是下降沿触发的触发器，则构成递增计数器时，高位触发器的时钟信号应取自低一位触发器的 Q 端（图 3 - 14)，构成递减计数器时应取自 $\overline{Q}$ 端（图 3 - 15)。

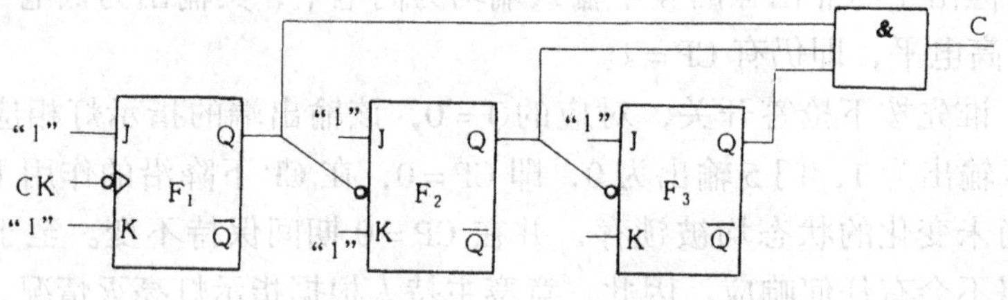

图 3 - 14　下降沿触发的递增计数器

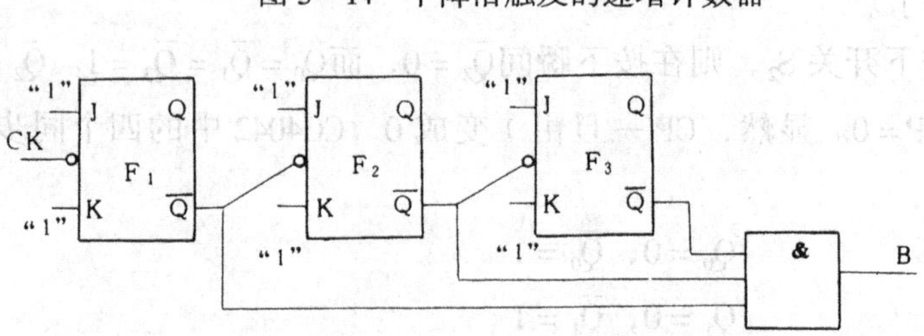

图 3 - 15　下降沿触发的递减计数器

异步二进制计数器的优点是级间连接很有规律，结构比较简单，它的缺点是工作频率较低、状态译码输出过渡干扰脉冲大。

异步二进制计数器用于分频时，就是把一个方波的频率从 f 改变到 f/N，这里 N 是 2 的某次乘方。由图 3 - 16 和图 3 - 17 所示的时序图可见，在异步二进制递增计数器中，CK 脉冲每经过一级触发器，频率下降$\frac{1}{2}$，第 n 位输出脉冲的频率是输入计数脉冲 CK 频率的$\left(\frac{1}{2}\right)^n$。

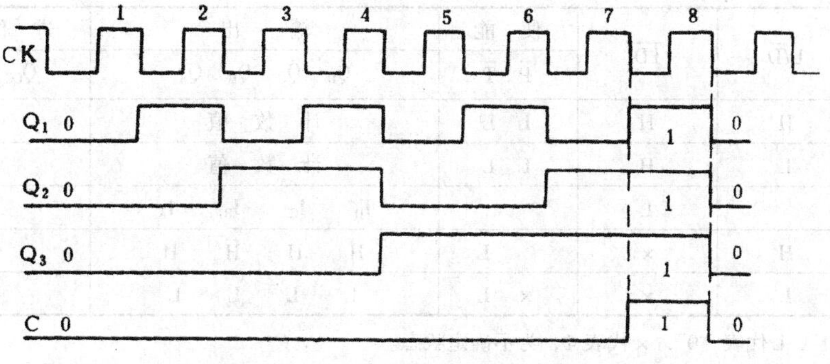

图 3－16　递增计数器分频时序图

2．同步计数器　它的输入计数脉冲信号加至各级触发器的 CK 端，即各个触发器都受同一脉冲的控制，因此各触发状态的更新是同步进行的。这种计数器的优点是计数速度高，过渡干扰脉冲小，缺点是电路一般比较复杂，要求时钟脉冲 CK 的功率较大。

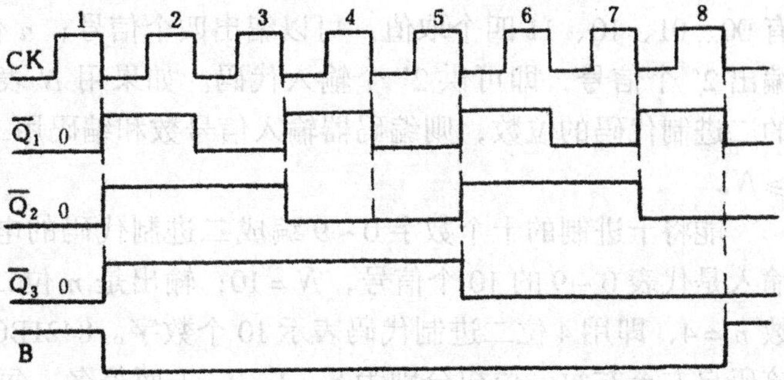

图 3－17　递减计数器分频时序图

同步计数器如 T 4169 (SN74LS669)，它的外引线功能排列见图 3－18 所示。这是一个 4 位二进制可逆计数器。当 U/$\overline{D}$ 控制端输入为 H 时，计数器进行加的操作，时钟输入端 CK 每加 1 个脉冲，计数器就增加 1 个数。当 U/$\overline{D}$ 端输入为 L 时，计数器进行减的操作，CP 端每输入 1 个脉冲，就从计数器减去 1。另外，这个计数器还有 4 位数据输入端 IA ~ ID。在这四个端上若预先设置某些数，则当 $\overline{LD}$ 控制端输入为 L 时，则在这四个端子预先设置的数便送入计数器保存记忆起来。与此同时，在 $Q_A \sim Q_D$ 上可以输出这四个数。该计数器尚有一个进位/借位输出端 Q_{CC}，在级联多位计数器时，它可以向高一位计数器提供进位或借位信号。其它功能可参考真值表 3－8。

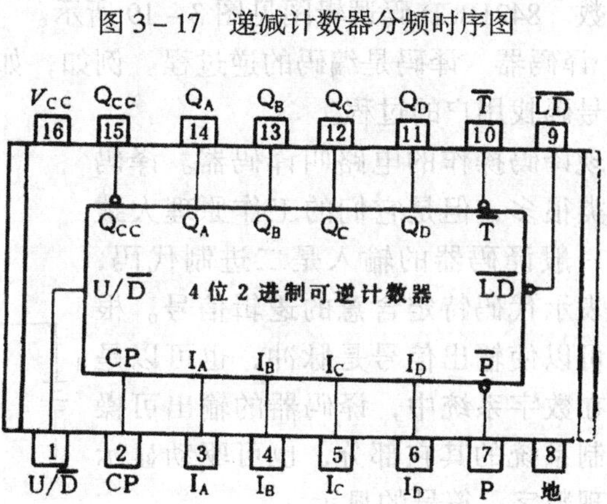

图 3－18　4 位二进制可逆计数器

（二）编码器与译码器

在数字系统中，经常把某种特定含义的信号变成二进制代码，这种用二进制代码表示具有某种特定含义信号的过程称为编码。反之，把一组二进制代码的特定含义翻译出来的过程称为译码。

表 3-8　4 位 2 进制可逆计数器真值表

CP	$U/\overline{D}$	$\overline{LD}$	使能 $\overline{P}$ $\overline{T}$	输出 Q_D Q_C Q_B Q_A	进位 Q_{CC}	
	H	H	L L	计 数 值		加计数
	L	H	L L	计 数 值		减计数
		L		I_D　I_C　I_B　I_A		预置数
×	H	×	L	H H H H		
×	L	×	× L	L L L L		

注：H 代表“1”，L 代表“0”，× 代表 Φ，为不确定状态。

1．编码器　所谓编码器，就是实现编码操作的电路。其输入是被编的信号，输出是所用的二进制代码。一位二进制代码有 0、1 两种取值，可以编出两种信号；两位二进制代码有 00、01、10、11 四个取值，可以编出四个信号；n 位二进制代码有 2^n 个数值，显然可以编出 2^n 个信号，即可供 2^n 个输入代码。如果用 N 表示输入被编信号数，用 n 表示所使用的二进制代码的位数，则编码器输入信号数和编码用二进制代码位数之间应满足不等式：$2^n \geqslant N$。

能将十进制的十个数字 0～9 编成二进制代码的电路，称为二—十进制编码器。该电路输入是代表 0～9 的 10 个信号，$N=10$；输出是 n 位二进制代码。由于 $2^n \geqslant N=10$，所以常数 $n=4$，即用 4 位二进制代码表示 10 个数字。8421BCD 码就是常用的一种二—十进制编码，该码自左至右每一位权分别为 8、4、2、1 而得名。每组代码加权系数之和就是它所表示的十进制数。8421BCD 码逻辑图见图 3-19 所示。

2．译码器　译码是编码的逆过程。例如，如果将代码比作电话号码，那么译码就是按照电话号码找用户的过程。

实现译码操作的电路叫译码器。译码器的种类很多，但是它们的工作原理大致相同。一般译码器的输入是二进制代码，输出是表示代码特定含意的逻辑信号。根据需要可以使输出信号是脉冲，也可以是电位。在数字系统中，译码器的输出可操作或控制系统的其它部分，也可驱动显示器，实现数字、符号的显示。

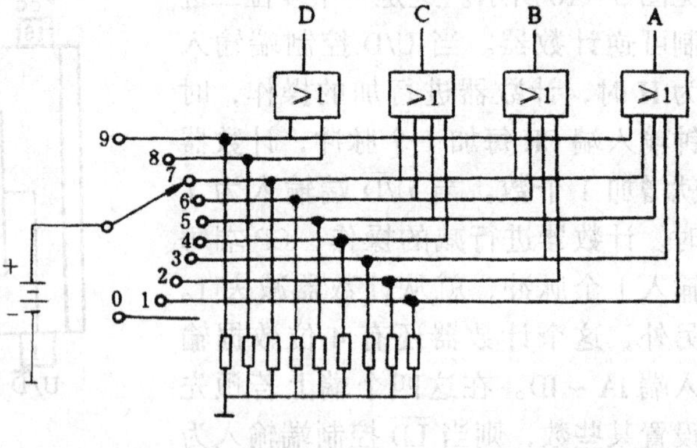

图 3-19　8421 编码器逻辑图

按照功用的不同，习惯上把译码器分为三大类，即变量译码器——用以表示输入变量状态；代码变换译码器——用于一个数据的不同代码之间的相互变换；显示译码器——将数字或文字、符号的代码译成数字、文字、符号的电路。

二—十进制译码器是一种能将二—十进制码翻译成 10 个十进制数字信号的电路。由于它可以把一个四位二进制数所表示的二—十进制变为十进制数，所以又称为代码变换译码器。这种译码器有四个输入和相对应的10个输出，即输入的是二进制编码（BCD码），输出的是与十进制数的10个数字相对应的10个信号。逻辑图见图3-20。

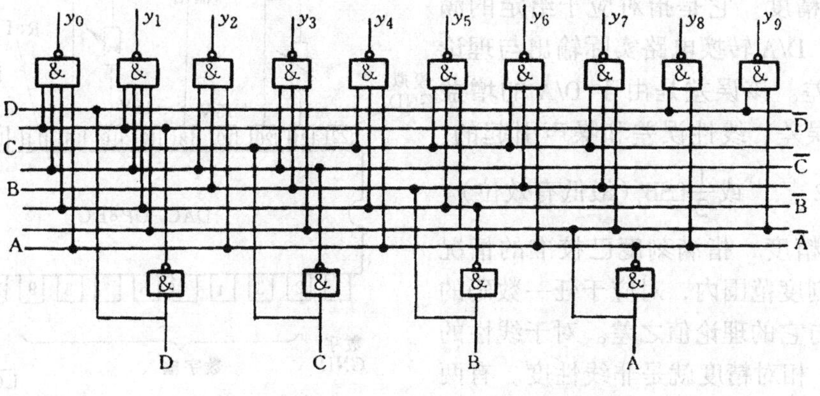

图3-20　二—十进制译码器逻辑图

该译码器的特点是对于每一个BCD数，只有相应的一个输出端为高电平。显然用该输出端便可控制相应的显示器，显示对应的十进制数。

BCD-7段译码器属于显示类译码器，它的作用是将数字或文字符号的代码译成数字、文字或符号，多与数字终端相连，用来驱动辉光数码管、液晶数码管或发光二极管等，不过译码器的输出不是0~9，而是a~g7个段。图3-21为7段发光二极管结构，可以直接显示数字，7段LED为7支LED二极管排列成曰字形，用它来表示10进制数字或文字符号。

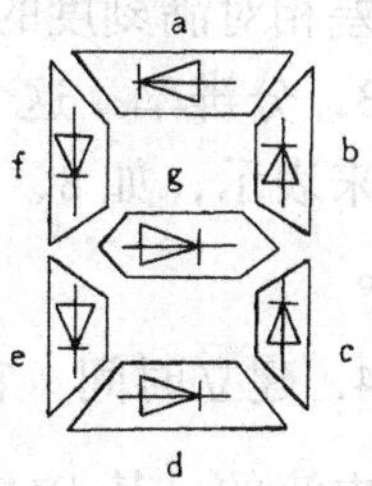

图3-21　7段发光二极管

第二节　数—模转换集成芯片

在机电一体化系统中，我们常遇到反映生产过程中温度、压力、流量、位移、速度等物理量的信号，它们的数值都是连续变化的。这种连续变化的信号叫做模拟信号。代表温度、压力之类物理量的模拟信号不能直接送到数字计算机进行运算，必须先把这些模拟信号转换成数字信号。同样，代表计算结果的数字信号也必须转换成模拟信号才可以送到实际生产过程中。这样我们就得解决数字信号与模拟信号的相互转换问题，简称数—模转换。

把数字信号转换成模拟信号的装置称为数/模转换器，简称D/A转换器。将模拟信号转换成数字信号的装置叫做模/数转换器，简称A/D转换器。把组成数模转换电路集成在单一的芯片上，并根据实际应用的需要，附加一些功能电路，就形成了具有各种特性及功能的不同型号的D/A、A/D转换集成芯片。

一、D/A转换集成芯片

D/A转换器按分辨率（输入数字位数）可分为8、10、12、16位等，按输出电压可分为0~10V、-5~+5V、0~-5V、-1~+1V等。一般多用±15V两种电源，但也有用+5V、

±15V 三种电源的。D/A 转换集成芯片如图 3－22 所示。

(一) D/A 转换电路有关参数和术语

1．绝对精度　它是指对应于给定的满刻度数字量，D/A 转换电路实际输出与理论值之间的误差。该误差是由于 D/A 的增益误差、零点误差、线性误差和噪声引起的。一般应低于 $2^{-(n+1)}$ 或 $\frac{1}{2}$LSB（最低有效位）。

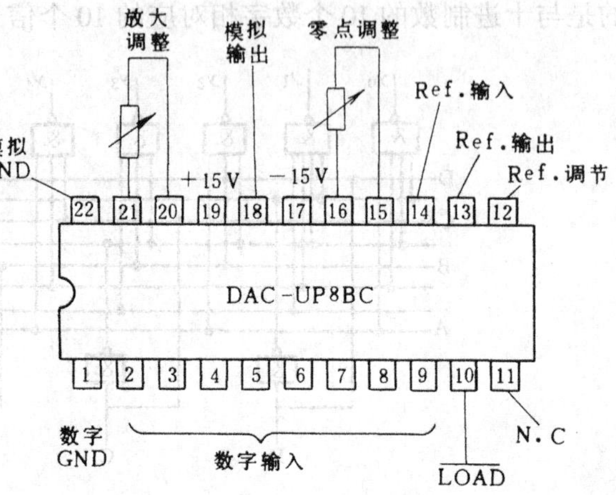

图 3－22　D/A 转换集成芯片

2．相对精度　指满刻度已校准的情况下，在整个刻度范围内，对应于任一数码的模拟量输出与它的理论值之差。对于线性的 D/A 转换器，相对精度就是非线性度。有两种方法表示相对精度，一种是将偏差用数字量最低有效位的位数 LSB 表示，一种是用该偏差相对满刻度的百分比表示。

3．分辨率　这个参数是 D/A 转换器对微小输入量变化的敏感程度的描述。用数字量的位数来表示，如 8、10 位等。对于一个分辨率为 n 位的转换器，它能对刻度的 2^{-n} 输入作出反应。

4．建立时间　它指数据变化量是满刻度时，达到终值 $\pm\frac{1}{2}$LSB 时所需的时间。输出形式是电流的，其 D/A 转换器的建立时间是很快的；输出形式是电压的，D/A 转换器的主要建立时间是其输出运算放大器所需的时间。

5．线性误差　相邻两个数码之间差应是 1LSB，即理想的转换特性应是线性的，在满刻度范围内偏离理想的转换特性的最大值称非线性误差。如果线性误差大于 1LSB 时，将引起非单值性 D/A 转换，对 D/A 转换器将引起漏码。

6．温度系数　它是指在规定的范围内，相应于每变化 1℃时，增益、线性度、零点及偏移（对双极性 D/A）等参数的变化量。它们分别是增益温度系数、线性度温度系数、零点温度系数、偏移温度系数。温度系数直接影响着转换精度。

7．馈送误差　非输入信号通过器件内部电路耦合到 D/A 输出端而造成的输出误差，用 LSB 的几分之一或一伏的几分之一表示。

(二) 常用 D/A 转换芯片特性

综合 D/A 转换芯片输出方式，有电流输出及电压输出两种类型，见图 3－23。电压输出的 D/A 芯片相当一个电压源，内电阻 R_S 很小。选用这种芯片时，与它匹配的负载电阻应较大。电流输出的芯片相当电流

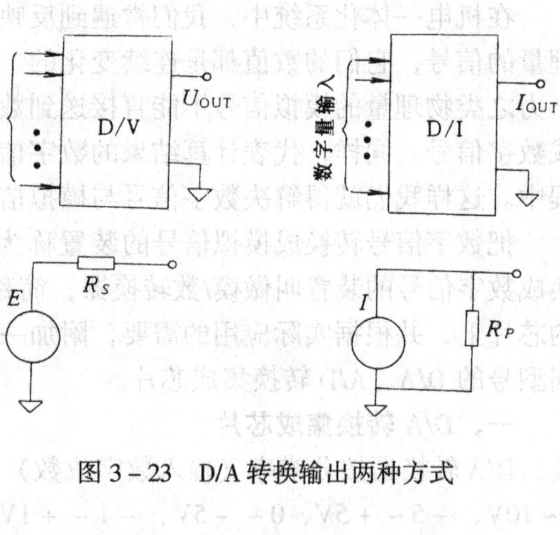

图 3－23　D/A 转换输出两种方式

源，内阻 R_p 较大，选用这种芯片时，负载电阻不可太大。

在实际应用中常选用电流输出的 D/A 芯片来实现电压输出，这里介绍两种使用具有电流输出的芯片实现电压输出的线路，见图 3－24。

图 3－24a 是反相电压输出，输出电压 $U_{OUT}=-IR$。图 3－24b 是同相电压输出，输出电压 $U_{OUT}=IR\left(1+\frac{R_2}{R_1}\right)$。在实际应用中，对上述电压输出的电路不仅要求单极性输出，如 0～＋5V，0～＋10V，有时还需要双极性输出，如 ±5V、±10V。图 3－25 给出将 D/A 芯片连接成单极性及双极性输出的电路。

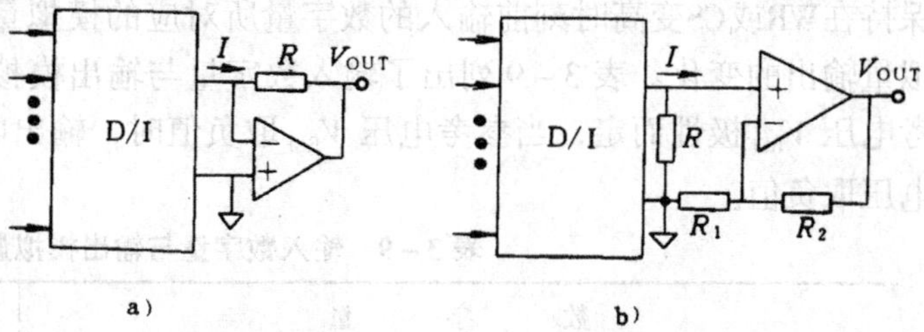

图 3－24　D/A 转换连接成电压输出方式

a）反相输出　b）同相输出

图 3－25b 中的 $R_4=R_3=2R_2$，输出电压与参考电压及第一级运算放大器输出 V_1 的关系是 $-U_{OUT}=2V_1+V_{REF}$。V_{REF} 通常就是芯片的电源电压或参考电压，它的极性可以正或负。对于有内部反馈电阻的 R_{fb} 的芯片，有时 R_1 可以不要，即将 a、b 两端短接并连接到芯片的反馈电阻引出脚 R_{fb} 即可。

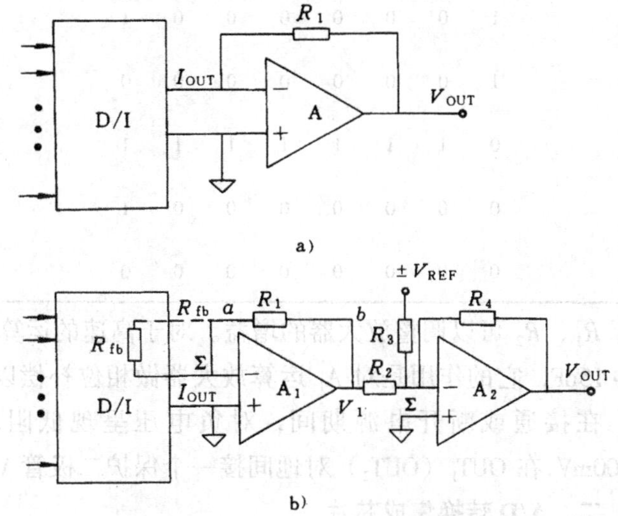

图 3－25　D/A 转换器输出连接线路

a）单极性输出　b）双极性输出

（三）D/A 芯片应用实例

AD7524 是 CMOS 单片廉价低功耗 8 位并行 D/A 转换器，功耗 20mW，非线性度 ±0.05％，供电电压可在＋5V～＋15V 范围内。它的最大特点是参考电压可由正电源或负电源供电，从而输出电压相应地改变极性。另一特点是在芯片内有直接可与 CPU 数据总线相连接的输入数据寄存器，在与 CPU 交换信息时，可省去并行通道接口电路。

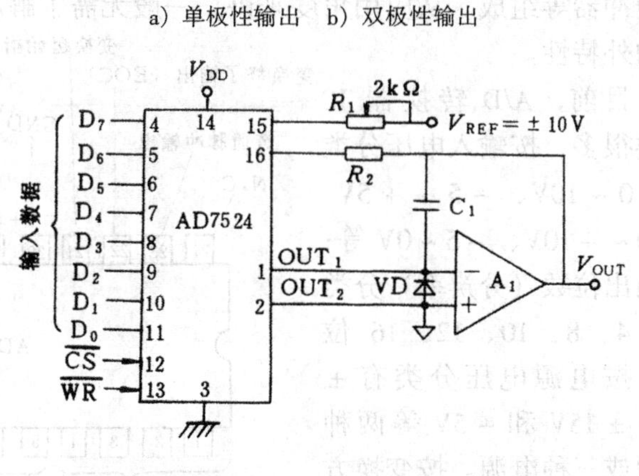

图 3－26　AD7524 应用线路

图 3－26 电路中，当选片信号 $\overline{CS}$ 和写信号 $\overline{WR}$ 是低电平时，AD7524 处于写模式，并将数据总线 D_0～D_7 上的数据写入芯片

的输入寄存器，此时的模拟输出对应着 8 位数据输入值，在这种模式下，AD7524 与没有输入寄存器一样，当$\overline{CS}$或$\overline{WR}$二者有一个为高电平时，AD7524 处于保持模式，此时模拟量输出保持在$\overline{WR}$或$\overline{CS}$变高时刻前输入的数字量所对应的模拟量值。数字量输入的更新，将引起模拟量输出的变化。表 3－9 列出了输入数字量与输出模拟量的对应值。输出电压的符号视参考电压 V_{REF} 极性而定，当参考电压 V_{REF} 取负值时，输出电压为正；参考电压取正值时，输出电压取负值。

表 3－9　输入数字量与输出模拟量的对应值

数字量 MSB							数字量 LSB	模拟量
1	1	1	1	1	1	1	1	$\pm V_{REF}\left(\frac{255}{256}\right)$
1	0	0	0	0	0	0	1	$\pm V_{REF}\left(\frac{129}{256}\right)$
1	0	0	0	0	0	0	0	$\pm V_{REF}\left(\frac{128}{256}\right)$
0	1	1	1	1	1	1	1	$\pm V_{REF}\left(\frac{127}{256}\right)$
0	0	0	0	0	0	0	1	$\pm V_{REF}\left(\frac{1}{256}\right)$
0	0	0	0	0	0	0	0	$\pm V_{REF}\left(\frac{0}{256}\right)$

R_1、R_2 可以调整放大器的增益。对于高速的运算放大器需要接补偿电容 C_1，其数值取 10～15pF，它的作用是对 A_1 运算放大器做相位补偿以消除振荡。对于频带较宽的运算放大器，在接通或断开电源期间，对负电压呈现低阻，为防止 OUT_1 或 OUT_2 端电压低于 －300mV,在 OUT_1（OUT_2）对地间接一个保护二极管 VD。

二、A/D 转换集成芯片

常用 A/D 转换集成芯片多是由 A/D 转换电路、脉冲源、比较器、逐次逼近寄存器和输出缓冲器等组成。从应用角度来讲，一般无需了解芯片内部的详细构造及电路，主要掌握芯片的外特性。

目前，A/D 转换器 IC 种类很多，按输入电压分类有：0～10V、－5～＋5V、－10～＋10V、－5～0V 等；按输出位数（分辨率）分类有：4、8、10、12、16 位等；按电源电压分类有 ±5V、±15V 和＋5V 等两种电源或三种电源。按变换方式分类有：积分型、反馈比较型、无反馈比较型等。积分型的转换时间一般为 30

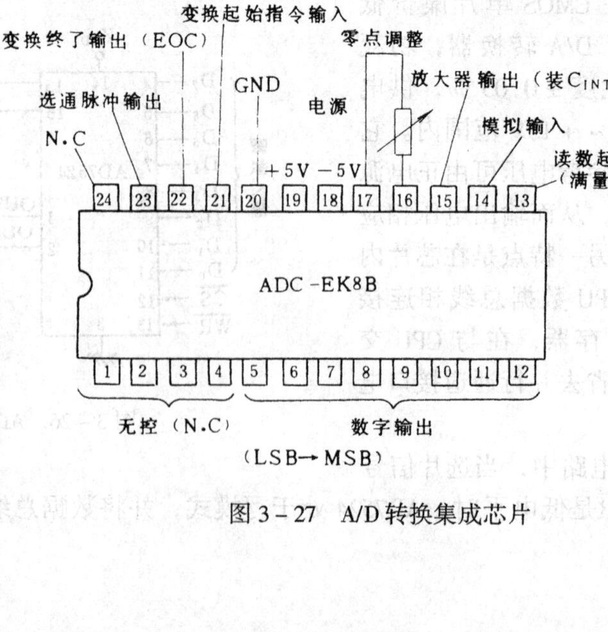

图 3－27　A/D 转换集成芯片

~300ms，分辨率多为8~16位，价格较低。反馈比较型（逐次比较型）的转换速度比积分型快，无反馈比较型的转换速度最快，但价格高。一般控制用的转换器大多为积分型和逐次比较型。A/D转换器IC例如图3-27所示。图中的满量程调整，就是决定数字输出的所有位均为“1”时的模拟量输入电压，零点调整是在模拟输入电压为零时，把数字输出的所有位都调成“0”。

（一）A/D转换电路有关参数及术语

1．绝对精度　它是指对应于一个给定的数字量的实际模拟量输入与理论模拟量输入之差。实际上对应于同一个数字量，其模拟量输入不是固定值。例如一个A/D转换电路，理论上5V应对应数字量800H，而实际上4.997~4.999V都产生数字量800H，则绝对误差将是$\frac{1}{2}(4.997+4.999)-5=-2mV$，或者用最小有效位LSB的分数值表示，如图3-28所示。

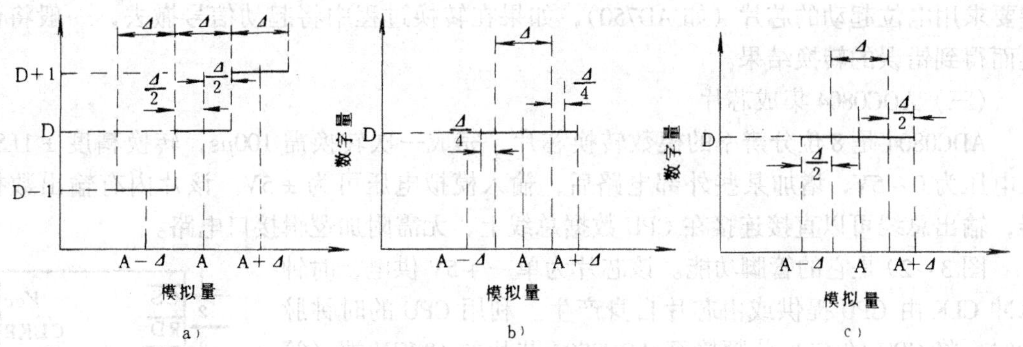

图3-28　A/D转换电路的精度

a）精度=0LSB　b）精度=±（1/4）LSB　c）精度=±（1/2）LSB

在图3-28a中，Δ定义为数字量D的最小有效位（LSB）的当量。如图模拟量A在±Δ/2的范围内都产生相对的唯一的数字量D，则这时称转换器的绝对精度为±0LSB。

如果模拟量A变化范围的上限比图3-28a中的增加Δ/4，下限减少Δ/4（图3-28b的实线部分），都可能产生相对应的数码D，则这时称其绝对精度为±LSB/4。

如果模拟量A的变化范围的上限比图3-28a中的Δ增加Δ/2，下限减少Δ/2（图3-28c的实线），都可能产生相对应的数码D，这时称其绝对精度为±LSB/2。

2．相对精度　它是指在整个转换范围内，任一数字量所对应的模拟输入量实际值与理论值之间的差。

3．转换时间和转换率　它是指完成一次A/D转换所需的时间。大多数情况下，转换率是转换时间的倒数，例如转换时间是200ns，转换率是5MHz。

4．电源灵敏度　A/D转换芯片的供电电源的电压发生变化时，相当于引入一个模拟输入量的变化，从而产生转换误差。A/D转换芯片对电源变化的灵敏度用相当的模拟输入值的百分数表示。例如电源灵敏度是0.05%/%ΔU_s是指电源电压的变化ΔU_s为电源电压U_s的1%时，相当于引入0.05%模拟输入值的变化。

其它参数与D/A转换电路类似。

（二）常用A/D转换芯片特性

虽然 A/D 转换芯片的型号繁多，性能各异，但是多数 A/D 转换电路是采用逐次逼近的原理。从使用的角度看，其外特性不外乎包括：1）模拟信号输入端。2）数字量的并行输出端。3）起动转换的外部控制信号。4）转换完毕由转换器发出转换结束信号等。在选用 A/D 芯片时，除需要满足用户的各种技术要求外，还必须掌握如下各点：1）数字输出方式。2）对起动信号的要求。

A/D 转换电路的输出基本上有两种方法：1）具有可控的三态门。此时输出线允许与微型机系统的数据总线相连，并在转换结束后利用读信号$\overline{RD}$控制三态门，将数据送上总线。2）数据输出寄存器不具备可控的三态门电路（三态门由 A/D 转换电路自己在转换结束时接通），或者没有门电路，而是数据输出寄存器直接与芯片管脚相连。此时，芯片的数据输出线不允许与系统的数据总线直接相连，而必须通过 I/O 通道与 CPU 交换信息。

A/D 转换芯片的起动转换信号有电位和脉冲两种区别，此点在设计时要特别注意。对那些要求用电位起动的芯片（如 AD750），如果在转换过程中将起动信号撤去，一般将停止转换而得到错误的转换结果。

（三）ADC0804 集成芯片

ADC0804 是 8 位分辨率的模数转换芯片，完成一次转换需 100μs，转换精度 ± 1LSB，输入电压为 0 ~ 5V，增加某些外部电路后，输入模拟电压可为 ± 5V。该片内有输出数据锁存器，输出总线可以直接连接在 CPU 数据总线上，无需附加逻辑接口电路。

图 3 – 29 是它的管脚功能。该芯片为单一 + 5V 供电，时钟脉冲 CLK 由 CPU 提供或由芯片自身产生。利用 CPU 的时钟脉冲时，将 CPU 的 CLK 分频接至 ADC0804 芯片的 CLKIN 端（管脚 4）。只要外接一个电阻和电容（如图 3 – 30），便可自行产生频率为 $f_{CLK} = \dfrac{1}{1.1\ RC}$（$R = 10k\Omega$）的内部时钟脉冲。CPU 执行一条 I/O 指令 OUT× ×（× × 是 ADC0804 的选片信号$\overline{CS}$）。这时，选片信号$\overline{CS}$与写信号$\overline{WR}$同时有效时，便启动转换。转换结束时产生结束信号$\overline{INTR}$，$\overline{INTR}$信号可做为中断请求信号。读取转换器是利用选片信号$\overline{CS}$与读信号$\overline{RD}$，读取信号的同时使$\overline{INTR}$复位。读芯片设置了数据输出寄存器和三态控制门电路，因此执行 I/O 指令 IN× ×，便可读取结果。

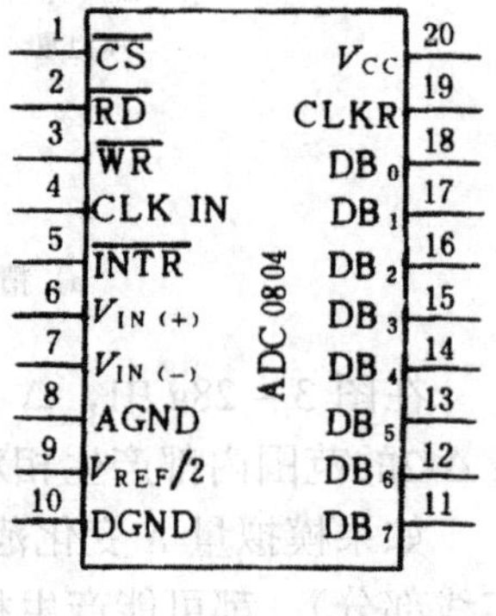

图 3 – 29　ADC0804 管脚图

图 3 – 31 是 ADC0804 转换器的时间图。

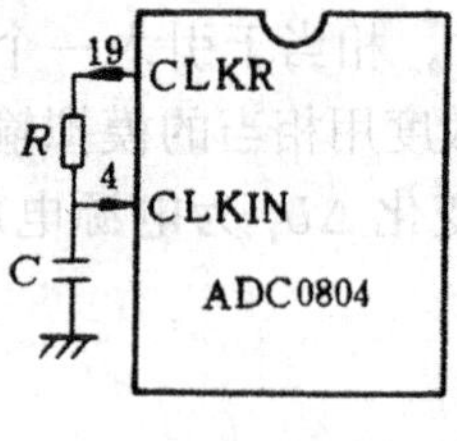

图 3 – 30　ADC0804 外接时钟接线

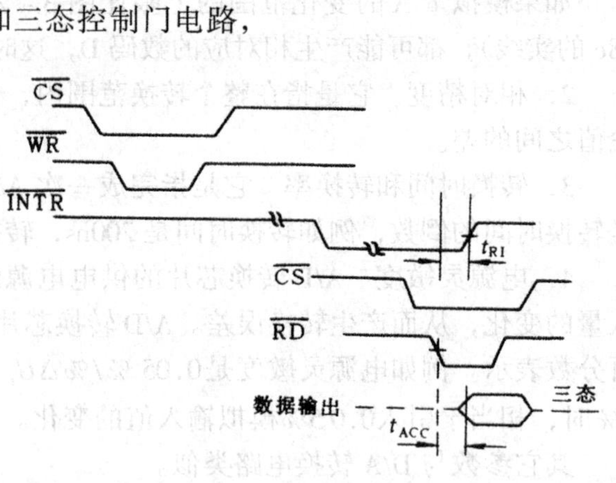

图 3 – 31　ADC0804 时间图

在 ADC0804 芯片进行转换过程中，如果再次启动转换器，则中止正在进行的转换，而进入新的转换过程，输出数据寄存器的内容仍是上一次完成后的数据。ADC0804 提供两个输入端 $V_{IN(+)}$ 和 $V_{IN(-)}$。如果输入电压 V_{IN}的变化范围为 0 ~ V_{max}，则芯片的 $V_{IN(-)}$端接地，输入电压加到 $V_{IN(+)}$管脚。由于该芯片允许差动输入，在共模输入电压允许情况下，输入电压范围可以从非零伏开始，即 $V_{min} \to V_{max}$，此时芯片的 $V_{IN(-)}$端应接入等于 V_{min} 的恒值电压。此时输入电压 V_{IN}仍然加到 $V_{IN(+)}$管脚上。

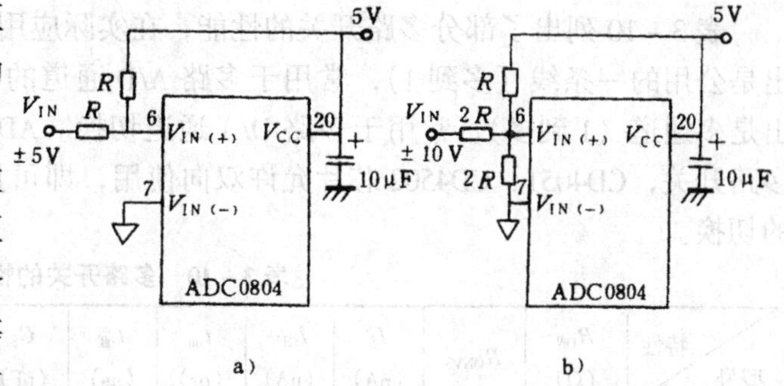

图 3－32 ADC0804 双极性输入连接图

a) ±5V 模拟输入 b) ±10V 模拟输入

转换器的零点无需调整，而输入电压的范围可以通过调整 $V_{REF}/2$ 即管脚 9 处的电压加以改变。$V_{REF}/2$ 端电压值应是输入电压范围的 1/2。例如，输入电压范围是0.5 ~ 3.5V,在 $V_{REF}/2$ 端应加1.5 V，当输入电压是 0 ~ +5 V 时，$V_{REF}/2$ 端不需加任何电压，V_{REF}是芯片供电电源经内部分压得到的。

调满刻度所对应的电压值是 $V_{IN(+)} = V_{max} - 1.5\left[\frac{V_{max} - V_{min}}{256}\right]$，其中 V_{max}是输入电压的最大值，V_{min}是输出电压的最小值。取输入电压相当于 $V_{IN(-)}$ 值时，调整 $V_{REF}/2$ 端的电压使输出为 11111110 或 11111111。

需要双极性输入时，输入信号 V_{IN}在接到芯片 $V_{IN(-)}$ 端前，必须加入如图 3－32 所示的附加电路。

第三节 多路模拟开关集成芯片

在机电一体化实时控制与实时数据处理系统中，被控制与被测量的回路往往是几路或几十路。对这些回路的参量进行模/数、数/模转换时，常采用公共的模/数、数/模转换电路。因此，对各路进行转换时就有分时占用模/数、数/模转换电路的问题，在这种电路中，常利用多路开关、轮流切换各被测回路与模/数、数/模转换电路间的通路，以达到分时的目的。

一、常用多路开关的参数和性能

（一）有关参数

R_{ON}——接通电阻。

R_{ONVS}——接通电阻的温度漂移。

I_C——开关接通电流。

I_S——漏电流，在开关打开时，仍有电流通过开关。

C_S——开关断开时，开关对地电容。

C_{OUT}——开关断开时，输出端对地电容。

t_{on}——选通信号 EN 达到 50%，这一点时到开关接通时的时间延迟。

t_{off}——选通信号 EN 达 50%，这一点到开关断开时的时间延迟。

t_{open}——切换时间，从一个通道的接通状态到另一通道接通状态之间两个开关断开的时间。

（二）常用多路开关的性能

表 3－10 列出了部分多路开关的性能，在实际应用中常要求多路开关输入是多通道，输出是公用的一条线（多到 1），常用于多路 A/D 通道的切换；或者是公用一条信号线，而输出是多通道（1 到多），常用于多路 D/A 通道切换。AD7501～AD7503、AD506 都是多到 1 的多路开关，CD4051、CD4502 芯片允许双向使用，即可用于多到 1 的切换，也可用于 1 到多的切换。

表 3－10　多路开关的性能

特性 / 型号	R_{ON} (Ω)	R_{ONVS}	I_S (nA)	I_{OUT} (nA)	t_{on} (μs)	t_{off} (μs)	C_S (pF)	C_{OUT} (pF)	逻辑电平 V	电源	输入方式	输入电流，电压
AD7501	170～300	0.5%/℃	0.2	1～5	0.8	0.8	5	30	0.8～3J	±15V	8 路	35mA
AD7503	170～300		～2						2.4Ks	800μA		两开关间电压 25V
AD7502	170～300	0.5%/℃	0.2～2	0.6～5	0.8	0.8	5	15			双 4 路	
AD7506	400	0.5%/℃	0.05	0.03	0.8	0.8	5	40	0.8～3	±15V 1mA	16 路	
CD4051	270			±0.08					5V 电源时 1.5～3.5V	+5V～+15V	双向	

二、多路模拟开关集成芯片的应用

集成在一个芯片中各种型号的多路开关，它们的功能基本相同，在切换通道数目、接通及断开时的开关电阻、漏电流及输入电压等参数方面有所差异。

AD7501（AD7503）：这是具有 8 路输入通道、一路公共输出的多路开关 CMOS 集成芯片，其功能图如图 3－33 所示。由三个地址线（A_0、A_1、A_2）的状态及 EN 端来选择 8 个通道之中的一路，片上所有的逻辑输入端与 TTL/DTL 及 CMOS 电路兼容。

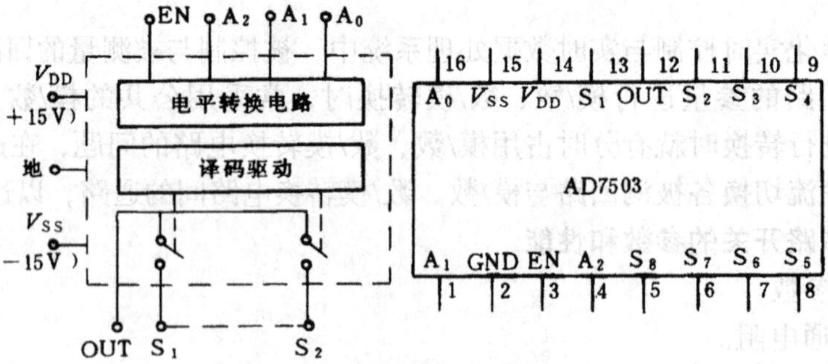

图 3－33　AD7503 功能管脚图

AD7501 与 AD7503 除了 EN 端的控制逻辑电平相反外，其它完全一样。表 3－11 是 AD7501 的真值表。

图 3－34 是一种由两片 AD7501，利用 4 位地址线获得 16 通道的实用线路。片选信号 $\overline{CS}=1$ 时，两芯片的公共输出端（并接在一起）不与任何输入端相连接，而处于悬空状态。$\overline{CS}$ 信号提供多片多路开关并联运行的可能，例如 32 路输入选 1 或 64 路输入选 1 等。图 3－34

的真值表见表 3 – 12。

表 3 – 11　AD7501

A_2	A_1	A_0	EN	"ON"
0	0	0	1	1
0	0	1	1	2
0	1	0	1	3
0	1	1	1	4
1	0	0	1	5
1	0	1	1	6
1	1	0	1	7
1	1	1	1	8
×	×	×	0	无

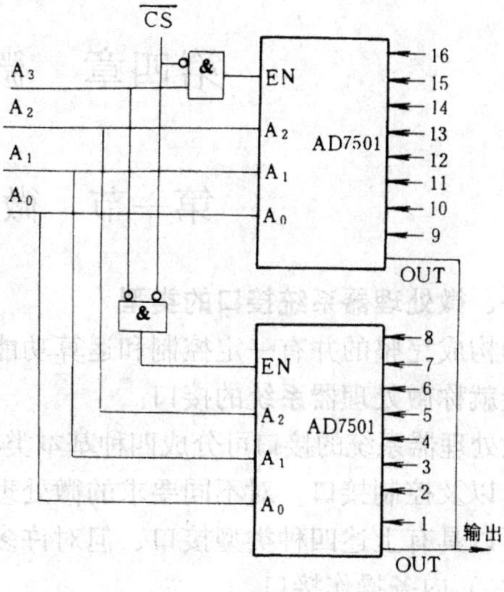

图 3 – 34　AD7501 实现 16 通道的连接

表 3 – 12　真值表

$\overline{CS}$	A_3	A_2	A_1	A_0	"ON"
0	0	0	0	0	1
0	0	0	0	1	2
0	0	0	1	0	3
0	0	0	1	1	4
0	0	1	0	0	5
0	0	1	0	1	6
0	0	1	1	0	7
0	0	1	1	1	8
0	1	0	0	0	9
0	1	0	0	1	10
0	1	0	1	0	11
0	1	0	1	1	12
0	1	1	0	0	13
0	1	1	0	1	14
0	1	1	1	0	15
0	1	1	1	1	16
1	×	×	×	×	浮　空

第四章 微机与接口技术

第一节 微处理器系统接口

一、微处理器系统接口的类型

为构成完整的并有一定控制和运算功能的系统而将一个部件与另外的部件连接起来，这种连接就称微处理器系统的接口。

微处理器系统的接口可分成四种基本类型，它们是：内务操作接口、用户通讯接口、传感器接口以及控制接口。对不同要求的微处理器所配置的接口类型不一样。对复杂的微处理器系统可以具有上述四种类型接口，但对许多单板计算机，就只有简单的键盘与LED显示器。

（一）内务操作接口

微处理器系统的内务操作接口是使微处理器发挥最基本的处理和控制功能所需的接口。它包括各类总线驱动器、数据锁存器及三态缓冲器等。图4-1表示以M6800微处理器为核心的内务接口实例。

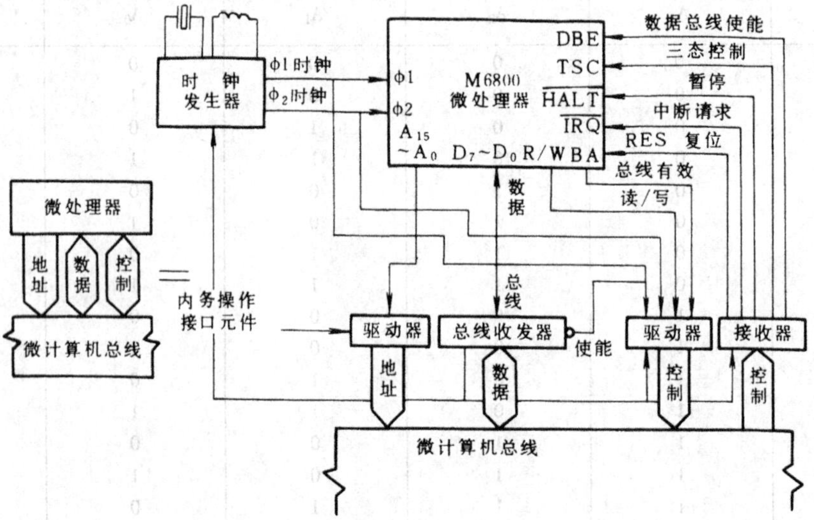

图4-1 典型的微处理器接口

总线驱动器用来增加微处理器对各类总线的驱动功率。由于微处理器大都用NMOS器件制成，其驱动能力只有几毫安的电流，因此需要用驱动器来增加其输出功率，以便与TTL等电路元件相连接。

总线接收器则用来减轻总线的负载，并起到滤波和阻抗匹配作用。特别是在总线较长时，信号传送会受到噪声的干扰，波形可能畸变，且信号幅度可能减小，这就需要通过总线接收器来增加抗干扰能力。

除了单片机外，一般的微处理器芯片是没有只读存储器和随机存储器的。因此，内务操作接口主要是微处理器如何与只读存储器ROM接口以及如何与随机存储器RAM接口。

（二）内务通信接口

用户通信接口是指微计算机接收用户送入的信息或是向用户送出信息所需要的接口电路。属于这类接口电路的有计算机终端显示器、键盘、光笔显示以及“声音识别与控制”等接口电路，如图4-2所示。

用户通信接口主要存在表示方法与表示速度两大问题。表示方法通常由具体的外部设备来解决，而表示速度则往往受微处理器控制。例如，当用户通过键盘向微处理器送入数据时，首先应将这些数据转换成ASCⅡ代码，然后送入微处理器。微处理器可采用软件等待询问或用中断请求的方法来识别并接收用户输入的信息。这时，微处理器接收用户输入信息的速度基本上采用了用户输入信息的速度。

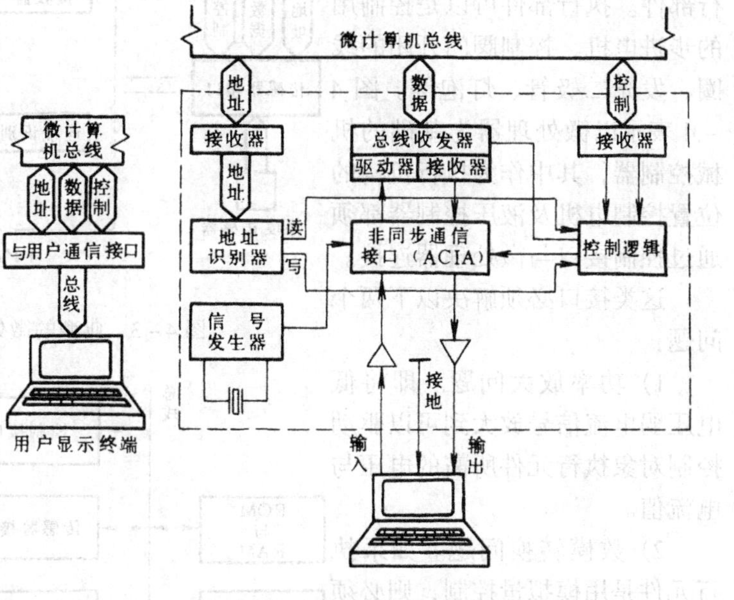

图4-2　典型的用户通信接口电路

当微处理器将显示的字符输出至打印机时，也采用软件询问或中断请求的方法来控制其速度。这时，ASCⅡ码反过来转换成机械的移动，数据就被打印出来。

许多外部通信设备的工作速度相对计算机要低得多，因此，这类设备的接口多采用串行数据传送。将多位ASCⅡ代码拆开，每一瞬时仅传送一位至微处理器的累加器。这时采用的通讯线只需要如下三条：串行数据发送，串行数据接收以及地线。

（三）传感器接口

显然，当微处理器系统用作过程控制时，仅有内务操作接口和用户通信的接口是远远不能满足要求的。此时，还必须监视控制对象的变化。我们将输入这些信息的接口电路称为传感器接口电路。例如，与压力传感器、温度传感器、流速指示器、测速计等测试设备相连接的接口电路就是传感器接口电路的具体例子。图4-3所示出的是一个典型的微机系统与传感器接口的电路。

由图可见，与传感器接口的电路除了仍需要内务操作接口所用的驱动器、接收器和地址译码器等电路外，还需要将模拟量转换成数字量。通常模拟量是通过传感器而得到的。在图4-3中，为测量控制对象某处的温度，可利用热敏电阻的阻值随温度线性变化的特性来获得温度变化的电压模拟量，将此电压模拟量送入模/数转换电路中，就得到相应的数字量输出，而后通过缓冲器送入微处理器中。

（四）控制接口

这类接口通常与“传感器接口”同时使用。在过程控制中，必须先由传感器向微处理器提供控制对象的状态信息，然后通过微处理器进行处理，通过控制接口来实现微处理器对控制对象的控制。通常微处理器送出的控制信号功率很弱（为mV·A数量级），因此必须在控制接口中加以功率放大，才能驱动执行部件。执行部件可以是控制用的步进电机、控制阀门开闭的线圈、发光二极管、灯泡等。图4－4表示以微处理器为基础的机械控制器，其中作为执行机构的位置控制电机及液压控制器都须通过控制接口与微处理器连接。

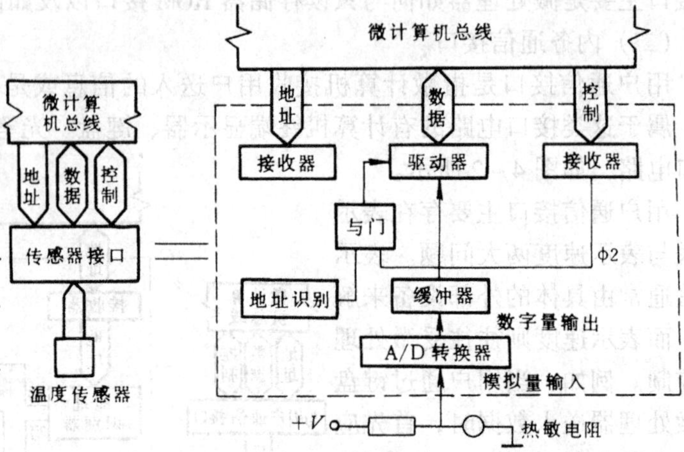

图4－3　典型的微处理系统的传感器接口

这类接口必须解决以下两个问题：

1）功率放大问题。即将低电压弱电流信号放大到可以驱动控制对象执行元件所需的电压与电流值。

2）数模转换问题。如果执行元件是用模拟量控制，则必须将微处理器送出的数字量信息转换为模拟量信息，才能实现对执行元件的控制。

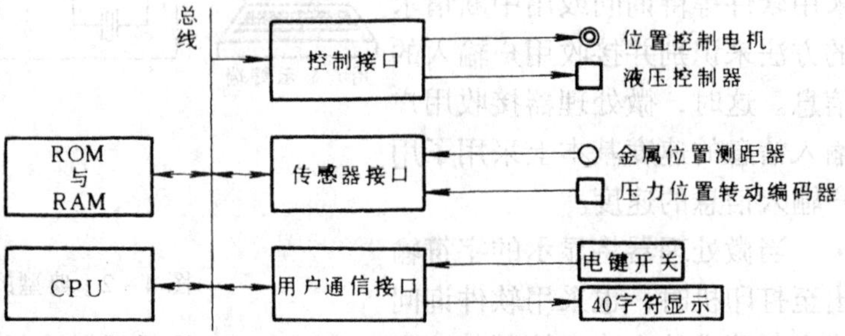

图4－4　以微处理器为基础的机械控制器

二、接口电路的设计原则

（一）接口设计的一般原则

接口电路的设计过程就是建立和形成微处理器系统的过程。其一般步骤为：根据实用的要求，选择合适的微处理器；确定存储器的类型和容量；选择外部输入、输出设备的类型；然后为各类接口选择合适的接口芯片、接口总线或设计具体的接口电路。

1. 如何选择合适的微处理器CPU　微处理器是微处理系统的核心器件，它的特性对整个系统及接口电路的设计都有较大的影响。为了选择合适的微处理器，要充分注意如下技术特性。

1）字长　即数据总线并行的线数。CPU字长愈长，则运算精度越高；指令的位数愈多，功能就愈强，但相应整个系统变得更复杂。例如16位字长的CPU，如用4K内存，就相当于8位字长的CPU同样容量内存的两倍。

2）寻址方式　即取出指令中操作数的方法。寻址方式愈多，指令功能就愈强，能更有效地处理各种数据。

3）指令系统　指令系统应与寻址方式结合起来考虑其功能和数量。当具体应用是侧重于控制时，应特别注意指令系统中的输入/输出指令、条件转移指令等；而如果是侧重于数据处理与运算时，则应注意数据操作指令。

4）指令执行的速度　应当比较指令执行同样功能任务所需的时间，而不应单纯比一条指令的执行速度或时钟频率。

5）最大寻址能力　这指标与地址总线及输入/输出设备的寻址方式有关。对设有专门输入/输出通道的 CPU，其存储器容量就是最大寻址能力。如有 N 根地址线，则最大寻址能力为 2^N。

对存储器编址输入/输出的 CPU，如果输入/输出设备的最大寻址能力为 n 时，则对 N 根总线的 CPU，最大寻址能力就是 2^N-n。

6）内存数目　内存数目越多，供用户使用的存储器就愈多，CPU 处理与控制功能越方便灵活，速度愈高。

7）中断结构及直接存储器存取　当 CPU 用于复杂的实时控制时，要求 CPU 具有多级的中断结构，以便实现处理紧急情况的非屏蔽中断及处理正常信息输入/输出传送的可屏蔽中断。当 CPU 使用软磁盘作为外存时，为了加速相互传送数据的速率，必须用直接存储器存取（DMA）。

8）电源电压等级　CPU 若采用单一电源，则使用方便。但也有些 CPU 采用多个电源，选用时应注意。

9）硬件供应情况　注意 CPU 建立系统的各个器件应通用易购。

10）软件供应情况　注意所选 CPU 的软件是否丰富，这有助于对应用程序的研制。

11）成本　要从整个系统建立来估计成本，而不能仅从单片 CPU 的成本来估算。

2．如何选择存储器　选好 CPU 也就是确定了存储器的最大容量。为了选择存储器，要求掌握每种 CPU 所给出的存储器空间分配图。对存储容量要求较小的系统，可采用双极型 RAM。需要调试和经常修改的程序，建议采用 EPROM（紫外线擦除）或 EEPPROM（电擦除）。

3．接口电路设计时注意的几个问题

1）电源的分布　首先应当合理地选择整个系统是共用一个中央稳压电源还是每一块印制电路板各用单独的电源。采用中央电源的优点是较省电，并且由于各块印制电路板无单独电源，从而使其温度不致太高，缺点是可靠性差，电源一旦出故障，整个系统就不能工作。采用分散的一块电路板配一个稳压电源，其优点是可靠性显著提高，缺点是各板工作温升较高，稳压电源元件较多。为了消除输入与输出端可能出现的寄生振荡，还要求并联容量大小不一的钽电容。图 4-5 是这两种电源方案的示意图。

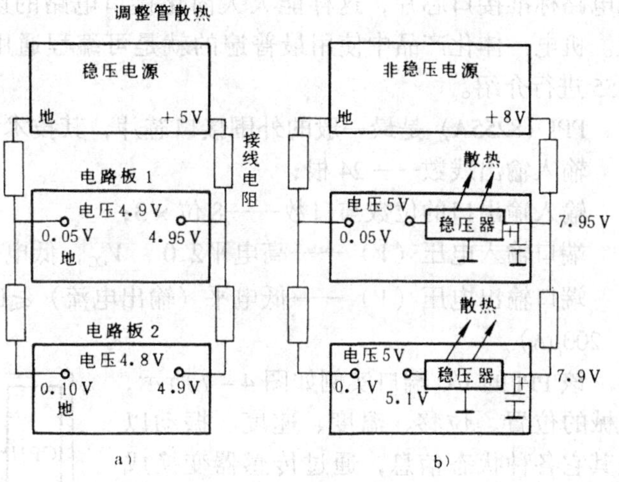

图 4-5　两种电源方案

a）中央稳压电源　b）一板一稳压电源

为了减少数字电路噪声的干扰，通常要求每四个 TTL 集成电路的电源与地并接有去偶电容。电源的地线应短而粗，接触可靠。在电路板上，地线要有尽可能大的面积。此外，对电源电压质量要求较高的电路，还希望将电源的“地”与“信号地”分开，如图4-6所示。

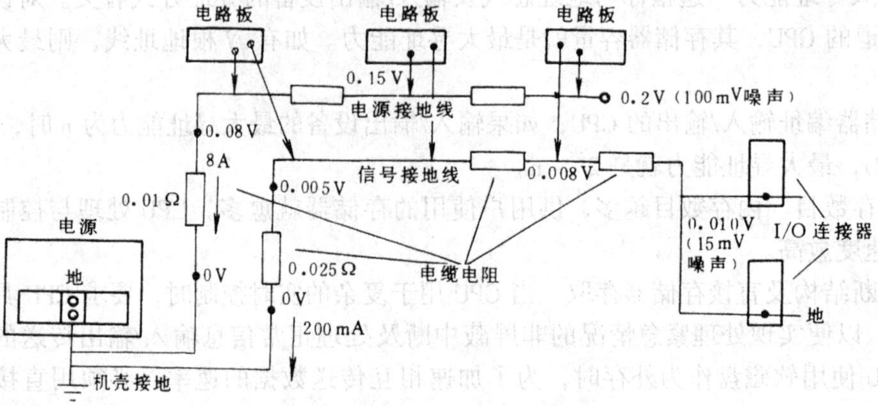

图4-6 电源地与信号地分开

2）时钟线路的具体布置　时钟线路要与地址总线、数据总线分开。如果用地线隔离，可在地线的一侧安排时钟线，另一侧安排地址总线及数据总线。在容量较大且采用高速时钟的微处理器系统中，要求用绞合线或屏蔽电缆与时钟接口，以减少时钟对其信号线的干扰。

3）MOS器件的使用　使用MOS器件时，特别要注意将不用的输入端接到固定的高电平或低电平，切勿悬空，以防静电感应而损坏。

（二）标准接口芯片和总线

1．标准接口芯片　在接口电路的设计中，尽量采用已研制成功且性能良好的大规模集成电路标准接口芯片，这样能大大简化接口电路的设计、安装与调试，加速微机系统的建成。机电一体化产品中使用最普遍的就是可编程通用接口电路，如8255、6820等。下面对8255进行介绍。

PPI（8255A）是最一般的外围接口芯片，其技术参数如下：

输入输出线数——24根；

输入输出口的位数与口数——8位×3；

端口输入电压（V）——高电平2.0 ~ V_{CC}，低电平 -0.5~0.85V；

端口输出电压（V）——低电平（输出电流）≤0.45(1.7mA),高电平(输出电流)≥2.40（-200μA）。

该PPI的I/O端口实例如图4-7所示，机械的位置、位移、温度、速度、振动以及其它各种状态信息，通过传感器变换成电气信号，从PPI的输入端口送入微型机内部，把这些机械物理量通知微型机。

另外，PPI的输出端口负责将微型机的命令、指令、数据等传送到相应的设备上去，如命令电磁阀、电动机等动作的指令；

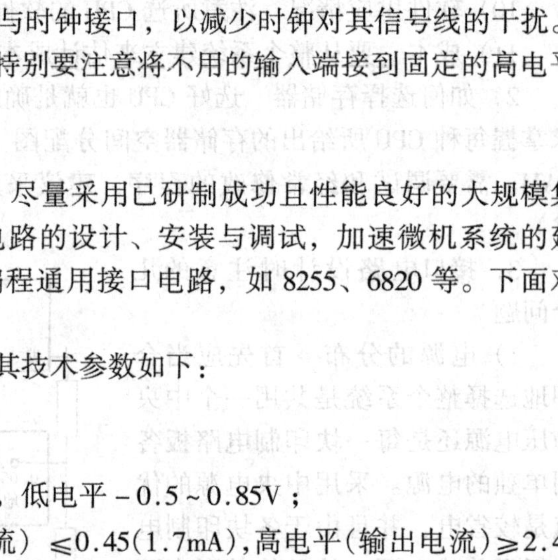

图4-7 可编程通用接口电路

PPI的I/O端口上的端子，通过适当的接口电路可以连接到传感器、执行器或调节器等上面去。PPI的功能与动作皆通过CPU的程序来完成，它的三组端口可以是输入端口，可以是输出端口，也可以指定为输入、输出兼有的端口，使用非常方便。

PPI的外观和端子配置情况如图4-8所示。

PPI有A、B、C三个独立的输入、输出端口，如图4-9所示。每个端口都是8位，都可以用程序来指定任何一组作为输入或输出，功能上有着不同的特点。

端口A为一个8位数据输出锁存和缓冲器，也可以是一个8位数据输入锁存器。

端口B为一个8位数据输入/输出锁存/缓冲器，也可是一个8位数据输入缓冲器。

端口C为一个8位数据输出锁存/缓冲器，也可是一个8位数据输入缓冲器（不带锁存）。

通常端口A或B作为输入输出的数据端口，而端口C作为控制或状态信息的端口，它在“方式”字的控制下，可以分成两个4位的端口。每个端口包括锁存器，它们分别与A口或B口配合使用，可作为控制信号输出，或作为状态信号输入。

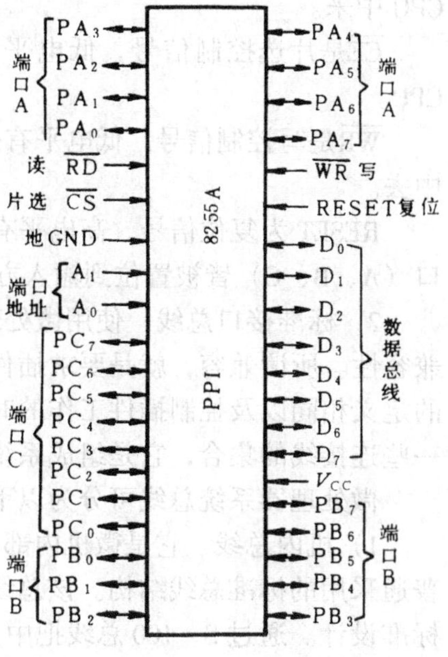

图4-8 PPI 8255A端子功能

8255A PPI的工作方式是通过CPU的控制字来指定的。在PPI内有控制寄存器，接受来自CPU输出的控制字。端口C是按照控制字来实现每一位的“复位”与“置位”控制的。

图4-10所示电路是8255A与CPU连接的方法。

$D_0 \sim D_7$ 为三态双向8位缓冲器，是8255A与系统数据总线的接口，输入、输出的数据、输出指令以及CPU发出的控制字和外设的状态信息等都经过它们进行传送。

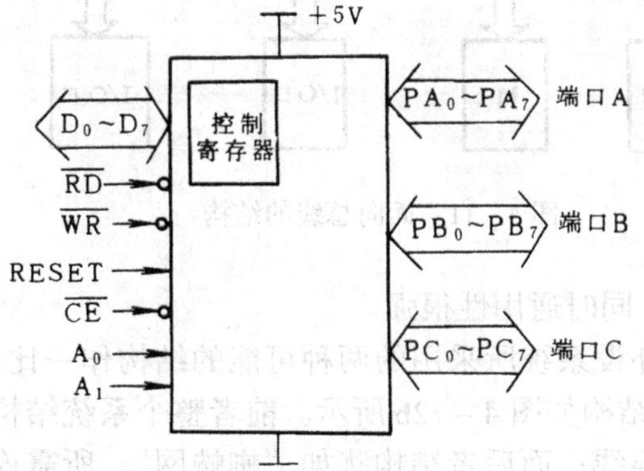

图4-9 PPI 8255A的组成

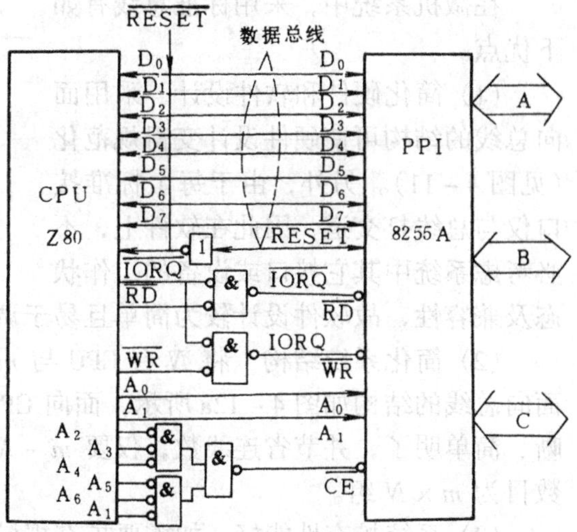

图4-10 系统连接

来自 CPU 方面的有关控制信号如$\overline{WR}$、$\overline{RD}$和$\overline{IORQ}$等通过逻辑电路送到 PPI 相应的输入端；CPU 地址总线中 A_0、A_1 直接连到 PPI 的 A_0A_1 端上。因此，由 CPU 的控制命令把总线上的数据送到相应端口。同时也由它们的控制可把机械状态信息或输入数据通过相应端口送到 CPU 中来。

$\overline{CE}$是片选控制信号，低电平有效，通过它来控制 PPI 送出数据或将机械状态信息给 CPU。

$\overline{WR}$是写控制信号，低电平有效，通过它来控制 CPU 输出的数据或控制信号写入 8225A 中去。

RESET 为复位信号，高电平有效，当 RESET 来后，PPI 的控制寄存器被清除，而所有端口（A、B、C）皆被置位到输入方式，这种情况往往发生在系统启动的开始。

2．标准接口总线　使用微处理器及微型计算机的用户希望各制造厂生产出的插件具有兼容性。所谓兼容，就是要求插件的几何尺寸统一，插头座的引出线数目相同，各个引出线的定义相同以及控制插件工作的时序相同。这些引出线形成了微处理器系统的总线。总线是一些连接线的集合，它是组成系统插件间的标准信息通路。

微处理器系统总线可分为以下两大类。

1）机内总线　它是微机内部电路板之间的连线，其中 S－100 总线是机内总线中一种较普通采用的标准总线结构。该总线由 100 条电源线和信号线组成，按照信道距离小于 1m 的标准设计。通过 S－100 总线把中央处理机模块与 20 多个外接存储器、I/O 接口或其它处理机模块相连接。

2）机外总线　它连接微机与外围设备，用以构成微处理器系统，或用于微处理系统之间的相互通信。如 IEEE－448 总线和 RS－232 总线等。IEEE－488 总线是以并行方式与外围设备进行通信的总线，由 16 条信号线组成，按照信道距离小于 20m 的标准设计。RS－232 总线则是以串行方式进行工作的，它是连接 CRT 终端和调制解调器时最常用的接口，按照信道长度小于 15m 的串行数据传输标准设计。

在微机系统中，采用标准总线有如下优点。

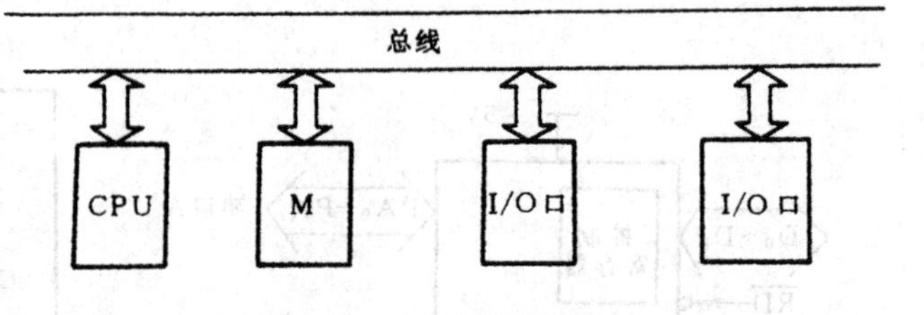

图 4－11　面向总线的结构

（1）简化硬件和软件设计　采用面向总线的结构可使硬件设计变得规范化（见图 4－11）。另外，由于每个标准接口仅与总线打交道，因此在软件上，不必考虑系统中其它接口或设备的工作状态及兼容性，故软件设计较为简单且易于调整，同时通用性很强。

（2）简化系统结构　将 N 台 CPU 与 m 台外设系统所采用的两种可能的结构作一比较。面向总线的结构如图 4－12a 所示，面向 CPU 的结构如图 4－12b 所示。前者整个系统结构清晰、简单明了，并节省连线数，仅要 $m+N$ 组连线；而后者结构犹如“蜘蛛网”，所需连线数目为 $m\times N$ 组。

（3）系统扩充性能好　如需要扩充规模，仅需多插同类插件。若在功能上扩充，则应按总线标准制造新型插件。由于总线标准化，使系统扩充既简单又快速可靠，且系统设计更加灵活。

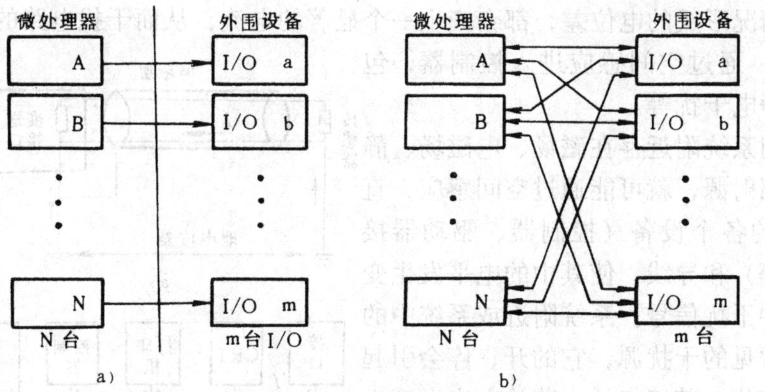

图 4－12　两种结构的比较

a）面向总线的结构　b）面向 CPU 的结构

(4) 系统更新性好　系统可随 CPU 芯片的更新而更新，如用 8085 代替 8080，或用 Z80 代替 8080，用 32K　RAM 代替 16K 的 RAM，这种变换对其它插件无影响。

三、接口电路的抗干扰

(一) 干扰信号的分类

在通用或专用微型机组成的控制器，其硬件经过筛选和老化，可靠性非常高，平均无故障工作时间在 1000h 以上。因此，引起控制器故障（失效）的原因多半不在于其本身，而在于从各种渠道进入控制器的干扰信号。

图 4－13 表示干扰信号进入控制器的各种渠道。这些渠道可分成两大类型：传导型和辐射型。

1．传导型　通过各种线路传入控制器，包括供电干扰、强电干扰和接地干扰等。

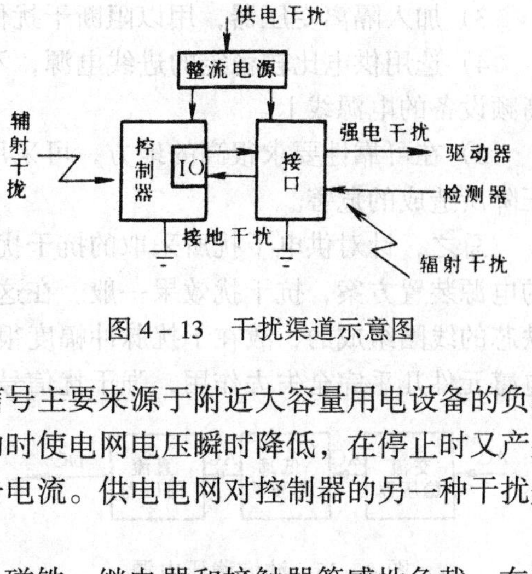

图 4－13　干扰渠道示意图

(1) 供电干扰　控制器一般都配备了专用的直流稳压电源，即使如此，从交流供电网络传来的干扰信号仍然可能影响电源电压的稳定性，并可能经过整流电源窜入控制器。这些干扰信号主要来源于附近大容量用电设备的负载变化和开、停时产生的电压波动，这些设备在启动时使电网电压瞬时降低，在停止时又产生过电压和冲击电流。此外，雷电感应也会产生冲击电流。供电电网对控制器的另一种干扰是断电或瞬时断电，这将引起数据丢失或程序紊乱。

(2) 强电干扰　驱动电路中的强电元件，如电磁铁、继电器和接触器等感性负载，在断电时会产生过电压和冲击电流。这些干扰信号不仅影响驱动电路本身，还会通过电磁感应干扰其它信号线路，这种强电干扰信号，能通过外部接口通道影响控制器内部 I/O 接口的状态，并通过 I/O 接口进入控制器。

(3) 接地干扰　如果接地不当，形成接地环路，就会产生接地干扰。图 4－14 表示接地环路的两种典型情况：图 4－14a 是由于接地点远离而形成的环路，不同位置的接地点通常不可能具有相同的电位，从而形成图中所示的地电位差；图 4－14b 是采用公用地线串联接地而形成的环路，由于各设备负载不平衡，过载或漏电等原因，可能在设备之间形成电位差。无论哪种情况形成的电位差，都会产生一个显著的电流，从而干扰电路的低电平。

2．辐射型　通过空间感应进入控制器，包括电磁干扰和静电干扰等。

如果在控制系统附近存在磁场、电磁场、静电场或电磁波辐射源，就可能通过空间感应，直接干扰系统中的各个设备（控制器、驱动器接口、变送接口等）和导线，使其中的电平发生变化，或产生脉冲干扰信号。系统附近或系统中的感性负载是最常见的干扰源，它的开、停会引起电磁场的急剧变化，其接点的火花放电也会产生高频辐射。人体和处于浮动状态的设备都可能带有静电，甚至可能积累很高的电压。在静电场中，导体表面的不同部位会感应出不同的电荷，或导体上原有的电荷经感应而重新分配，这些都将干扰控制系统的正常运行。

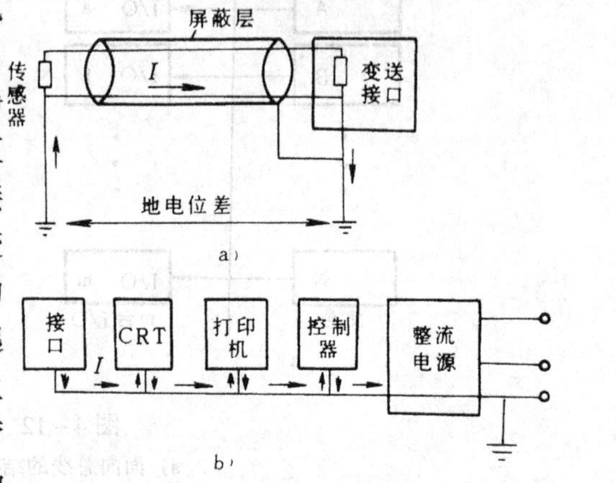

图 4－14　接地环路

（二）抗干扰措施

1．供电系统的抗干扰措施　针对交流供电网络这个干扰源可采取以下措施：

1）增加电子交流稳压器。在直流稳压电源的交流进线侧增加电子交流稳压器，用来稳定 220V 单向交流进线电压，可以进一步提高电源电压的稳定性。

2）增加低通滤波器，用来滤去电源进线中的高频分量或脉冲电流。

3）加入隔离变压器，用以阻断干扰信号的传导通路，并抑制干扰信号的强度。

4）选用供电比较稳定的进线电源，不把控制器和接口的电源进线接到负载变化大和有高频设备的电源线上。

5）在可靠性要求很高的地方，可采用不停电电源（具有备用直流电源），以解决瞬时电压降所造成的危害。

总之，针对供电干扰所采取的抗干扰措施，主要是稳压、滤波、隔离。图 4－15 为常规的电源装置方案，抗干扰效果一般。在这种配置方案中，由于低通滤波器的电感元件是用带铁芯的线圈组成的，故在干扰脉冲幅度很大时仍会发生磁饱和现象。在出现磁饱和的瞬间，电感元件几乎完全失去作用，强干扰信号便乘虚而入。

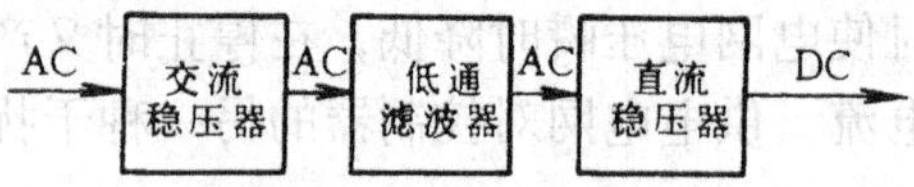

图 4－15　滤波稳压电源

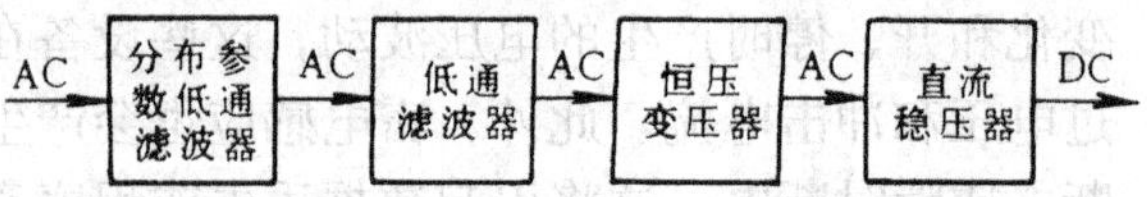

图 4－16　滤波、隔离、稳压电源

为了提高抗干扰能力，可采用图 4－16 所示的配置方案。图中的分布参数低通滤波器由一捆几十米长的双扭导线组成，它靠两根导线之间及各匝导线之间存在的分布参数（分布电感和分布电容）对流过的干扰脉冲进行滤波。由于它不存在可能产生磁饱和的铁芯，因此不存在磁饱和问题，有较好的滤波效果，从而使后面串联的低通滤波器的电感元件工作在非饱和状态。正弦波恒压变压器用来阻断干扰信号的传导。因其一次侧和二次侧边之间的耦合电容极小，除对供电起稳压作用之外，对干扰信号也有较强的抑制作用。

2. 接口电路的抗干扰措施　在控制器与驱动器之间的接口电路中，少不了由弱电转强电的电感性负载，以及用来通断电感负载的触点，这些都是产生强电干扰的干扰源。对于这种干扰，首先是采取吸收的方式，抑制其产生，然后采取隔离的方法，阻断其传导。这种强电干扰，也会通过电磁感应影响控制器与检测器之间的变换接口电路，对于这种干扰，以及从空间感应受到其它辐射干扰，也需要采取隔离的办法，以免通过变送接口进入控制器。

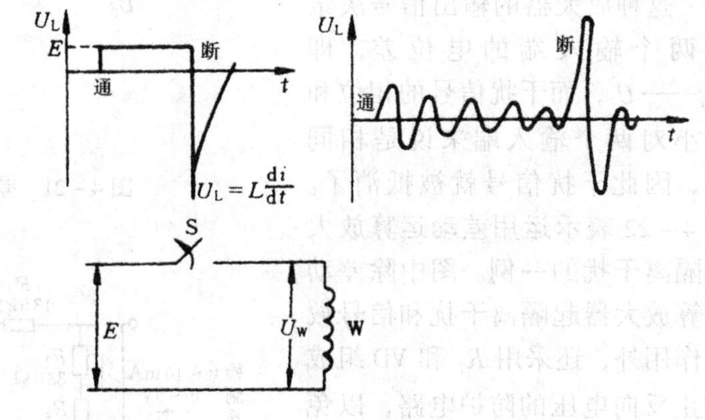

图 4－17　强电干扰

(1) 强电干扰吸收电路　在电感负载断开时，会产生过电压，如图 4－17 所示。如果线圈并联一个 *RC* 电路，就可吸收这种电压，如图 4－18。在实际应用中，可根据经验选取 *R* 和 *C* 的数值。一般 $R = 10 \sim 100\Omega/2W$，$C = 0.1 \sim 0.47\mu F/800V$。这种 *RC* 吸收电路，既可用于交流，又可用于直流。

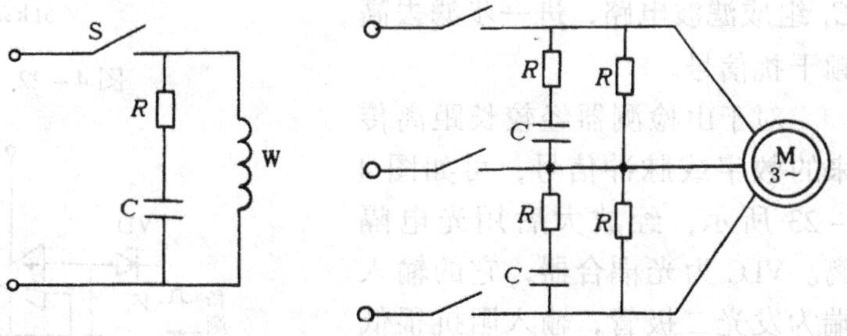

图 4－18　阻容抗干扰电路

对于强电干扰，除用 *RC* 电路外，还采用二极管和稳压二极管来吸收过电压，如图 4－19 所示。图中的二极管 VD 和稳压二极管 VD_W 的耐压和电流选得比电路额定值略高即可。图 4－19a、b 用于直流，图 4－19c 用于交流。

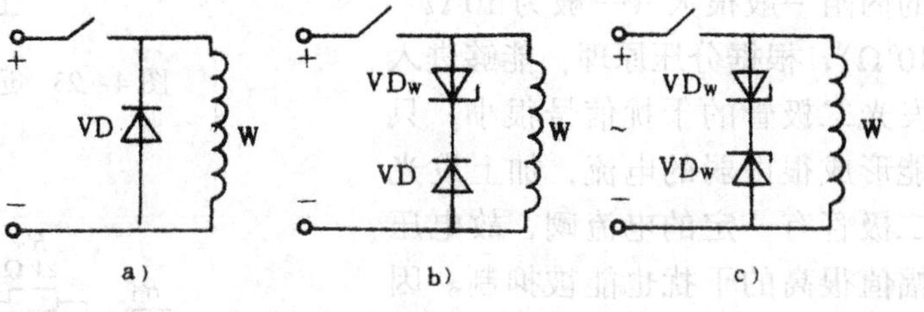

图 4－19　强电干扰吸收电路

(2) 驱动接口的隔离　为了防止驱动器接口中的强电干扰及其他干扰信号进入控制器，通常采用光电隔离，如图 4－20 所示。VLC 为光耦合器，信号在其中单向传输，其输入端与输出端之间的寄生电容很小（一般为0.5～2pF），绝缘电阻又非常大（一般为 $10^{11} \sim 10^{13}\Omega$），因此干扰信号很难从输出端反馈到输入端，从而起隔离作用。

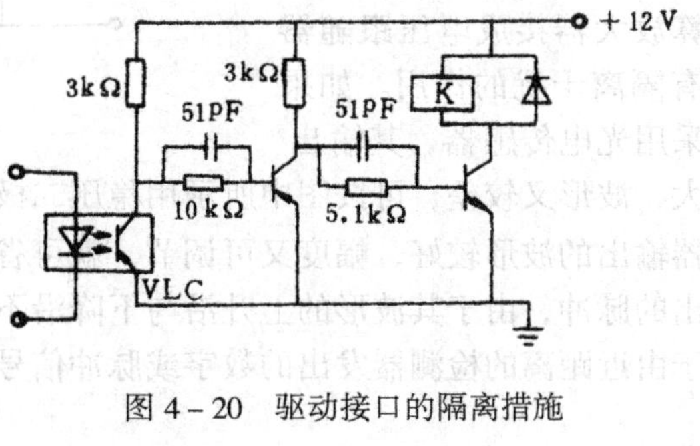

图 4－20　驱动接口的隔离措施

(3) 变送接口的隔离　对于由检测器传来的模拟信号，通常采用差动运算放大器来隔离干扰，其原理如图 4－21 所示。

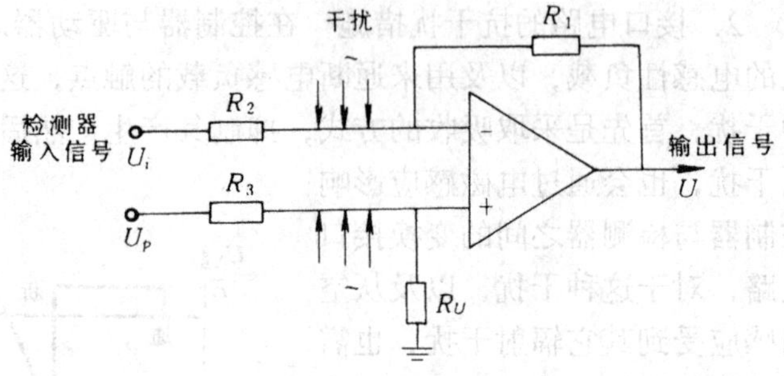

图 4－21　差动式运算放大器抗干扰原理

这种放大器的输出信号决定于两个输入端的电位差，即 U_p——U_i，而干扰信号的相位和大小对两个输入端来说是相同的，因此干扰信号就被抵消了。图 4－22 表示运用差动运算放大器隔离干扰的一例。图中除差动运算放大器起隔离干扰和信号放大作用外，还采用 R_7 和 VD 组成防止反向电压的防护电路，以免损坏 A/D 转换器，并采用 R_4 和 C_1 组成滤波电路，进一步滤去高频干扰信号。

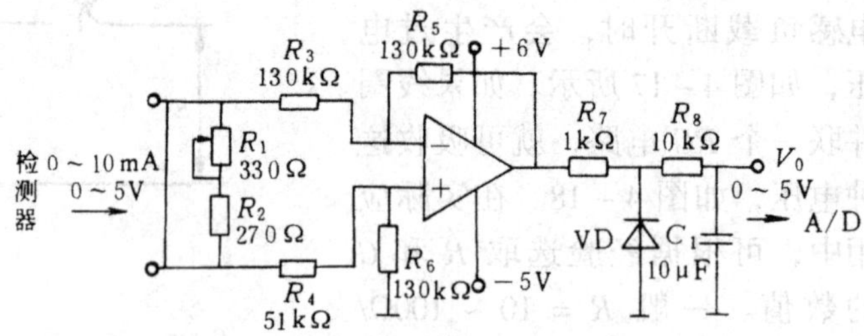

图 4－22　模拟信号抗干扰接口电路

对于由检测器经较长距离传来的数字或脉冲信号，可如图 4－23 所示，经放大后用光电隔离。VLC 为光耦合器，它的输入端为发光二极管，输入阻抗很低（一般为 100Ω～1kΩ），而干扰源的内阻一般很大（一般为 $10^5\Omega$～$10^6\Omega$），根据分压原理，能够进入发光二极管的干扰信号很小，只能形成很微弱的电流，加上发光二极管有一定的电流阈，故电压幅值很高的干扰也能被抑制。因此采用光耦合器时，即使是正向传输也能起隔离干扰的作用。此外，运算放大器接成电压跟随器形式也有隔离干扰的作用。如果检测器采用光电传感器，其输出幅度过大，波形又较差，可按图中所示用稳压二极管 VD_W 和电阻 R_1 来起限幅整形作用。如果传感器输出的波形较好，幅度又可调节，就可省去这两个元件，直接把信号放大。对光耦合器输出的脉冲，由于其波形的上升沿与下降沿不够方正，我们用了 TTL 门电路来整形。

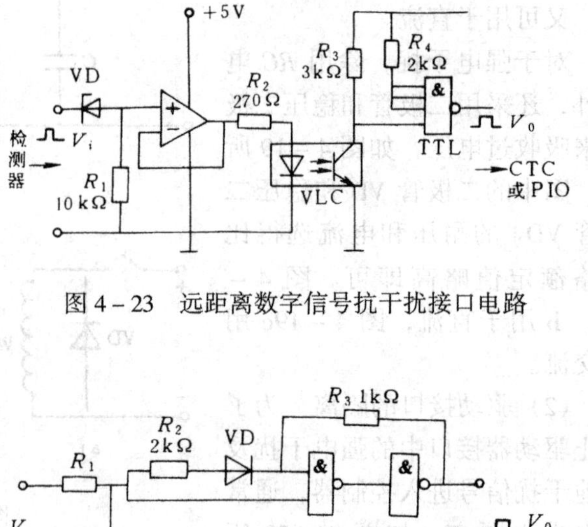

图 4－23　远距离数字信号抗干扰接口电路

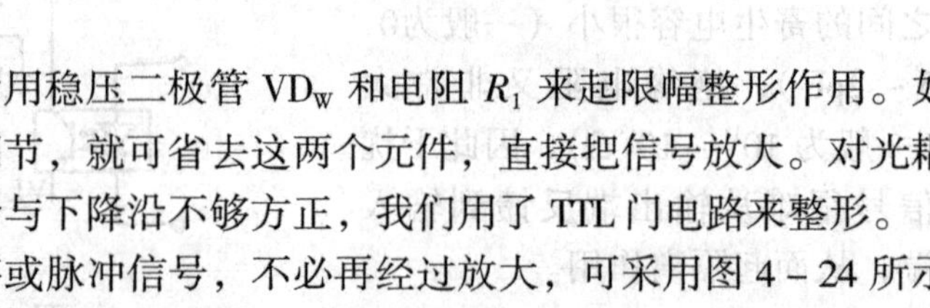

图 4－24　近距离抗干扰电路

对于由近距离的检测器发出的数字或脉冲信号，不必再经过放大，可采用图 4－24 所示抗干扰电路。由 R_1 和 C_1 组成滤波器，滤去高频干扰。由于经过 RC 滤波器后的脉冲信号往往有脉动和抖动，为了改善脉冲前沿，故增加一级斯密特电路来整形。

3．接地系统的抗干扰措施　防止从接地系统传来的干扰，主要方法是切断接地环路，通常采用下述措施：

（1）单点接地　对于图 4－14a 所示，由于接地点远离而形成的环路，可采用图 4－25a 所示单点接地的方法来切断。

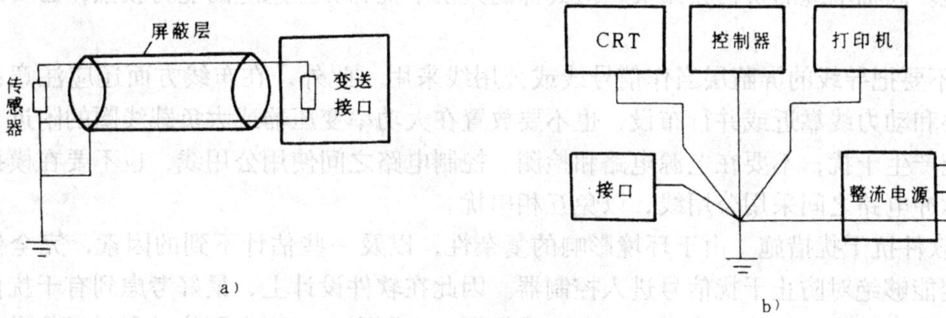

图 4－25　抗干扰接地系统

a）单点接地系统　b）并联接地系统

（2）并联接地　对于图 4－14b 所示，由于多个设备采用公用地线串联接地而形成的环路，可用如图 4－25b 所示并联接地的方法来切断。

（3）光电隔离　对于用长线传输的数字信号，可用光耦合器来切断接地环路。图 4－26 为控制器与主机分离的控制系统，采用双重光电隔离来切断多点接地环路的例子。图中 1、2、3 表示不同的接地点。采取这种措施，不仅能消除公用接地线及其引进的干扰，而且能解决长线驱动和阻抗匹配问题，因此可用普通导线代替价格昂贵的同轴电缆或扁平电缆进行长线传输。

接地线要有足够的截面积，以免电阻过大影响接地电位。地线的截面积推荐值如表 4－1。

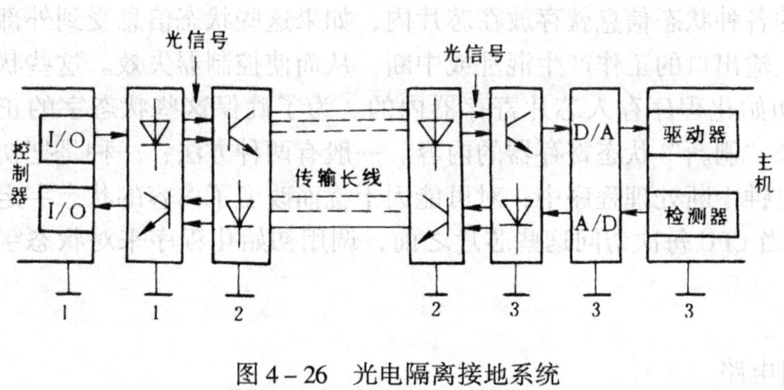

图 4－26　光电隔离接地系统

表 4－1　地线截面积推荐值

电源线截面积 S (mm^2)	地线截面积 S_0 (mm^2)
< 16	S
16 < S < 35	16
> 35	$\frac{1}{2}S$

4．针对辐射干扰的抗干扰措施　辐射型干扰的强度虽然小于传导性干扰，但它对各种信号线的影响非常复杂，因为这些信号线都具有天线效应，不但能吸收电磁波从而产生干扰电动势，而且能自身辐射能量，形成相互间的电场和磁场耦合，因此这种干扰也不可忽视。

防止辐射干扰的主要方法是屏蔽和接地。要作到良好屏蔽和正确接地，应注意以下问题。

1）消除静电干扰最简单最基本的方法是把感应体接地，接地时要防止形成接地环路。

2）为了防止电磁干扰，可采用带屏蔽层的信号线，并将屏蔽层单端接地。信号少时采用双扭导线，五对以上的信号尽量采用电缆传送，建议选用有屏蔽层的塑料电缆（电话通讯用），这种电缆是按照抗干扰原理设计制造的，对于抗电磁感应和导线分布电容等影响均有相应的措施。短距离传送可采用扁平电缆。为了提高抗干扰能力，可将扁平电缆中的备用电缆线接地。同轴电缆的价格较昂贵，但其抑制共模干扰和交互感应的能力较强，必要时也可采用。

3）不要把导线的屏蔽层当作信号线或公用线来用。此外，在布线方面还应注意：信号电缆不要和动力线靠近或并行布设，也不要放置在大功率变压器或大负载线圈的附近，以防电磁感应产生干扰；不要在电源电路和检测、控制电路之间使用公用线，也不要在模拟电路和数字脉冲电路之间采用公用线，以免互相串扰。

5．软件抗干扰措施　由于环境影响的复杂性，以及一些估计不到的因素，完全依靠硬件不一定能够绝对防止干扰信号进入控制器。因此在软件设计上，最好考虑到有干扰信号入侵的可能性。软件上的抗干扰措施，主要是根据一定原则来识别有用信号和干扰信号，并把干扰信号滤除，因此也可称为软件滤波。

识别信号的原则基本上是两种：

1）时间原则。如果能掌握有用信号或干扰信号在时间上出现的规律性，在程序设计上，就可根据时间原则，在应该接收有用信号的时间区间打开输入口，而在可能出现干扰信号的时间区间封闭输入，从而滤除干扰信号。

2）空间原则。为了保证接收到的信号正确无误，在程序设计上可将从不同位置、用不同的检测方法，经不同线路或从不同输入口接收到的同一信号进行比较，根据既定的逻辑关系来判断真伪，从而滤除干扰信号。这种抗干扰措施，又可称为交互校核。

有时可将时间原则和空间原则并用。例如把在不同时间接收到的同一信号存放在不同的寄存器内，然后进行交互校核。

此外，控制器中所采用的可编程 I/O 接口芯片是控制器的门户，最容易受到外部的干扰。决定接口芯片工作方式的各种状态信息就存放在芯片内，如果这些状态信息受到外部干扰信号的破坏，就会使输入、输出口的工作产生混乱或中断，从而使控制器失效。这些状态信息，是以状态字的形式用初始化程序存入芯片寄存器内的。为了确保这些状态字的正确性，可用多次初始化的方法来“刷新”状态寄存器的内容。一般有两种方法：一种是把初始化操作的子程序安排在实时时钟中断处理程序中，对可能因干扰而改变了内容的状态字定期进行“刷新”；另一种方法是当 CPU 每次访问这些芯片之前，调用初始化程序来对状态字进行“刷新”。

四、接口电路的应用

（一）数字输入/输出接口电路

1．开关量输入接口电路　图 4－27a 为较简单的接口转换电路，当其中一个触点（如 K_1）闭合，光耦合件的发光二极管电路导通，二极管发光照射光敏三极管，使其也导通，输出高电平；反之输出低电平。

开关信号转换的另一种形式如图 4－27b 所示，该电路不仅将继电器触点转换为 TTL 电平，同时还设置了触点防抖动电路。其工作原理为：当触点 K_1 闭合时，经 *RC* 延时（防抖动）后 VT_1 导通，光耦合件 VLC 导通，V_o 输出为低电平“0”，经反向输出为高电平。

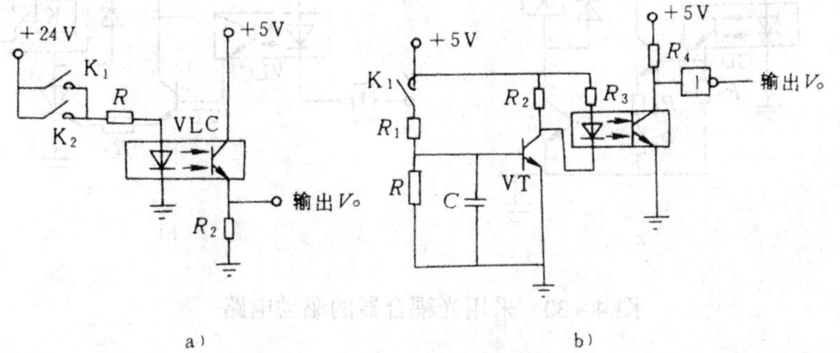

图 4－27　光电耦合的接口转换电路

开关输入电路中最大的问题是防止接点的抖动，因为一般接点均有抖动，且由闭合变断开时的抖动现象比断开变闭合时显著。为了防止抖动，除上述电路中用 RC 电路以外，还可采用施密特电路或 RS 触发器。图 4－28 示出了 RS 触发器的消振原理和波形图。

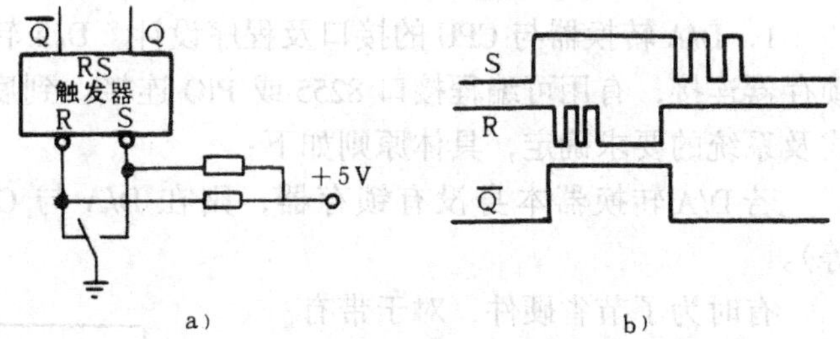

图 4－28　*RS* 触发器消振原理

平时 RS 触发器处于“1”状态。当触发的簧片打到左边，R 为低电位，$\overline{Q}$ 端由“0”状态变为“1”状态。在抖动过程中，RS 触发器状态不会改变。当触点的簧片打到右边，S 为低电平，触发器翻转，同理在抖动中，RS 触发器状态不会变化。因此 RS 触发器起到了消振的作用。

2．开关量输出的接口电路　开关量输出电路是将计算机输出的 TTL 电平转换为控制继电器、指示灯等所需的开关状态信号，并由此去控制有接点或无接点开关的开闭。这种电路一般采用光电耦合电路加功率晶体管驱动电路，或采用隔离变压器电路加功率晶体管驱动电路。

采用隔离变压器的驱动电路如图 4－29 所示。当 CPU 通过 I/O 接口输出“1”状态，与门 Y_1 打开，时钟脉冲通过 Y_1 使 VT_1 工作在时钟脉冲频率的开关状态，从而在变压器一次侧产生交变电压，经过变压器耦合到二次侧。由二极管全波整流后驱动 VT_2，VT_2 导通，电流流过继电器线圈，使继电器 K 动作；反之，VT_2 截止，继电器 K 不动作。

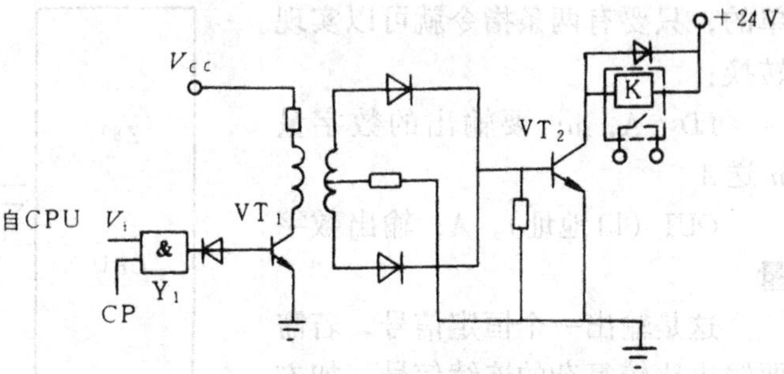

图 4－29　采用隔离变压器的驱动电路

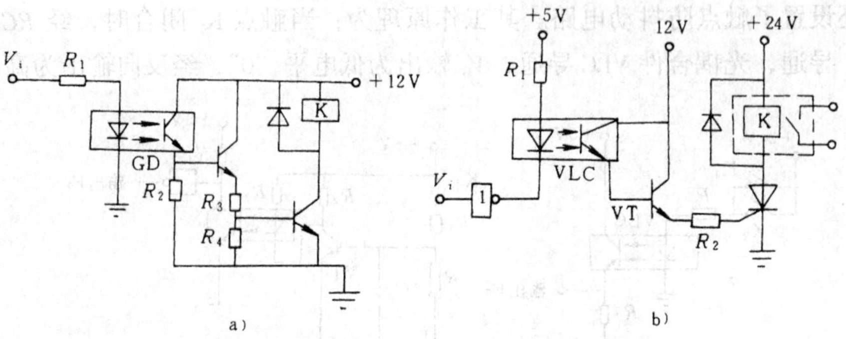

图 4－30　采用光耦合器的驱动电路

采用光耦合器的驱动电路如图 4－30 所示。图 4－30a 与 b 原理类同。对于图 4－30b，当 I/O 接口输出为高电平，经反相后输出低电平，VLC 的发光二极管导通，使之发光照射光敏三极管而导通，触发晶闸管，使晶闸管导通。因此继电器线图中有电流流过，其对应的触点闭合。

（二）模拟输入/输出接口电路

1．D/A 转换器与 CPU 的接口及程序设计　D/A 转换器与 CPU 连接的方式有多种。有用锁存器连接，有用可编程接口 8255 或 PIO 连接。到底采用哪种方法由 D/A 转换器的结构形式及系统的要求确定，具体原则如下：

若 D/A 转换器本身没有锁存器，则在 D/A 与 CPU 之间加一锁存器（74LS273 或 8212 等）。

有时为了节省硬件，对于带有锁存器的 D/A 转换器，可以采用直接连接的方法。

当 D/A 转换器没有锁存器或者虽有锁存器，但为了控制灵活、方便，常用 PIO 接口连接 CPU 与 D/A 转换器，如图 4－31 所示。

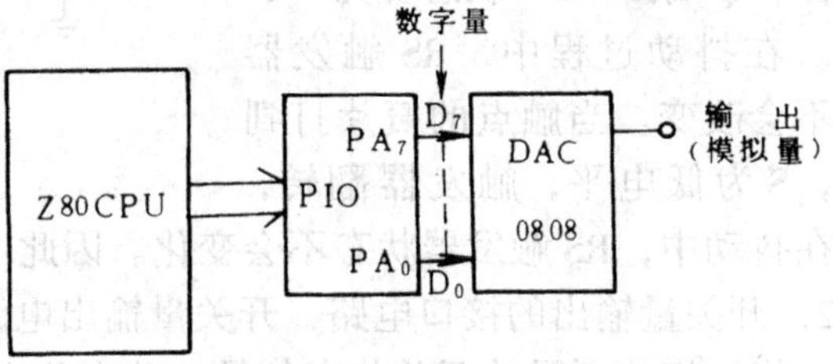

图 4－31　CPU 与 D/A 转换器的连接

D/A 转换的程序设计是比较简单的，只要有两条指令就可以实现转换：

LD　A，n；要输出的数字量 n 送 A

OUT（口地址），A；输出数字量

这是输出一个恒定信号，若需要输出比较复杂的连续信号，如方波、三角波等可根据要求的输出波形设计 D/A 转换程序。

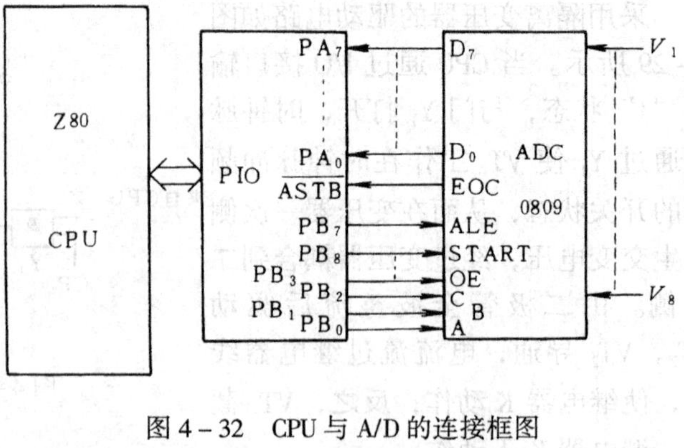

图 4－32　CPU 与 A/D 的连接框图

2．A/D 转换器（ADC）与 CPU 的接口及程序设计　在微型计算机系统中，A/D 转换器可通过可编程接口 8155、PIO 或锁存器与 CPU 相连。CPU 也可以直接与 A/D 转换器相连（A/D 转换器本身带有锁存器时）。对于带锁存器的 A/D 转换器，为了控制简单，可以用锁存器把它与 CPU 连接。另一种情况是当 A/D 转换器没有锁存器，为了增强功能，可以用可编程接口 8155 或 PIO 把 A/D 转换器与 CPU 相连。图 4－32 是用可编程 PIO 接口，把 CPU 与 A/D 转换器连接起来。

模拟输入电路的程序设计首先要考虑模拟输入电路与微机之间信息交换采用的方式。一种是查询方式，用 CPU 通过对 A/D 转换器（如 ADC0809）发出控制信号（启动转换和切换开关），并接收 A/D 转换器的输出状态（转换完成信号）来确定 A/D 与 CPU 间数据开始交换的时间。另一种是中断方式，即 CPU 首先用程序选择所转换的通道号。即先置通道选择地址（A、B、C），然后送出通道选通信号（ALE），再发出启动信号（STA），则 ADC 自动进行转换。转换完成后，转换完成信号（EOC）由低电平变为高电平，将该信号送 $\overline{ASTB}$，可向 CPU 发中断。CPU 允许中断后进入中断服务程序，CPU 通过允许输出信号（OE），送一高电平就可将转换的数据读入 CPU，然后存入指定的数据区。

下面列出了采用中断方式采样 3 号通道数据，并将数据存入以 2000H 为起始地址的数据区的程序清单。

```
  主程序
  STAR: IM2
  ⋮
  〔PIO 初始化〕
  ⋮
  LD   HL, 2000H; 存放采集数据的首地址
  LD   A, 03H; 选通 3 号通道
  OUT  (81H), A
  LD   A, 0E3H, 给 ALE 送0↑1 信号, 选通通道号
  OUT  (81H), A
  LD   A, 83H; 给 START 送 1↓0 信号, A/D 开始转换
  OUT  (81H), A
  EI
  LOOP: HALT
        JP   LOOP
中断服务程序
  LD   A, 08H
  OUT  (81H), A; 送 OE 选通信号
  IN   A, (80H)
  LD   (HL), A; 将采集数据存入指定的内存
  INC  HL
  EI
  RETI
```

在 A/D 转换器接口硬件设计中应注意片选、启动及读写信号的设置。一般来说，A/D 转换过程都是在片选信号选中的基础上，先发一个启动脉冲，然后待转换结束后再读入数据。因此，接口硬件设计时一定要注意这些信号的选取，以保证 A/D 转换器的正常工作。这些信号主要是由三一八译码器的通道号以及微型机的$\overline{\text{IORO}}$、$\overline{\text{WR}}$、$\overline{\text{RD}}$等信号经过适当的逻辑组合而成。

（三）固体电子继电器

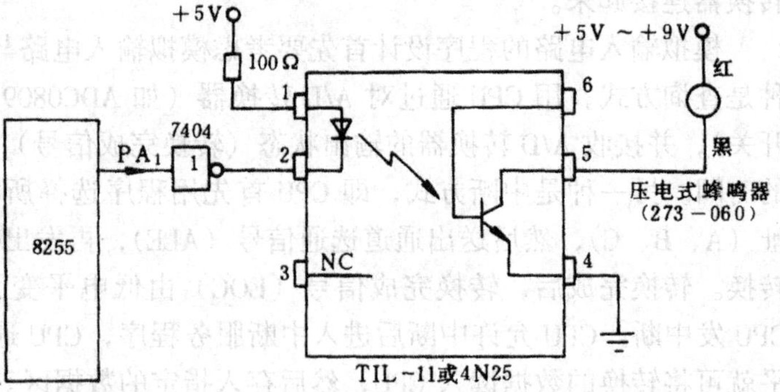

图 4-33 应用光耦合器组成的固体电子继电器

电磁式继电器的优点是结构简单，且额定电压高，额定电流大，但易磨损和接触不良，且开关动作的速度相对较慢。固体电子继电器没有活动部件和触点，也就是无磨损和接触不良等问题，开关时间也很短（微秒级）。

固体电子继电器及其接口电路示于图 4-33。这个电路的关键部件是 TIL-11 光耦合器。这是一个由红外发光二极管（IRED）和一个红外光检测晶体管（光电三极管）组成的六引脚集成电路。当微机对 8255 的 PA_1 输出“1”时，7404 反相器将 IRED 阴极接地而发光，接着使光电三极管饱和导通，使其发射极与集电极之间短路。这就如同继电器的触头接通一样。在此例中，压电蜂鸣器被接通工作，发出 4800Hz 蜂鸣声作为小功率的报警信号。

第二节　单片微型计算机

一、概述

（一）单片机的特点

单片微型计算机简称为单片机，即在一块芯片上集成了 CPU、RAM、ROM、定时/计数器和多种 I/O。单片机可看成一个不带外围设备的微型计算机，它具有体积小、功能强、价格便宜等优点，被广泛用于机电一体化产品和机电一体化系统中。

单片机结构上采用数据存储空间与程序存储空间相互分离的结构。它的功能是通用的，可以像一般的微处理器广泛应用在各个方面。单片机上的 RAM 作为数据存储器用，而不是当作高速数据缓冲存储器用。单片机主要有以下特点：

1）受集成度限制，片内存储容量较小，一般 ROM 小于 4～8K，RAM 小于 256 字节，但根据需要可在外部扩展至 64K 字节。

2）ROM 与 RAM 严格分工，ROM 为程序存储器，只存放程序指令及常数、表格等，RAM 则为数据存储器。

3）为了满足工业控制需要，有很强的位处理功能和丰富的条件分支转移逻辑。CPU 逻辑控制功能及运行速度远高于一般通用 8 位 CPU，如 8085、Z80 等。

4）一般片内或系统内无监控程序或系统通用管理软件，只放置用户调试好的应用程序。但也有在片内固化有 Tiny BASIC 语言、Forth 语言的单片机。

（二）单片机的类型

单片机按用途可分为通用类型单片机和专用类型的单片机。专用类型单片机是针对在过程控制、参数监测、信号处理等方面的特殊要求而推出的机型。

1．通用单片机系列　Intel公司1976年推出的MCS－48系列8位单片机，是一种在40脚芯片上集成有CPU、1/2K字节ROM、64/128字节RAM、8位定时/计数器、27根I/O线、条件分支转移逻辑单片机系列。

1980年Intel公司推出了MCS－51系列单片机，它与MCS－48相比，性能更好，指令功能及运行速度远远超过8085、Z80等通用微处理器。有关MCS－51单片机的性能将在本节第二部分作详细介绍。

Intel公司于1984年推出了MCS－96系列16位单片机，它对传统的CPU结构作了较大改动，除保留有MCS－51串行通信功能外，还有如下特点：

1）废除了CPU中累加器（ACC）与算术逻辑运算部件（ALU）的传统结构，采用了寄存器堆/运算逻辑部件（RALU）。寄存器堆所包含的232个字节RAM都可供RALU使用，相当于有232个累加器，因此不会出现一般CPU操作时累加器阻塞现象。

2）特殊功能寄存器直接控制I/O，实现I/O口的高速输入与输出。四个高速触发脉冲输入口能记录分辨2μs的外部事件发生时间（晶振频率为12MHz时），六个高速脉冲发生器的输出可用来在预定的时间内触发外部件。

3）具有高速运算处理器。在晶振频率为12MHz时，完成16位加法运算的时间为1μs，完成16×16位运算的时间为6.5μs。

4）部分芯片中配置有10位精度的A/D转换器，有4/8个模拟量输入通道。A/D转换时间为42μs。

5）D/A转换采用脉冲宽度调制输出，调制精度为8位，输出波形是占空比可变的方波，其占空比对应有256级变化。把这种波形积分后便得到直流电平，此电平随占空比的变化有256级输出。

6）有8个中断源结构。

7）设有监视定时器，用于软件故障监视。如果软件不能使监视器至少在64K状态时间内复位一次，则硬件将启动复位。

除上述Intel公司的产品外，还有Motorola公司、Zilog公司等都推出了各种型号的、不同性能的单片机。

2．专用单片机系列　最典型的有Intel公司1984年推出的RUPI－44系统单片机，该机是为支持BITBUS分布式测控系统且具有串行通信控制器（SIU）的一种专用单片机。RUPI－44系列是含有两个MCS－51系列单片机，其中一个作为串行接口智能通信控制器（即SIU），具有IBM及SIO通信标准，SIU的通信软件已固化在片内ROM中。实时控制及运算功能由另一个8051/8751实现，而通信控制则由串行通信控制器（SIU）完成。由RUPI－44系列单片机8044及8744构成的三个模块ISB×344多模板、IRCB44/10远程访问控制板和IRCB44/20模拟I/O控制板是构成BITBUS分布式控制系统的基础。

另外按照单片机系统扩展与系统配置的规模，可将单片机应用系列分为最小系统、典型系统、增强系统等。

最小系统是指维持单片机运行的最简配置系统，这种系统成本低，常构成较简单的测控系统，如开关状态的输入输出控制、时序控制等。

典型系统是指目前单片机完成一般测、控功能时应具有的基本硬件结构系统，它包括系统扩展和系统配置部分。

增强系统是为了加强典型系统的人机对话和系统测控功能而增设的外部设备与接口的系统。

二、MCS-51系列单片机

（一）基本特征

MCS-51系列单片机是美国Intel公司继MCS-48系列之后推出的80年代新产品。它既增强了CPU的性能，也增强了片内CPU外围接口的种类、数量和功能。因此，它是一种独立的高性能单片机，适用于需要较强单片功能或较复杂的实时应用场合。MCS-51系列主要包括了引脚功能完全兼容、指令系统完全相同的三种型号的产品：

8051——片内有4K字节掩膜ROM。

8751——片内有4K字节电可编程/紫外线可擦EPROM。

8031——片内无程序存储器。

另外，8052、8032是相应于8051、8031的完全可以互换的单片机，其区别仅在于前者片内数据存储器为后者的两倍以及增加了一个定时器2，并且8052的在片ROM为8K。MCS-51系列单片机产品，在一个40脚双列直插式封装内，包含有：

1）一个8位微处理器（CPU）。

2）片内振荡和定时电路。

3）128/256字节数据存储器（RAM）。

4）4K/8K字节程序存储器（ROM/EPROM）。

5）二十多个特殊功能寄存器。

6）32根I/O线。

7）2/3个16位可编程定时/计数器。

8）5/6个中断源，可编程为2个优先级。

9）一个全双工的，可运行于同步/异步方式的串行口。

10）64K字节外部程序存储器寻址空间。

11）具有位寻址功能，位寻址空间为00H～FFH。

它使用单一的+5V电源；在主振频率为6MHz时，机器周期为2μs；有四组工作寄存器，每组有8个8位的工作寄存器；堆栈可设置于片内数据存储器的任何处，堆栈深度最多可达120/248个单元。MCS-51系列单片机的功能框图如图4-34。

（二）内部结构框图

MCS-51系列单片机的内部结构框图如图4-35所示。从图中可看到，单片机作为一台完整的微型计算机，仍属于冯·诺依曼型，也就是说，按逻辑功能可分为运算器、控制器、存储器和I/O口等几大部件。不过，和通常的单板机相对照，单板机由若干不同逻辑功能的集成芯片，通过在印制电路板上的连线，将它们连接起来，组成一台微型计算机，与外围设备的接口，则通过标准引线，例如S-100总线；而单片机已将不同逻辑功能的几大部件都集成在一块芯片之中，因此，它们都挂靠在内部总线上，采用这种结构，可减少片内连线的数量，从而提高集成度，另外，只把与外部有关的部分从引脚引出。所以，从直观上可以把

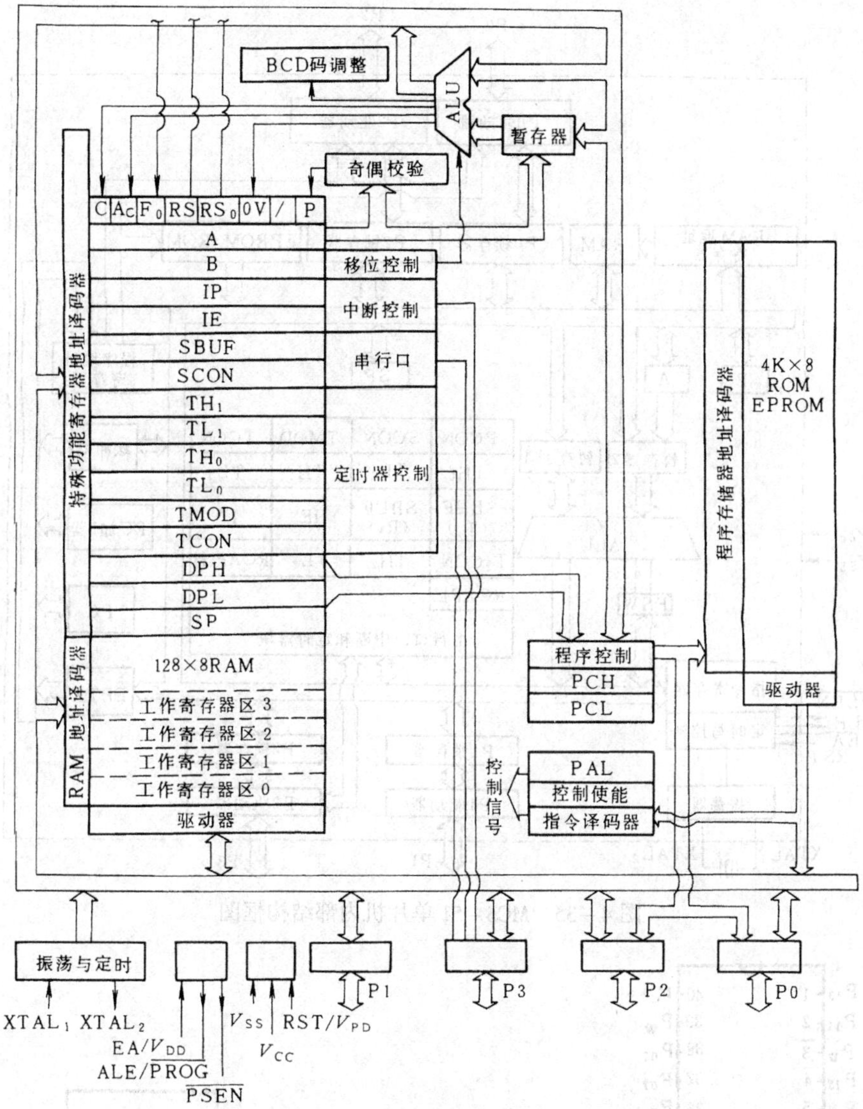

图 4-34　MCS-51 单片机内部功能框图

单片机看作单板机的微型化和集成化产物。但是，实际上为了提高单片机的性能，单片机又不仅是单板机简单的微型化和集成化，它还具有如下一些主要的独到的结构特点。

1）I/O 接口一线多功能。

2）I/O 接口的逻辑功能和驱动能力强。

3）数据存储器和程序存储器分开，且寻址空间重迭。

4）数据存储器单元有多种功能和寻址方法

5）三种不同程序存储器形式的产品，引脚和指令系统兼容。

6）设置了可直接寻址的特殊功能寄存器。

（三）外部引脚功能

MCS-51 系列五种型号的单片机是：8051、8751、8031、8052、8032。它们都是双列直插式 40 脚封装，管脚信号完全相同，引脚分配如图 4-36 所示，逻辑符号如图 4-37 所示。

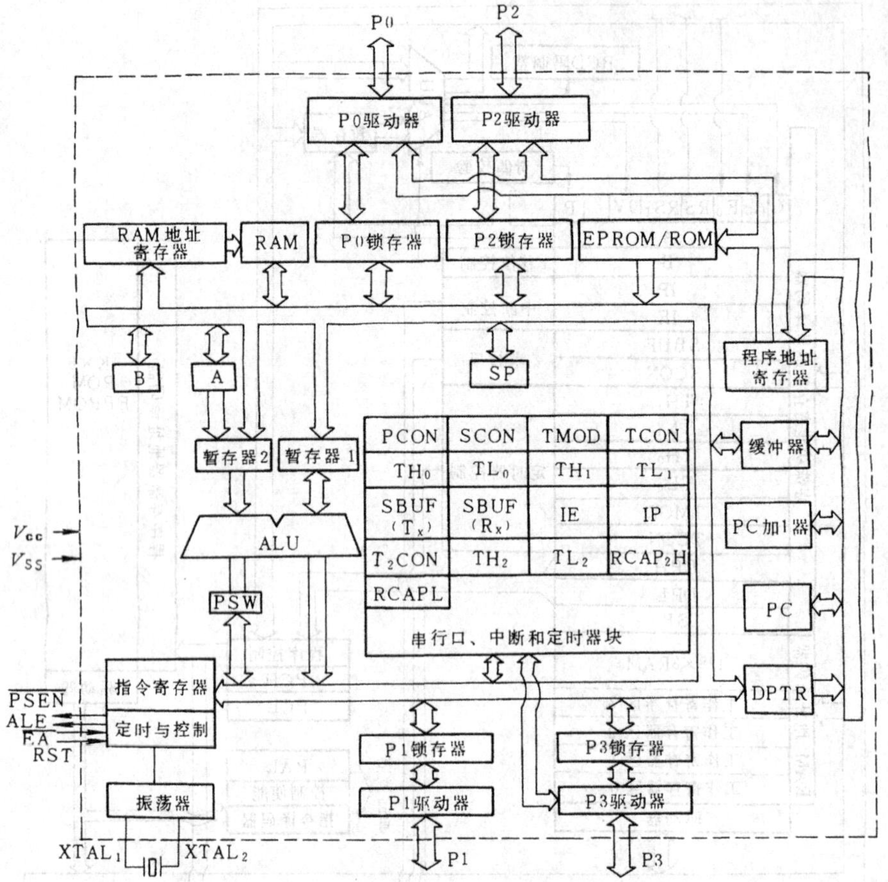

图 4-35　MCS-51 单片机内部结构框图

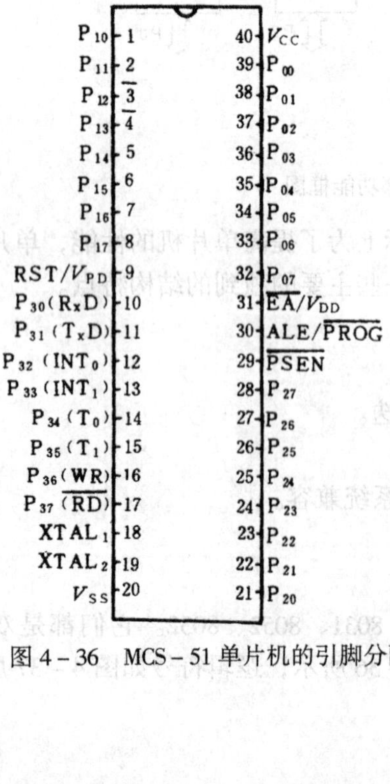

图 4-36　MCS-51 单片机的引脚分配

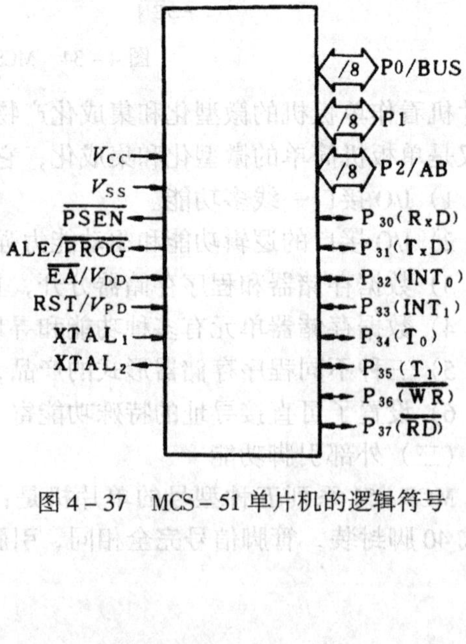

图 4-37　MCS-51 单片机的逻辑符号

这 40 只引脚大致可分为：电源（V_{CC}、V_{SS}、V_{DD}、V_{PD}）、时钟（$XTAL_1$，$XTAL_2$）、I/O（P0～P3）、地址总线（P0、P2）、数据总线（BUS）和控制总线（ALE、RST、PROG、$\overline{PSEN}$、$\overline{EA}$）等六大部分。它们的功能简述如下。

1．电源线

V_{SS}：引脚号 20，电源地线。

V_{CC}：引脚号 40，芯片的主电源，接＋5V。

2．时钟

$XTAL_1$：引脚号 18，振荡器反相放大器输入端，HMOS 芯片使用外部振荡器时，此端必须接地。

$XTAL_2$：引脚号 19，振荡器反相放大器输出和内部时钟发生器的输入端。HMOS 芯片使用外部振荡器时，此端用于输入外部振荡信号。

3．控制总线

ALE/PROG：引脚号 30，地址锁存有效信号。其主要作用是提供一个适当的定时信号，在它的下降沿用于外部程序存储器或外部数据存储器的低 8 位地址锁存，使 BUS（P0）分时用作为地址总线（低 8 位）和数据总线。此信号每个机器周期出现 2 次，只是在访问外部数据存储器期间才不输出 ALE。所以，在任何不使用外部数据存储器的系统中，ALE 以 1/6 振荡频率的固定速率输出，因而它能用作外部时钟或定时。当 8751 在片 EPROM 编程时，此端输入编程脉冲信号。

$\overline{PSEN}$：引脚号 29，外部程序存储器读选通信号，当从外部程序存储器读取指令时，$\overline{PSEN}$每个机器周期产生两次有效；在执行内部程序存储器取指时，$\overline{PSEN}$无效。

RST/V_{PD}：引脚号 9，复位输入信号。振荡器工作时，该引脚上两个机器周期的高电平，可实现复位操作。在掉电情况下（V_{CC}降到操作允许限度以下），后备电源加到此脚，将只给片内 RAM 供电。

$\overline{EA}$/V_{DD}：引脚号 31，访问外部程序存储器控制信号输入端。当$\overline{EA}$为低电平时，CPU 仅执行外部程序存储器程序。因而在使用 8031 单片机时，$\overline{EA}$必须外接低电平。在 8751 片 EPROM 编程时，此端为 21V 编程电源输入端。

4．I/O 线

P0（BUS）：引脚号 32～39，单片机的双向数据总线和低 8 位地址总线。分时操作，先用作地址总线，在 ALE 信号的下降沿，地址被锁存，然后用作为数据总线；也可以用作双向输入/输出口，它能吸入/放出 8 个 LSTTL 负载（作总线工作时）。

P1：引脚号 1～8，8 位准双向输入/输出口。在编程校验期间，用于传输低 8 位地址，它能吸入/放出 4 个 LSTTL 负载。

P2：引脚号 21～28，8 位准双向输入/输出口。在访问外部存储器时，用作高 8 位地址总线。它能吸入/放出 4 个 LSTTL 负载。

P3：引脚号 10～17，准双向输入/输出口。P3 口的每一根线还有另一种功能：

P_{30}——R_XD：串行输入口。

P_{31}——T_XD：串行输出口。

P_{32}——$\overline{INT_0}$：外部中断 0 输入口。

P_{33}——$\overline{INT_1}$：外部中断 1 输入口。

P_{34}——T_0：定时/计数器 0 外部事件脉冲输入端。

P_{35}——T_1：定时/计数器 1 外部事件脉冲输入端。

P_{36}——$\overline{WR}$：外部数据存储器写脉冲。

P_{37}——$\overline{RD}$：外部数据存储器读脉冲。

三、单片机接口技术的应用

单片机的接口技术包括硬件和软件技术，在设计单片机应用系统时，应适当考虑硬、软件的分配和比重，使整体效益最佳。下面仅从硬件方面，讨论 MCS－51 系列单片机的系统扩展和系统配置。

(一) 片外系统扩展

为适应扩展的需要，单片机在外部引脚都设有三总线，以提供扩展所需的地址总线，数据总线和控制总线。不同系列的单片机，所提供的总线方式不尽相同。对于 MCS－51 系列单片机，其外部总线的提供方式为：

地址总线：由 P0 口与 P2 口提供 16 根地址线，故外部扩展最大寻址范围为 64K。由于外部程序存储器 ROM 和数据存储器 RAM 所用控制线及指令不同，因此允许 ROM 与 RAM 地址重复。P2 口提供 8 位地址，具有输出锁存能力，P0 口提供低 8 位地址。

数据总线：为 P0 口，此口为纯双向三态控制。由于 P0 口还要提供地址数据，故系统工作时，P0 口要分时使用。作地址输出时，外接电路中应有地址锁存器。

控制总线：对于不同的扩展要求，提供有专用的控制信号线，如地址锁存信号 ALE、片外取指令信号$\overline{PSEN}$（对 ROM 或 EPPOM）、$\overline{WR}$和$\overline{RD}$（对 RAM）等信号。

1. 程序存储器 ROM 的扩展　对片内无存储器的单片机，可根据系统应用程序、表格、常数的数量，扩展一定容量的程序存储器（一般都用 EPPOM 芯片）。

（1）程序存储器扩展的引线

地址线：P0 口（低八位），P2 口（高 8 位）。

数据线：P0 口。

控制线：ALE 为 P0 口的地址锁存信号。$\overline{PSEN}$为片外程序存储器取指令信号，$\overline{EA}$为片内外程序存储器选择信号。

（2）片外扩展 4K 程序存储器　根据 MCS－51 系列单片机地址线、数据线的提供方式，在 P0 口送出低 8 位地址后由 ALE 信号的下降沿进行锁存。寻址 4K 字节时，需用 12 根地址线，高 4 位地址线由 $P_{2.0}\sim P_{2.3}$ 提供。图 4－38 为 8031 单片机扩展 4KEPPOM 的电路（4K EPPOM 采用 2732 芯片）。

锁存器采用 74LS373 时，锁存端（又叫使能端）直接与 ALE 相连即可。若采用 74LS273 时，ALE 输出需加反相器，因为 74LS273 是在上升沿锁存。2732 芯片则允许输出端$\overline{OE}$由$\overline{PSEN}$控制而不用$\overline{RD}$信号取指令。由于单片机使用片外程序存储器，故 EA 接地。扩展的地址范围为 000H～0FFFH。

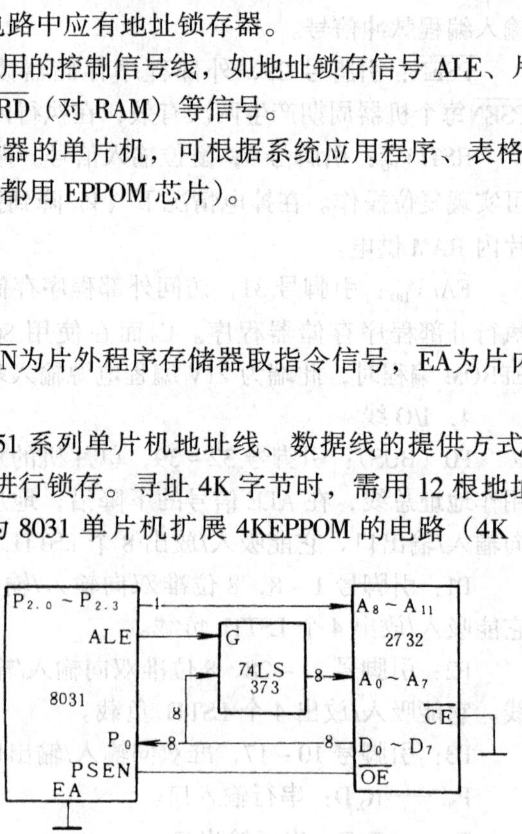

图 4－38　8031 单片机扩展 4K　EPROM 电路

2. 数据存储器 RAM 的扩展　单片机内部有一定容量的 RAM，对于 MCS－51 系列单片机，其片内 RAM 为 128 个单元，片内 RAM 不能满足要求时可扩展相应的片外 RAM。

（1）数据存储器 RAM 扩展的引线

地址线：与程序存储器扩展相同。

数据线：与程序存储器扩展相同。

控制线：ALE 为 P0 口的锁存信号；$\overline{RD}$/$\overline{WR}$为片外 RAM 的读/写控制信号。

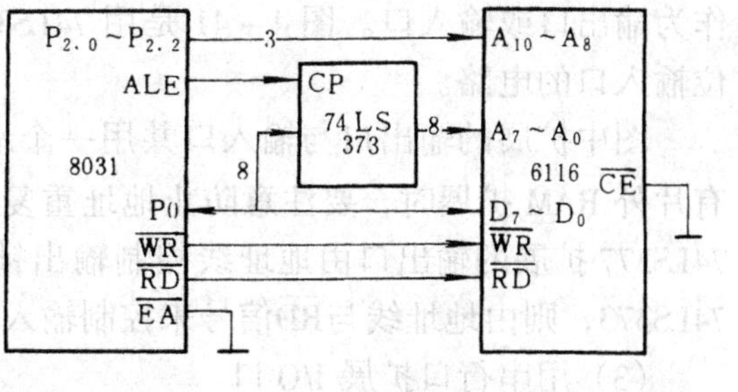

图 4－39　8031 单片机片外扩展 2K　RAM 电路

（2）片外扩展 2K　RAM 的典型电路　图 4－39 为 8031 单片机外扩展 2KR　AM 的典型电路。图中 RAM 扩展芯片为 2K 容量的 6116 芯片，数据线、地址线、片选线的连接方法与 ROM 扩展电路完全相同。而片外 RAM 的读写控制则由单片机的$\overline{RD}$、$\overline{WR}$信号线控制。系统使用片内 RAM 还是片外 RAM 由指令选择。

3. I/O 端口的扩展　单片机应用系统中往往要使用大量的 I/O 线，由于管脚数量限制，单纯为用户使用的 I/O 口线并不多。例如单纯为用户使用的 I/O 口线在 MCS－51 系列单片机中，只有 P3 口 8 根与控制线复用，故在实际应用系统中常常需要扩展 I/O 口。与存储器扩展相比，I/O 口的扩展方法及电路设计较灵活。

MCS－51 系列单片机常用的 I/O 口扩展的方法有以下三种。

（1）利用通用芯片扩展　MCS－51 系列单片机使用 8255、8155、8243 等进行 I/O 扩展十分方便。图 4－40 是在扩展 4K　EPROM 电路基础上再扩展一片 8255 电路。图中 8255 的片选端接 $P_{2.7}$，故 PA、PB、PC 的口地址分别为 7FFCH、7FFDH、7FFEH。所用的低 8 位地址由 P0 口提供，经锁存器锁存。

8255 为可编程的通用并行接口，有三个 8 位 I/O 口，即 PA、PB 和 PC。可编程为基本输入输出方式、选通输入输出方式和双向传送方式。

（2）用 TTL 电路芯片扩展 I/O 口　通常采用这种方法扩展单向 I/O 口，选用不同的芯片

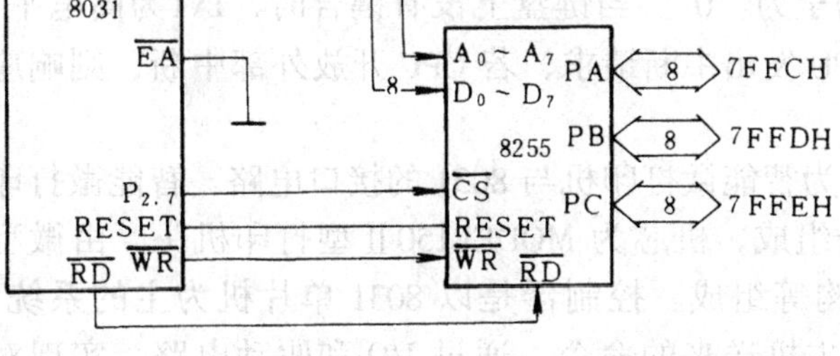

图 4－40　用 8255 芯片扩展 I/O

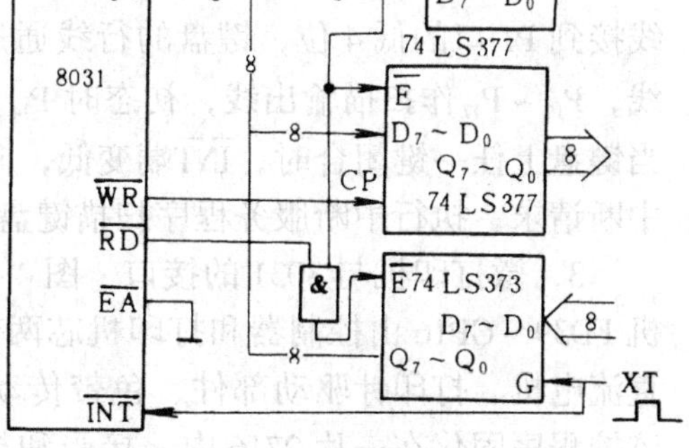

图 4－41　用 TTL 电路芯片扩展 I/O

作为输出口或输入口。图 4－41 是用 74LS377 扩展一个 8 位输出口，用 74LS373 扩展一个 8 位输入口的电路。

图中扩展的输出口与输入口共用一个地址单元 FF7FH（$A_7=0$ 即可选中）。当系统中还有片外 RAM 扩展时，要注意防止地址重复。$\overline{RD}$及$\overline{WR}$信号分别控制输入口及输出口。对于 74LS377 扩展的输出口由地址线控制输出锁存允许端 $\overline{E}$，由$\overline{WR}$信号控制数据输入端，对于 74LS373，则由地址线与$\overline{RD}$信号来控制输入口的数据输入。

（3）用串行口扩展 I/O 口

MCS－51 系列单片机设置有串行接口，串行接口在工作方式 0 时为移位寄存器工作方式。当串行口外接移位寄存器时，可以扩展 I/O口。由于移位寄存器可以连线串接，故一个串行口可以扩展多个 8 位 I/O 口。图 4－42 为用串行口扩展 I/O 口的电路。

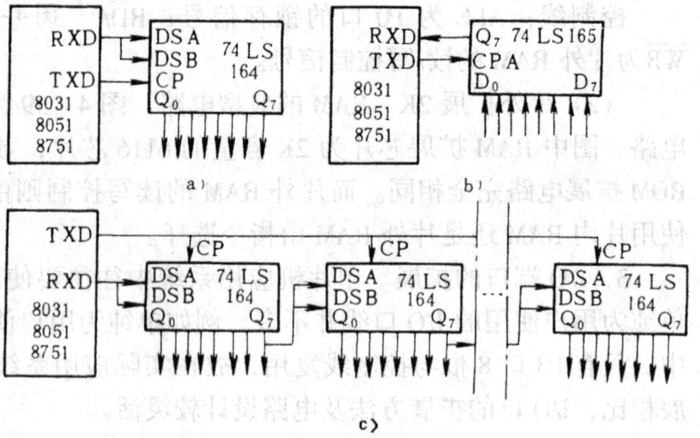

图 4－42　MCS－51 系列单片机用串行口扩展 I/O

图 4－42a 为用 74LS164 扩展 8 位并行输出口的连线图，74LS164 为带有清零端的串行输入并行输出的移位寄存器。图 4－42b 为用 74LS165 扩展 8 位并行输入口的连线图。74LS165 为并行输入串行输出的移位寄存器。图 4－42c 为用串行口扩展多个输出口的电路图，图中采用多个 74LS164 芯片串接的方法。

当不使用串行口时，MCS－51 系列单片机可以用最少的引线扩展最多的 I/O 接口，此法在 MCS－51 系列单片机系列中经常使用。

（二）系统配置

系统配置即为满足人机对话和测控对象连接需要而配置的外围设备及其接口电路，如键盘、显示器、打印机、A/D、D/A 等。

1．显示器和 8031 的接口　图 4－43 给出了 6 位共阴极显示器和 8031 的接口逻辑。图中 8155 的 PA 口控制显示器的阴极电位，称为扫描口，PB 口控制各位显示器的显示字形，称为段数据输出口。采用一位一位轮流点亮各位的方法（扫描），实现显示器的动态显示。

2．键盘和 8031 的接口　图 4－44 描述了一个 4×4 键盘与 8031 的接口电路。键盘的引线接到 P1 口的低 4 位，键盘的行线通过二极管连线到 P1 口的高 4 位。$P_{10}\sim P_{13}$ 作为键输入线，$P_{14}\sim P_{17}$ 作扫描输出线，初态时 $P_{14}\sim P_{17}$ 全为“0”。当键盘上没有键合时，$\overline{INT}$为高电平。当键盘上任一键闭合时，$\overline{INT}$端变低，向 CPU 发出中断请求，若 CPU 开放外部中断，则响应中断请求，执行中断服务程序扫描键盘。

3．微打印机与 8031 的接口　图 4－45 为智能微打印机与 8031 的接口电路。智能微打印机 FD39－GP16 由控制器和打印机芯两部分组成，机芯为 MODEL150Ⅱ型打印机头，由微型直流电机、打印针驱动部件、色带传动机构等组成。控制器是以 8031 单片机为主的系统，监控程序固化在一片 2716 内，接受和执行主机送来的命令，通过 I/O 和驱动电路，实现对打印机芯机械动作的控制，把主机送来的数据以字符串、数据、图表等形式打印出来，也可响应停机、自检、空走纸等请求。

打印机和 8031 单片机之间交换信息，可以用查询方式，也可用中断方式。工作于查询方式时，CPU 不断检测打印机的“忙”信号，只有当打印机空闲时，才将欲打印的数据送出；工作于中断方式时，打印机的“空闲”信号作为中断请求信号，CPU 响应中断后送出要打印的数据。

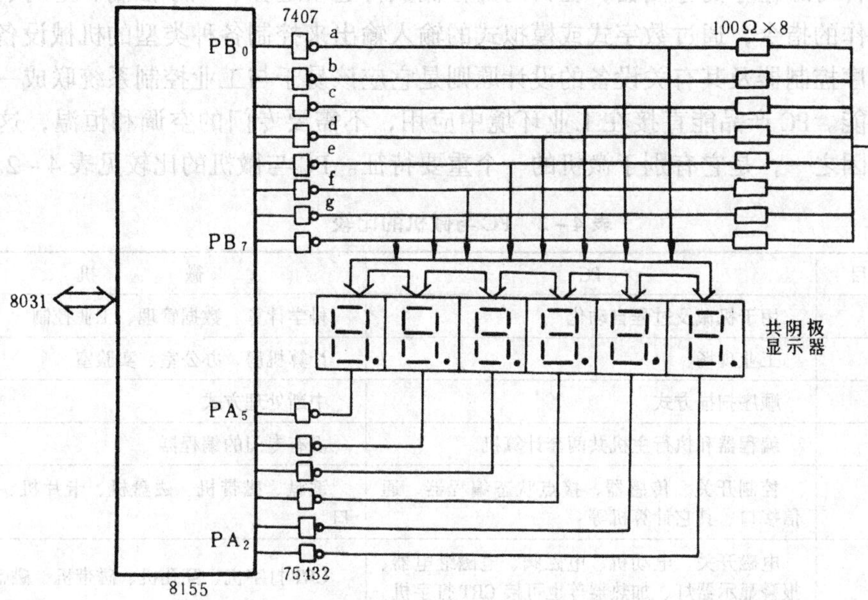

图 4－43　显示器和 8031 接口

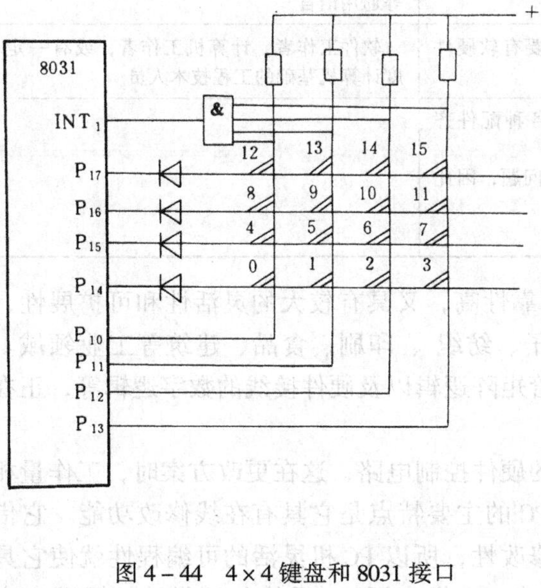

图 4－44　4×4 键盘和 8031 接口

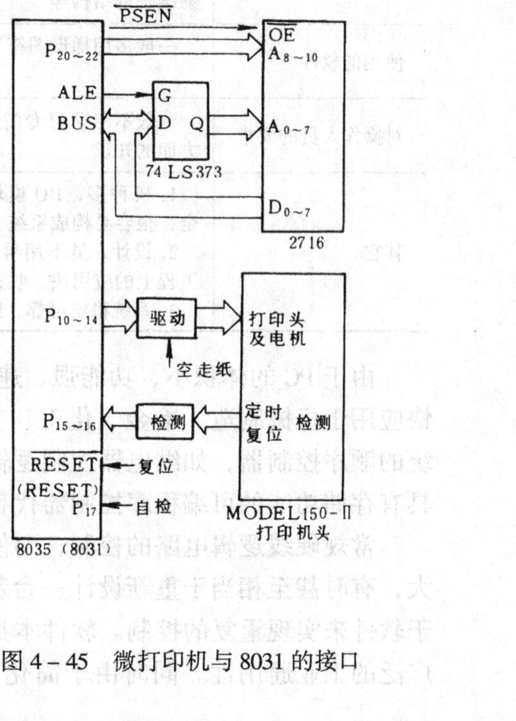

图 4－45　微打印机与 8031 的接口

第三节 微机可编程序控制器

一、可编程序控制器概述

可编程序控制器（PC）是一种专为在工业环境下应用而设计的数字运算操作的电子系统。它采用一种可编程序的存储器，在其内部存储执行逻辑运算、顺序控制、定时、计数和算术运算等操作的指令，通过数字式或模拟式的输入输出来控制各种类型的机械设备或生产过程。可编程序控制器及其有关设备的设计原则是它应该易于与工业控制系统联成一个整体和具有扩充功能。PC产品能直接在工业环境中应用，不需要专门的空调和恒温，这是它能广泛应用的原因之一，是它有别于微机的一个重要特征。PC与微机的比较见表4-2。

表4-2 PC与微机的比较

比 较 项 目	PC	微 机
工作目的	用于机械及过程自动化	科学计算、数据管理、工业控制
工作环境	工业现场	计算机房、办公室、实验室
工作方式	顺序扫描方式	中断处理方式
表现形态	编程器和执行主机共两套计算机	没有专门的编程器
输入设备	控制开关、传感器、接点状态编程器、通信接口、其它计算机等	键盘、磁带机、磁盘机、卡片机、通信接口
输出设备	电磁开关、电动机、电磁阀、电磁继电器、报警显示器灯、加热器等也可接CRT打字机	CRT打字机、穿孔机、磁带机、磁盘机
特殊措施	抗干扰措施；各种动态检测；停电保护；监控功能；更换I/O模块不会影响主机工作，易维护的结构等	掉电保护等一般措施
使用的软件	一般多用梯形图符号语言、操作系统等	汇编、BASIC、FORTRAN、PASCAL、C语言等通用语言
对操作人员的要求	一般不用学习专门语言，不需要有软硬件方面的知识	软件工作者，计算机工作者，或有一定程度计算机基础的工程技术人员
其它	1. 机种多，I/O模块种类多、各种配件齐全，很容易构成系统 2. 设计人员不用再去考虑软件问题，因此工程上的应用快、收益高 3. 系统稳定可靠，MTBF时间长	

由于PC的体积小、功能强、速度快、可靠性高，又具有较大的灵活性和可扩展性，很快应用于机械制造、冶金、化工、交通、电子、纺织 、印刷、食品、建筑等工业领域。传统的顺序控制器，如继电器控制逻辑、二极管矩阵逻辑以及硬件接线的数字逻辑等，正在被具有存储功能的可编程序控制器代替。

常规硬线逻辑电路的控制，要使用大量的硬件控制电路，这在更改方案时，工作量相当大，有时甚至相当于重新设计一台新装置。PC的主要特点是它具有在线修改功能。它借助于软件来实现重复的控制。软件本身具有可修改性，所以PC机灵活的可编程性就使它具有广泛的工业通用性。同时由于简化了硬件电路，也提高了PC系统的可靠性。据不完全统计，哥德的PC平均故障的间隔大于$2\times10^4\sim5\times10^4$h，而平均修复时间则小于10min。PC机能处理工业现场的强电信号，如交流220V、直流24V，并可直接驱动功率部件（一般负载电流为2A），可长期在严酷的工业环境中工作。编程采用传统的继电器符号语言，不必使用专门的高级语言。

PC是在按钮开关、限位开关和其它传感器等发出的监控输入信号作用下进行工作。根据信号控制器就会作出反应，通过用户编辑的内部逻辑便产生输出信号，而这些输出信号可直接控制外部的控制系统负载，如电机、接触器、指示灯、电磁阀、电热器等。

PC的控制系统省去了传统的继电器控制系统接线和拆线的麻烦。用PC的编程逻辑提供了能随要求而改变的"接线网络"，这样生产线的自动化过程就能随意改变。这种性能使PC具有较高的经济效益。

二、可编程序控制器的结构原理

（一）结构示意图

PC采用典型的计算机结构，由中央处理单元、存储器、输入输出接口电路和其它一些电路组成。图4－46为逻辑结构示意图。

CPU是PC的核心部件，从图上可以看出，它控制所有其它部件的操作。不同型号的PC可能使用不同的CPU部件。例如，有的程控器使用单片微处理机，如8031、8051等。PC的制造厂家使用CPU部件的指令系统编写系统程序，并固化到ROM中。

（二）可编程序控制器的输入与输出信号

PC对输入信号进行处理，产生输出信号对系统进行控制，以达到自动控制的目的。

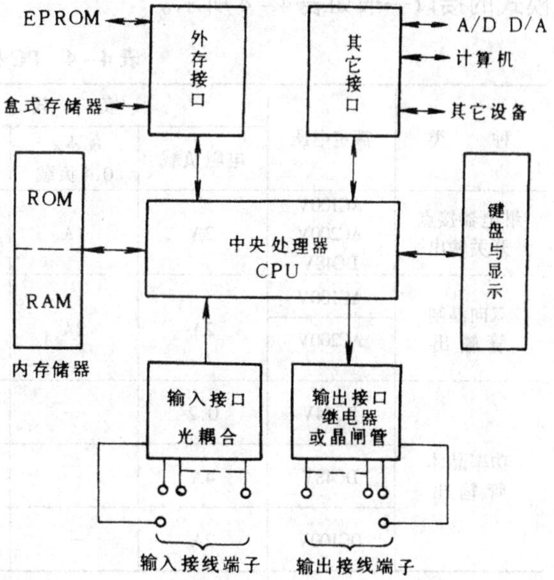

图4－46 PC机逻辑结构示意图

PC的输入输出信号的分类：以信号的种类分，有数字信号和模拟信号；以电气的性能分，有交流信号和直流信号。不同的PC有各种各样的输入输出信号模式。

1．输入模式 从被控制的对象上取出信号并传递给中央处理单元CPU的接口，一般有表4－3所示的输入模式。

交流输入模式大多采用AC100V或AC200V交流电供电，不另配独立的电源。

直流输入模式对外部电路所采用的DC24V～48V各种继电器、开关或传感器比较方便，如光电开关、接近开关、温度开关、压力和流量开关等都合适。由于直流电路输入能避免感应，因而产生误动作少。但信号电平低时要注意接触不良问题。另外，直接传输IC电平的信号时利用直流电压输入的模式比较方便。

模拟量的输入在生产过程中的应用很广泛，如常用的温度、压力、速度、流量、酸碱度、位移等的工业检测都是对应电压、电流的大小模拟量，再通过一定的运算（如PID）后控制生产过程达到一定的目的（如恒温等）。模拟量输入的电平大多是从传感器通过变换后得到的，一般是 DC4~20mA。

表 4-3 PC 机输入信号模式

种类		额定电压	输入电流	输入阻抗	最小闭合电压	最大断开电压
数字（开关量）	交流输入	AC100V	10mA	10kΩ	AC60V	AC30V
		AC200V		20kΩ	AC120V	AC60V
	直流输入	DC24V	20mA	1.2kΩ	DC14V	DC7V
		DC48V	16mA	4.8kΩ	DC24V	DC14V
	直流电压输入	DC5~30V	电压输入	10kΩ	DC4.5V	DC2V
模拟量		DC4~20mA		250Ω	—	—

2．输出模式　输入信号通过 CPU 处理后，把结果送出去执行控制过程的工作，其输出模式的接口一般如表 4-4 所示。

表 4-4 PC 机输出信号模式

种类	额定电压	负载电流				最小负载电流	输出最大延时
		电阻负载	cosϕ×0.4 负载	冲击电流	漏电流		
继电器接点开关输出	AC100V AC200V DC48V	2A	1A	最大 8A（0.5 秒以下）	最大 3mA（AC200V）	15mA（AC200V）	OFF→ON 15ms ON→OFF 10ms
双向晶闸管输出	AC100V	2A	2A	最大 21A（1 周期）	最大 10mA	30mA	OFF→ON ON→OFF 均为半周期
	AC200V				最大 20mA		
功率晶体管输出	DC24V	0.2	—	最大 0.3A（10ms 以下）	最大 0.1mA	1mA	OFF→ON ON→OFF 均为 1ms
	DC48V	4A	—	最大 8A（10ms 以下）	最大 0.1mA		
	DC100V	2A	—	最大 4A（10ms 以下）	最大 0.1mA		

输出模式由负载的性质、大小和动作频度所决定。负荷的性质有交流和直流两种，输出的状态分为有接点和无接点两种。

有接点式的输出模式是以继电器输出，线圈与接点间的组合是高度绝缘的。负载可以是交流或直流，装配都很方便。但这种方式要考虑接点的电气和机械的寿命问题。

无接点式的输出模式常用的是功率晶体管或晶闸管等，其特点是无接点、动作速度快、开关寿命长，适用于高频率动作电路，但器件本身有 1V 左右的压降，应予以注意。

模拟量输出模式。例如用于控制可变速电动机执行装置时就要模拟量输出，利用阀门的开度大小来控制流量时也要模拟量输出（有的要配以电—气转换，控制气动调节，再输出模拟信号给执行装置)。模拟量输出方式大多为电流输出 DC4~20mA，绝缘方式采用绝缘变压器或绝缘放大器，输出阻抗 0~500Ω。

3．定时控制模式　PC 的定时功能有软件定时器或硬件定时器两种，其性能如表 4-5

所示。

表 4-5 PC 机定时控制模式

项　　目	软　件　定　时　器	硬　件　定　时　器
定时的种类	闭合延时、打开延时、单步运算等	一般是闭合延时
定时范围	长时间	短时间（一般 0.1～60s）
精度	高	有误差和漂移
设定方法	由程序	给定模块
运行中设定变更	不可能	可以
PC 对输出点数影响	无	定时点数减少
过程监视	可能	不可能

4．自维持继电模式　要把 PC 的程序记忆在存储器中，机内要有电池供电给 IC 存储器的装置。电网电源停电时，就能实现输出记忆功能，有这种功能的机种在停电时能维持住当时的状态，称为自维持（或称自锁）继电模式。一般机型的技术指标如表 4-6 所示。

表 4-6 一般 PC 机自维持继电模式性能

项　　目		指　　标
额　定　电　压		AC100/200V　DC24V
负载电流	电阻负载	最大 2A
	cosΦ0.4 负载	最大 1A
	冲击电流	最大 5A（0.5s 以下）
	漏电电流	最大 3mA（AC200V）
绝缘方式		继电器绝缘
最小负载电流		15mA（AC200V）
输出滞后		OFF→ON 最大 15ms ON→OFF 最大 10ms

三、可编程序控制器的分类及性能指标

（一）PC 的分类

PC 的品种繁多，各产品的结构形式、输入/输出方式、I/O 点数、CPU 的种类、存储器的种类、容量以及功能范围都不相同，因此很难详细地划分它们的类别。通常只能根据结构形式、I/O 点数以及功能范围三个大方面来大致分类。

1．按结构形式分类　按结构形式不同，可分为整体式和模块式两类。

（1）整体式 PC　把 CPU、存储器及 I/O 等基本单元装在少数几块印制电路板上，并连同电源一起装在一个机体内，形成一个整体，通常把它称为主机。这种结构的优点是结构简单、节省材料、体积小。缺点是主机的 I/O 点数固定，使用不够灵活；另外维修也比较麻烦。

（2）模块式 PC　模块式 PC 有的又称为积木式 PC。它把 CPU（包括存储器）和输入、

输出单元做成独立的模块，即CPU模块、输入模块、输出模块，然后组装在一个电源框架（机架）内。例如GE－Ⅰ/GE－Ⅱ/GE－Ⅲ（SR－20/SR－21/SR－400）、S5－115U等。这种结构的优点是I/O模块及I/O点数可根据用户需要方便灵活地组合，对现场的应变能力强，同时还便于维修。缺点是结构较复杂、插件较多，增加了造价。

2．按I/O点数分类　按I/O点数不同，可分为小型、中型、大型三大类。

（1）小型PC　I/O点数为256点以下（包括256点）。例如ACMY－S256、GE－Ⅰ（SR－20）、S5－101U等。

（2）中型PC　I/O点数为256点以上，2048点以下。例如GF－Ⅲ（SR－400）、S5－115U等。

（3）大型PC　I/O点数为2048点以上（包括2048点）。例如GF－Ⅵ（SG－8）、S5－135U/S5－150U等。

3．按功能分类　按功能范围不同，可分为低档、中档、高档机三类。

（1）低档机　具有逻辑运算、计时、计数、移位以及自诊断、监控等基本功能。还可能增设少量模拟量输入/输出（即A/D、D/A转换）、算术运算、数据传送、远程I/O、通讯等功能。例如ACMY－S256、GE－Ⅰ/GE－Ⅰ/P、F_1等系列。

（2）中档机　除具有低档机的功能外，还具有较强的模拟量输入/输出、算术运算、数据传送和比较、数制转换、远程I/O、子程序、通讯联网等功能。还可能增设中断控制、PID回路控制等功能。例如GE－Ⅲ、SR－400、S5－115U、A等系列。

（3）高档机　除具有中档机的功能外，还增设有带符号算术运算（32位双精度加、减、乘、除和比较）、矩阵运算、位逻辑运算（位置位、位清除、右移、左移）、平方根运算以及其它特殊功能函数的运算、表格传送及表格功能等。高档机具有更强的通讯联网功能，可用于大规模的过程控制，构成全PC的分布式控制系统，或整个工厂的自动化网络，例如GE－Ⅵ、SG－8等。

（二）PC的性能指标

PC的性能，通常是用以下多种指标来综合表述的。

1）编程语言　常用的有梯形图、语句表、控制系统流程图三种编程语言。不同的PC可能采用不同的编程语言。

2）用户程序存储容量　用户程序存储器用以存储通过编程器输入的用户程序，其存储容量通常是以字为单位来计算。约定16位二进制数为一个字，每1024个字为1K字。中、小型PC的存储量一般在8K以下，大型PC的存储量有的已达到256K及2M。

3）I/O总数　PC的输入、输出量有开关量和模拟量两种。对开关量I/O，其I/O总数用最大I/O点数表示。对于模拟量I/O，其I/O总数用最大I/O通道路数表示。

4）扫描速度　以ms/K字为单位表示。例如20ms/K字表示扫描1K字的用户程序所需的时间为20ms。

5）指令种类　用以表示PC的编程功能。

6）内部继电器的种数和点数　包括辅助继电器（无断电记忆和带断电记忆的）、计时器/计数器、移位寄存器、特殊继电器等。

7）其它　除以上基本的性能指标以外，对于不同的PC，还可能列出其它一些指标，如输入/输出方式、特殊功能模块、自诊断功能、通讯联网功能、远程I/O能力、监控功能，还可能列出一些主要硬件（如 CPU、存储器）的型号以及 PC 的环境适应性能等。

四、可编程序控制器的选择

合理选择可编程控制器、对于提高 PC 控制系统的技术经济指标起着重要作用。PC 的选择应包括机型的选择、容量的选择、I/O 模块的选择、电源模块的选择等几个方面。

（一）机型的选择

选择机型的基本原则应是在功能满足要求的前提下，保证可靠、维护使用方便、以及最佳功能价格比。具体应考虑以下几个方面。

1）结构合理　对于工艺过程比较固定、环境条件较好（维修量较小）的场合，选用整体式结构 PC。其它情况则选用模块式结构 PC。

2）功能相当　对于开关量控制的工程项目，对其速度无须考虑，一般的低档机就能满足要求。

对于以开关量为主，带少量模拟量控制的工程项目，可选用带 A/D、D/A 转换、加减运算、数据传送功能的低档机。

对于控制比较复杂，控制功能要求更高的工程项目，例如要求实现 PID 运算、闭环控制、通信联网等，可视控制规模及复杂的程度，选用中档或高档机。其中高档机主要用于大规模过程控制、全 PC 的分布式控制系统以及整个工厂的自动化等。

3）机型统一　应尽量做到机型统一。因为同一机型的 PC，其模块可互为多用，便于备品备件的采购和管理，其功能及编程方法统一，有利于技术力量的培训、技术水平的提高和功能的开发，其外部设备通用，资源可共享，配以上位计算机后，可把控制各独立系统的多台 PC 联成一个多级分布式控制系统，相互通讯、集中管理。

4）是否在线编程　PC 的特点之一是使用灵活。当被控设备改变时，只需要用编程器重新修改程序，就能满足新的控制要求。

PC 的编程分为离线编程和在线编程两种。离线编程的 PC，其特点是主机和编程器共用一个 CPU，在编程器上有一个“编程/运行”选择开关或按键，选择编程状态时，CPU 将失去对现场的控制，只为编程服务，这就是所谓的“离线”编程。程序编好后，选择运行状态，CPU 则去执行程序而对现场进行控制，这时，CPU 对编程指令将不作出响应。此类 PC，由于编程器和主机共用一个 CPU，因此节省了大量的硬件和软件，编程器的价格也比较便宜。中、小型 PC 多采用离线编程。

在线编程的 PC（如 M84 等），其特点是主机和编程器各有一个 CPU，编程器 CPU 可以随时处理由键盘输入的各种编程指令。主机的 CPU 则是完成对现场的控制，并在一个扫描周期的末尾和编程器通讯。编程器把编好或改好的程序发送给主机，在下一个扫描周期，主机将按照新送入的程序控制现场，这就是所谓“在线”编程。此类 PC 由于增加了硬件和软件，所以价格贵，但应用领域较宽。大型 PC 多采用在线编程。

是否需要在线编程，应根据被控设备工艺要求的不同来选择。对于产品定型的设备和工艺不常变动的设备，应选用离线编程的 PC。反之，可考虑选用在线编程的 PC。

（二）容量的选择

PC 的容量选择指用户存储器的存储容量（字数）和 I/O 点数两方面的含义。

通常，一条逻辑指令占存储器一个字。计时、计数、移位以及算术运算、数据传送等指令占存储器两个字。各种指令占存储器的字数可查阅 PC 产品使用手册。

PC容量的选择除满足控制要求外，还应留有适当的裕量以作备用。在选择存储容量时，一般可按实际需要的25%考虑裕量。

I/O点数也应留有适当裕量。但是，目前PC的I/O点价格高。如果备用的I/O点的数量太多，就会使成本增加。因此，通常I/O点数可按实际需要的10%～15%考虑裕量。

（三）I/O模块的选择

I/O部分的价格占PC价格的一半以上。不同的I/O模块，其电路和性能不同，它直接影响着PC的应用范围和价格，应根据实际情况合理选择。

1. 输入模块的选择　输入模块的作用是接收现场的输入信号，并将输入的高电平信号转换为PC内部的低电平信号。

输入模块的种类，按电压分类有直流5V、12V、24V、48V、60V；交流115V、220V。按电路形式不同分为汇点输入式和分隔输入式两种。

选择输入模块时应注意：

1）电压的选择　应根据现场设备与模块之间的距离来考虑。一般5V、12V、24V属低电平，其传输距离不宜太远。如5V模块最远不得超过10m。距离较远的设备应选用较高电压的模块。

2）同时接通的点数　高密度的输入模块，如32点、64点，同时接通点数取决于输入电压和环境温度。一般来说，同时接通的点数不要超过输入点数的60%。

3）门槛电平　为了提高控制系统的可靠性，必须考虑门槛电平的大小。门槛电平越高，抗干扰能力越强，传输距离也就越远。表4－7列出DC24V和AC220V两种电压三个厂家的输入模块的参数。

表4－7　输入模块的参数

生产厂家	电　压	模　块　型　号	接通电平	关门电平	门槛电平
美国哥德公司 84系列	DC24V	B827－032（32点）	≥18V	≤6V	12V
	AC220V	B809－016（16点）	≥160V	≤90V	70V
西德西门子公司 S5系列	DC24V	420－7LA11（32点）	≥13V	≤5V	8V
	AC220V	436－7LA11（16点）	≥170V	≤70V	100V
日本三菱公司 A系列	DC24V	AX41（32点）	≥9V	≤6V	3V
	AC220V	AX20（16点）	≥160V	≤70V	90V

2. 输出模块的选择　输出模块的作用是将PC的输出信号传递给外部负载，并将PC内部的低电平信号转换为外部所需电平的输出信号。

输出模块按输出方式不同分为继电器输出、晶体管输出及双向晶闸管输出三种。此外，输出电压和输出电流也各有不同。

选择输出模块应注意：

1）输出方式的选择　继电器输出的价格便宜，适用电压范围较宽，导通压降小，但它属有触点元件，其动作速度较慢，寿命较短，因此适用于不频繁通断的负载。当驱动感性负载时，其最大通断频率不得超过1Hz。

对于频繁通断的低功率因数的电感负载，应采用无触点开关元件，即选用晶体管输出（直流输出）或双向晶闸管输出（交流输出）。

2）输出电流　输出模块的输出电流必须大于负载电流的额定值。模块输出电流的规格见表4-8。用户应根据实际负载电流的大小选择模块的输出电流。

表4-8　开关量输出模块的品种及规格

模　块　品　种	操作电平及允许变化范围	每输出点最大输出电流	每块输出点数
直流输出模块	5V　TTL	50mA	16/32
直流输出模块	10～50V	250mA	16/32
直流输出模块	12^{+8}_{-3}V	0.5～2A	8/16/32
直流输出模块	24^{+16}_{-5}V	0.5～2A	8/16/32
直流输出模块	48^{+8}_{-10}V	0.5～2A	8/16
交流输出模块	115^{+15}_{-25}V	2A	8/16
交流输出模块	220^{+35}_{-50}V	2A	8/16
继电器输出模块	任　　选	阻性负载4A、感性负载0.5A	4/6/8

3）同时接通的点数　输出模块同时接通点数的电流累计值必须小于公共端所允许通过的电流值。例如一个220V、2A的8点输出模块，每个点当然可以通过2A的电流，但输出公共端允许通过的电流不可能是2A×8=16A，通常要比这个值小得多。因此在选择输出模块时还应考虑同时接通的点数。一般来说，同时接通的点数不要超过输出点数的60%。

（四）电源模块的选择

电源模块的选择很简单，只需考虑输出电流。电流模块的额定输出电流必须大于CPU模块、I/O模块、专用模块等消耗电流的总和。

第五章 传感器技术及机械量检测

第一节 传感器技术概述

一、传感器的定义及分类

凡接受外界刺激并能产生输出信号，即可定义为传感器。传感器就是用来对所测的量产生响应并提供可用的电信号的器件，即把输入信号变成不同形式输出信号的装置，如麦克风、拾音器、扩音机、光电管、门铃等。传感器的作用是接受外界信息，并将其变为信号。传感器用来代替人的五感，即：视觉、听觉、嗅觉、味觉和触觉。人用来取得这些感觉的器官是：眼、耳、鼻、舌和皮肤。五官同传感器的关系如表 5-1 所示。

表 5-1 五感和传感器

功能	感觉器官	传感器
视觉	眼	光
听觉	耳	声
触觉	皮肤	压力、温度
嗅觉	鼻	气体、湿度
味觉	舌	

传感器按能量变换的功能可分为两大类：物理传感器（包括温度传感器、压力传感器、光电传感器、磁传感器、压电传感器、光纤传感器、流量传感器、声表面波传感器、半导体致冷器）和化学传感器（包括气体传感器、湿度传感器、离子传感器）。

根据传感器的工作原理不同，一般又可以分为物性型传感器和结构型传感器两种。物性型传感器是利用一些材料的物理特性的变化来实现检测的。物性型传感器又称为固体传感器，具有体积小、反应速度快、寿命长等优点。目前利用半导体集成电路工艺技术，将敏感器件与外围电路集成在一起，构成所谓集成传感器，它是目前传感器研究开发最有前途的一种。结构型传感器是利用弹性管、双金属片、电感、电容器等结构元件进行测量的，如气压表头就是一种结构型传感器。

传感器按输出信号分类如表 5-2 所示。传感器作为信号的变换器，其输出信号原则上是任意类型的，既可以是电量型的，又可以是非电量型的。但在机电一体化设备中，对输出信号为非电量的传感器，由于信号不便于处理而通常不予采用。

二、传感器的转换原理

传感器的作用是接受外界信息，并将其变成信号输出。因此，如果某种材料（半导体材料）受外界加热，致使这种材料性质发生变化（电阻、电导发生变化），通过检测电阻变化量，就可以知道对应的温度；也就是说，这种材料具有将热转换成电的功能，人们就利用这种热-电转换原理来制造热敏电阻传感器等。表 5-3 列出了比较常见的几种现象之间相互转换原理。

表 5-2 传感器根据输出信号的分类表

- 传感器
  - 非电量型
  - 电量
    - 二值型
      - 有接点型（微动开关，接触开关，行程开关）
      - 无接点型（光电开关，接近开关）
    - 模拟型
      - 电阻型（电位器，电阻应变片）
      - 电压、电流型（热电偶，Cds 电池）
      - 电感，电容型（可变电容）
    - 数字型
      - 计数型（二值型+计数器）
      - 代码型（旋转编码器，磁尺）

表 5-3 物理现象及其转换

效应现象	转换	内容
光生伏特效应	光→电	PN 结部分的半导体用短波长的光照射发生电子和空穴并产生电动势的现象
光电导效应	光→电阻	半导体用光照射时电阻发生变化的现象
热电效应	温→电	某些晶体温度升高时表面出现电荷的现象
汤姆逊效应	温度 电→热	使接成闭合环路的同一种金属具有不同的温度，当流过电流时在接合部分引起发热或吸热的现象
压阻效应	力→电	外力作用在半导体材料上（金属材料），使材料的电阻发生变化现象
压电效应	压力→电	强介质加压力时产生极化或电位差的现象
霍尔效应	磁 电→电	使电流流过固体并在与电流相同或垂直的方向加磁场时，在各个垂直方向产生电位差现象
磁阻效应	磁 电→电阻	使电流流过固体并在与电流相同或垂直的方向加磁场时电阻增加的现象

（一）光-电转换

入射光照射到 PN 结上时，使 PN 结的正向压降发生变化，利用这个特性制作光敏二极管和光敏三极管，使光转换为电压变量。同样，当光照射到半导体材料上时，使电阻发生变化，它将光转换为半导体材料的电阻（或电导）变量，如图 5-1a、b 所示。

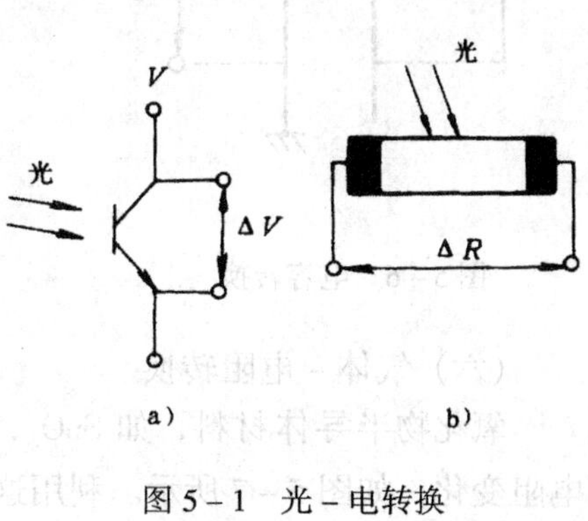

a）　　b）

图 5-1 光-电转换
a）光电转换 b）光电阻转换图

（二）热-电转换

将半导体材料或导体加热或冷却，使它的电阻发生变化，应用这个效应制作热敏电阻。它将热转换为电阻变量，如图 5-2 所示。

（三）力-电压转换

外力作用在电阻应变片上，组成电桥的四个电阻的阻值发生变化，R_1、R_2 电阻增大，而电阻 R_3、R_4 阻值减少，使电桥失去平衡，有信号输出；输出电压与压力呈线性关系。应用力－电压转换原理制作压力传感器，其线路图如图 5－3 所示。

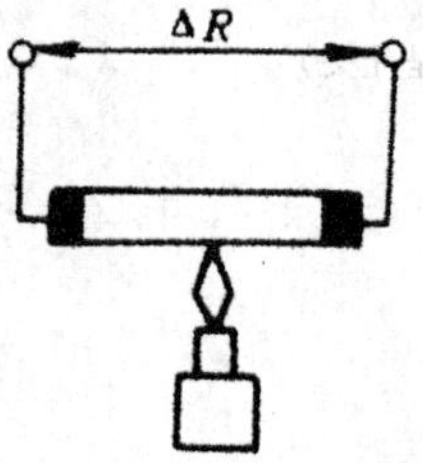

图 5－2　热电阻转换

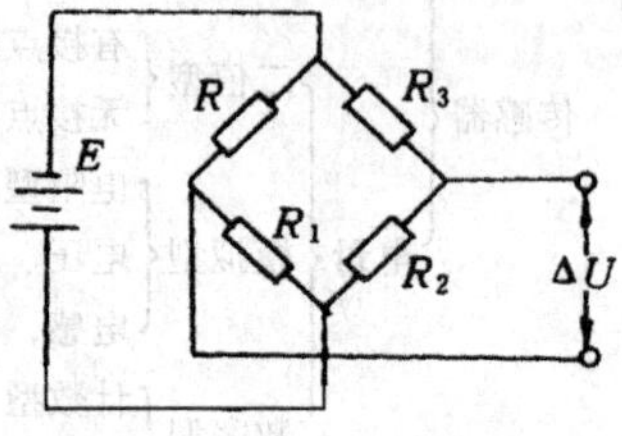

图 5－3　力－电压转换

（四）力－电荷转换

外力作用在压电晶体（铌酸锂、石英晶体等）上时，使其表面产生电荷或电压变化。根据这个原理制作压电传感器，它将应力转换成电荷 Q 或电压 U 变量，如图 5－4 所示。

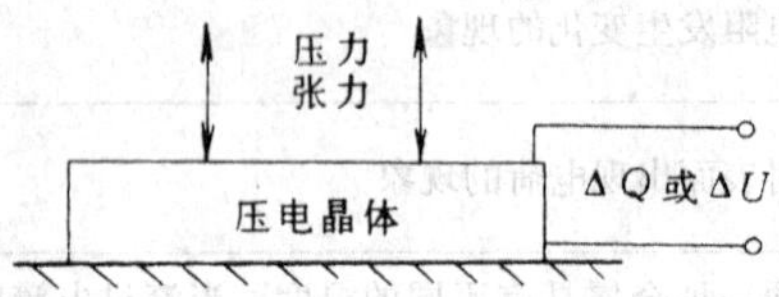

图 5－4　压电转换

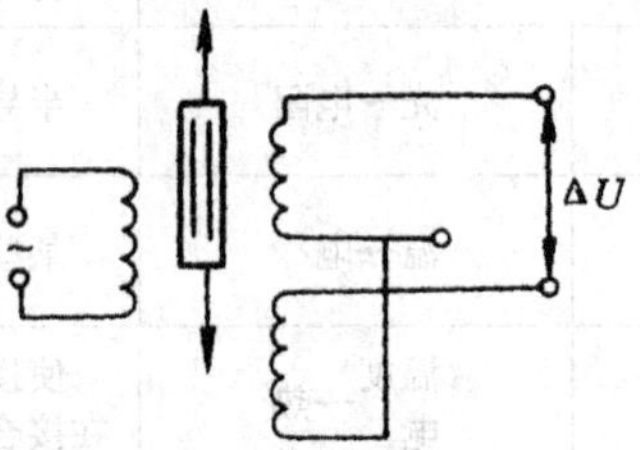

图 5－5　磁阻转换

（五）磁－电转换

线圈内磁芯作上下移动，磁路中磁阻发生变化，利用这个效应制作磁阻传感器。它将磁转换为交流电压的变化，如图 5－5 所示。

电容传感器是由介质及被介质所分开的两个电极组成的，变化电极间的距离或者改变两极间的介质都可引起电容量的变化。电容传感器将所测变量转换为电容变量，如图 5－6 所示。

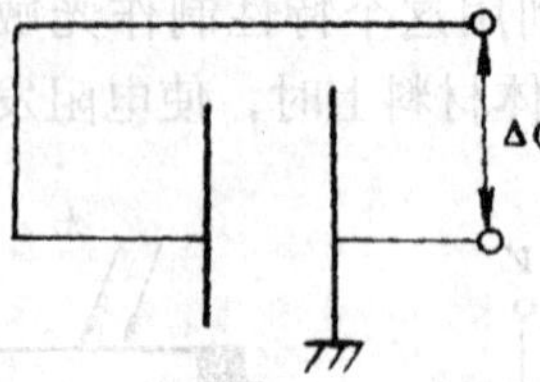

图 5－6　电容转换

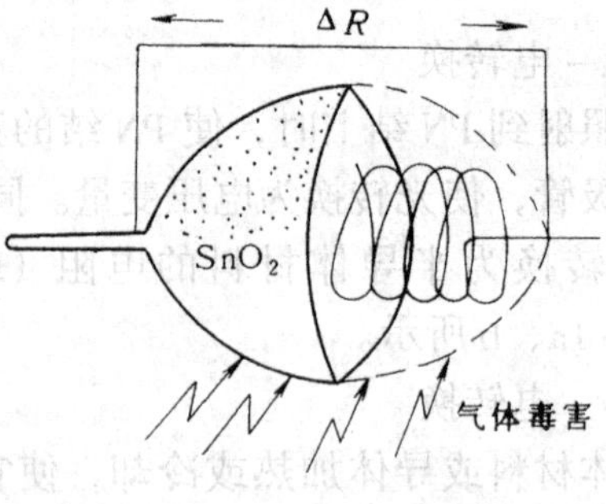

图 5－7　气体－电阻转换

（六）气体－电阻转换

氧化物半导体材料，如 SnO_2、ZnO、Fe_2O_3 等，当它接触气体时，使其表面（或体内）电阻变化，如图 5－7 所示。利用这种特性制造各种气体传感器，用来检测一些气体，它广泛用于矿井、工业、环保等领域。它将气体转换为电信号输出，实现了气－电转换。

（七）湿度－电阻转换

半导体陶瓷（$MgCr_2O_4-TiO_2$）材料或多孔性绝缘薄膜 Al_3O_3（SiO_2）制作在衬底材料上，如图 5－8 所示，当它接触湿度环境时，吸附水汽，使其电阻发生变化；利用这种特性制作湿度传感器。它将湿度转化为电信号输出，实现了湿度－电阻转换。

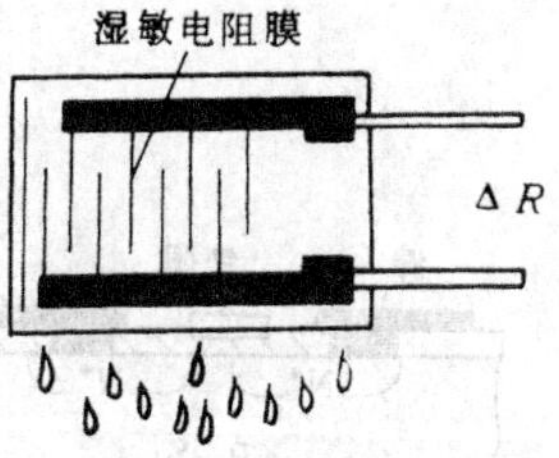

图 5－8　湿度－电阻转换

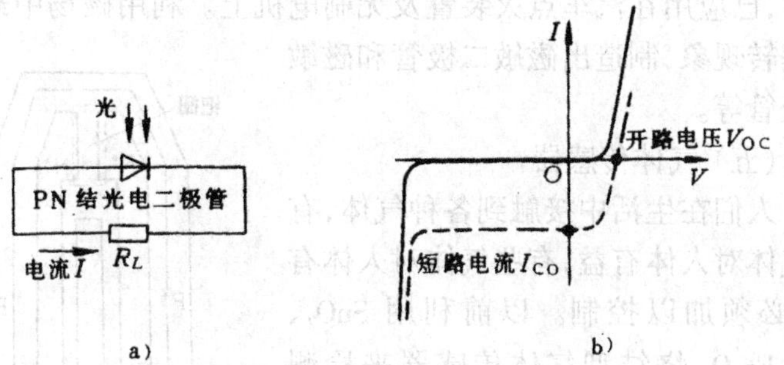

图 5－9　电流－电压特性

三、几种主要传感器工作原理

（一）光传感器

根据光生伏特效应，制造光敏二极管、光敏三极管、太阳电池、电荷耦合器件等。当光敏二极管受光照射时，在 PN 结两端产生电子空穴，在外部获得电流输出。图 5－9 表示光生伏特效应的工作原理和电压－电流特性。

（二）温度传感器

利用半导体材料的热敏特性制造热敏电阻，热敏电阻分为三种：电阻随温度升高而减少的负特性热敏电阻（NTC），电阻随温度升高而增大的正特性热敏电阻（PTC）以及达到某一温度时电阻急剧变化的临界特性热敏电阻（CTR）。图 5－10 表示各种热敏电阻的电阻－温度特性。一般热敏电阻的阻值随温度变化的曲线是非线性的，要使其线性化，可以串联或并联外接固定电阻进行折线近似。最近，利用硅 PN 结的正向压降随温度变化特性，制造温敏二极管、温敏三极管、温控晶闸管、集成化温度传感器等，其性能超过热敏电阻，已广泛应用在各个领域。

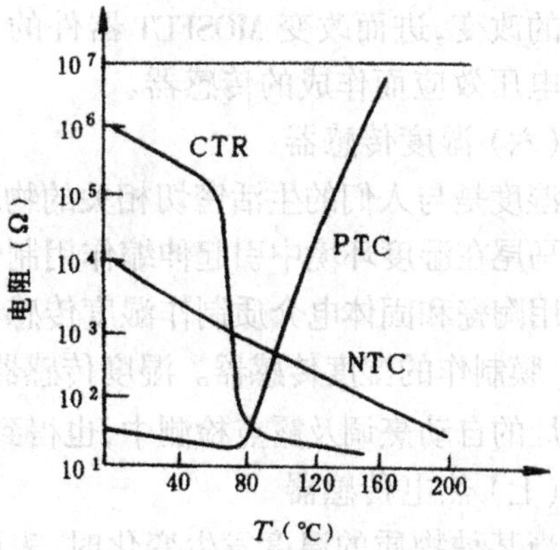

图 5－10　各种热敏电阻的电阻－温度特性

（三）压力传感器

压力传感器目前采用半导体平面工艺技术，在 N 型硅面的晶体衬底进行抛光等薄片加工，制成图形膜片；在圆形膜片内制作四个扩散电阻，组成惠斯登电桥，如图 5－11 所示。当在膜片上加压力时，R_1、R_2 电阻值增大，而 R_3、R_4 阻值减少，使

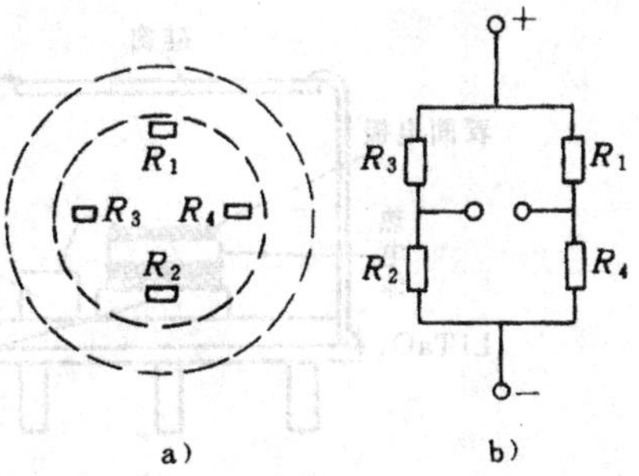

图 5－11　压力传感器
a）结构　b）等效电路

电桥失去平衡,有信号输出。半导体扩散型压力传感器可用于电子血压计,汽车电子设备和各种压缩机控制等。

(四) 磁传感器

目前利用半导体集成电路工艺技术,根据霍尔效应制作集成化霍尔器件及 MOSFET 霍尔器件,已应用在汽车点火装置及无刷电机上。利用磁场中载流子受磁场的洛伦兹力作用而发生偏转现象,制造出磁敏二极管和磁敏三极管等。

(五) 气体传感器

人们在生活中接触到各种气体,有些气体对人体有益,有些气体对人体有害,必须加以控制。以前利用 SnO_2、ZnO、Fe_2O_3 烧结型气体传感器来检测 CO、H_2、甲烷、丙烷、异丁烷等气体。图 5-12 是利用半导体材料制造的,具有一个 n 沟氢敏钯栅 MOSFET 传感器的设计图形和剖面结构;氢气钯栅 MOSFET 传感器是利用氢气引起金属钯功函数的改变,进而改变 MOSFET 器件的阈值电压效应而作成的传感器。

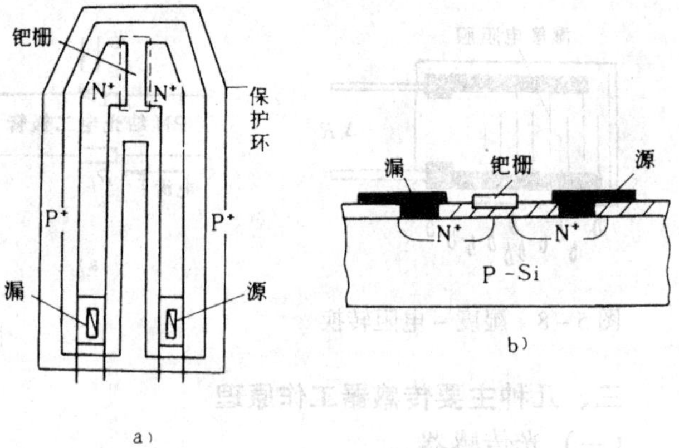

图 5-12 n 沟钯栅 MOSFET 氢气传感器
a)版图 b)剖面图

(六) 湿度传感器

湿度是与人们的生活密切相关的物理现象。以前采用人的头发和马尾在湿度环境中引起伸缩作用制作湿度传感器。最近研制了采用陶瓷和固体电介质制作湿度传感器。图 5-13 是利用多孔 Al_3O_2 膜制作的湿度传感器。湿度传感器不仅用于各种空调机,在电子灶的自动烹调及露点检测中,也得到非常广泛的应用。

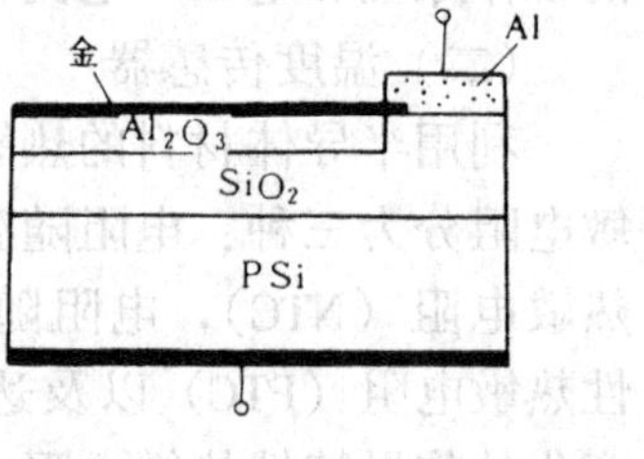

图 5-13 Al_2O_3 膜湿度传感器

(七) 热电传感器

当某种物质的温度发生变化时,表面产生和温度高低相应的电荷现象,这种现象称为热电效应。利用这种效应制造热电传感器,如图 5-14 所示。

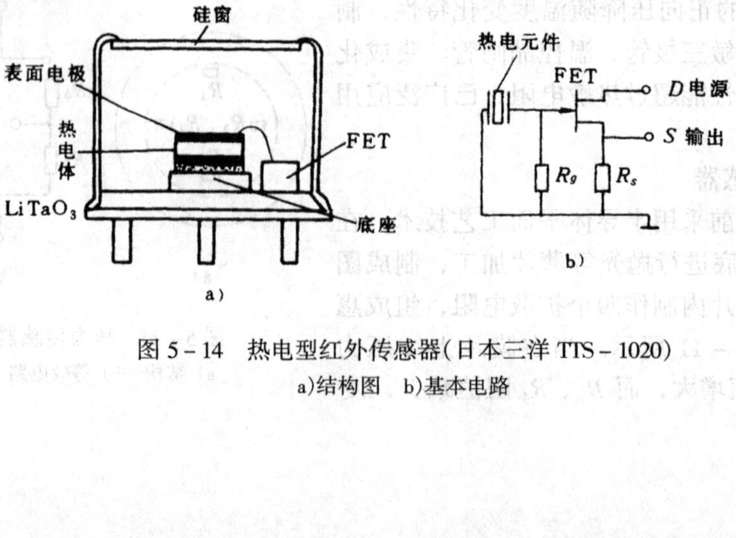

图 5-14 热电型红外传感器(日本三洋 TTS-1020)
a)结构图 b)基本电路

具有这种效应的材料有 $LiTaO_8$、$PbTiO_8$、$BaTiO_8$ 等材料。内接场效应晶体管 FET 是因为热电元件感应电荷量比较小，采用 FET 以实现在高阻抗时接收，而最后以适当的阻抗输出。目前使用最多的是红外传感器。

（八）离子传感器

1970 年，Bergweld 提出了利用半导体器件作为检测溶液中的离子活度的传感器；这种传感器类同于 MOSFET，只要把 MOSFET 的金属栅去掉，使 SiO_2 暴露出来与被测溶液接触，在漏源电压恒定时，漏源电流与溶液中离子种类及浓度有关，因此称为离子传感器（IS-FET），如图 5－15 所示。它将离子活度转换为电信号输出，实现了离子活度的测量。

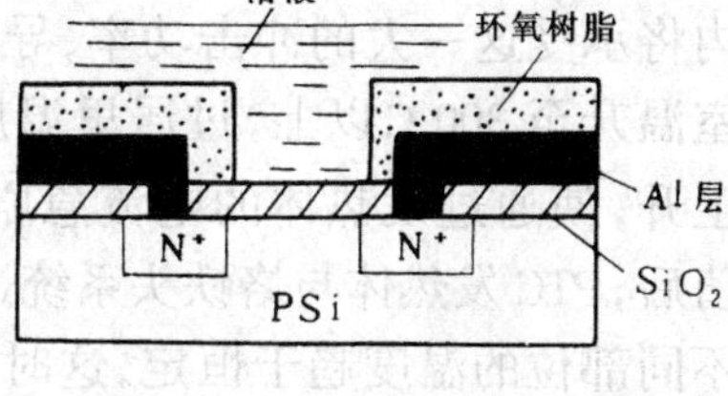

图 5－15　离子传感器

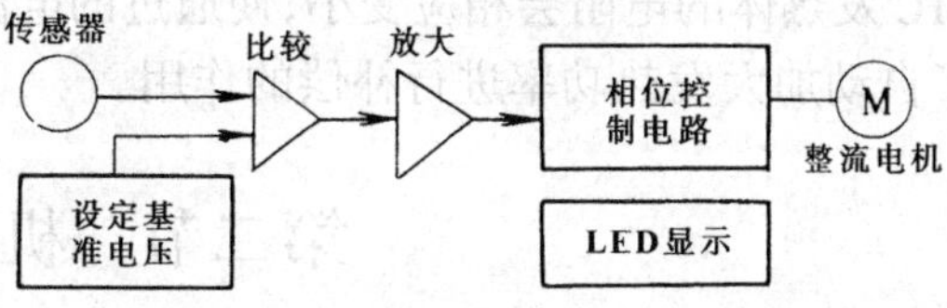

图 5－16　吸尘控制电路框图

四、应用实例

（一）压力传感器在吸尘器上应用

家用吸尘器可用于床铺、地毯等的清扫。吸尘器的控制电路和吸尘器的剖面图如图 5－16 和图 5－17 所示。吸尘器中所用的传感器采用硅压力传感器，它装在吸入管出口处，吸入管内的吸入压强 p_2 和大气压 p_1 之差将马达转矩控制在最佳值。当接近床时，压差增大，马达转矩下降，使床面灰尘充分吸入，为了避免接触，吸尘嘴应向上提。当减少压差和增大转矩时，吸尘器对地毯有良好的吸尘效果。

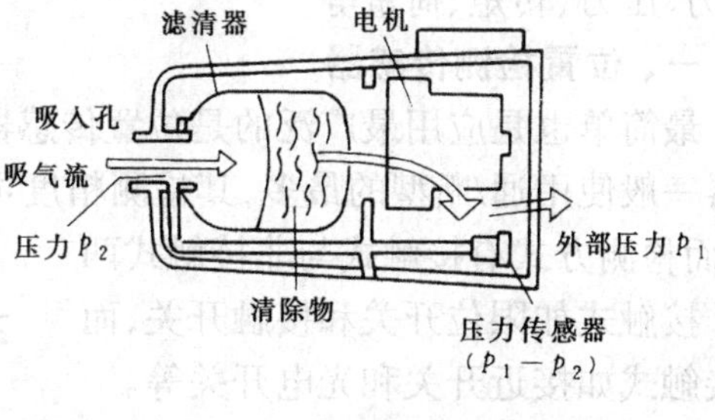

图 5－17　吸尘器剖面图

（二）家用煤气报警器

半导体氧化物 $\alpha-Fe_2O_3$、$\gamma-Fe_2O_3$ 和 SnO_2 等构成的煤气泄漏报警器，其对温度、酒精和烟等的灵敏度较低，而对丙烷和异丁烷等液化石油气的灵敏度极高。在 $\gamma-Fe_2O_3$ 等多孔半导体陶瓷内设置一对铂电极线，外部是加热器，可在 400℃长时间加热；当接触煤气时，半导体敏感元件的电阻下降，故电流增加，自身发热量加大。图 5－18 是丙烷液化石油气用报警器的电路，用这种报警器电路，泄漏煤气达到大气中爆炸下限的 1/5～1/40 时，蜂鸣器报警。

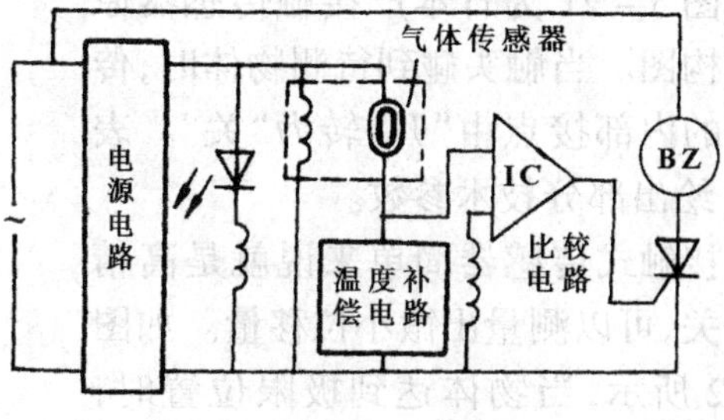

图 5－18　煤气报警电路

（三）PTC 自动恒温电烙铁

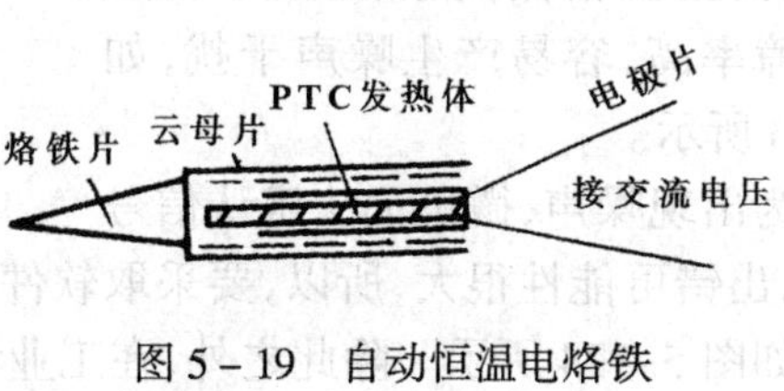

图 5－19　自动恒温电烙铁

PTC 自动恒温电烙铁的基本结构如图 5－19 所示。它的工作原理如下：通过电极片将外加交流电压引到 PTC 热敏电阻发热体上，电压加上后，由于 PTC 材料刚开始有一段负温度特性区，如图 5－20 所示，它的电阻值在这段随温度升高而下降，于是 PTC 上会出现一个大的冲击电流，PTC 在短的时间内将承受这一大的冲击功率，导致发热体的温度迅速由室温升至 300℃以上，过居里温度 T_C 后，电阻值 R 急剧上升，使通过发热体的电流急剧下降；当电流降到某一值后，PTC 发热体与烙铁头系统达到热平衡，整个电烙铁不同部位的温度趋于恒定，这时进入自动恒温阶段。熔锡时，因耗去一些热量，烙铁头温度有所下降，PTC 发热体的电阻会相应变小，使通过的电流加大，起到了自动加大发热功率进行补偿的作用。

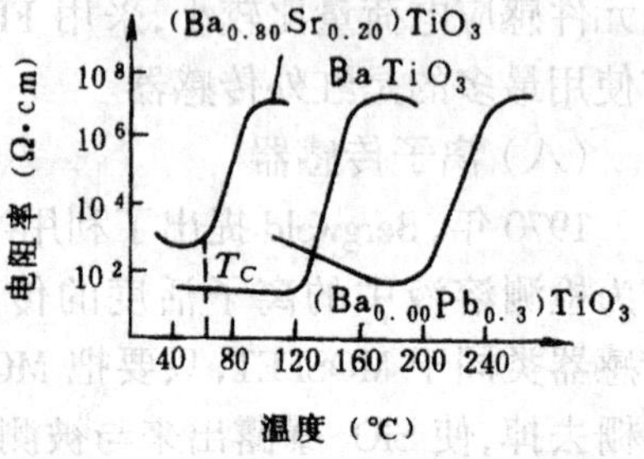

图 5－20 PTC 热敏电阻 $R-T$ 特性

第二节 机械量检测传感器

机电一体化产品中经常碰到的机械量检测传感器，包括位移、转角、速度、加速度、角加速度、力、压力、转矩、荷重等。

一、位置检测传感器

最简单也是应用最广泛的是位置传感器，一般有位置传感器与坐标传感器之分。位置传感器一般使用通/断型的最多，其检测精度可从以 mm 为单位的低精度到以 μm 为单位的高精度，而检测方式有接触式与非接触式两种。接触式如限位开关和接触开关，而非接触式如接近开关和光电开关等。

（一）接触式传感器

图 5－21 为日本产接触传感器原理结构图。当触头碰到待测物体时，传感器的内部接点由“开”转为“关”。表 5－4 给出部分技术参数。

接触式传感器简单来说就是高精度开关，可以测量出微小位移量。如图 5－22 所示，当物体达到极限位置时，接点导通或断开。该传感器的特点为小型化，而且价格低；缺点是由于接触开关故障率高，容易产生噪声干扰，如图 5－23 所示。

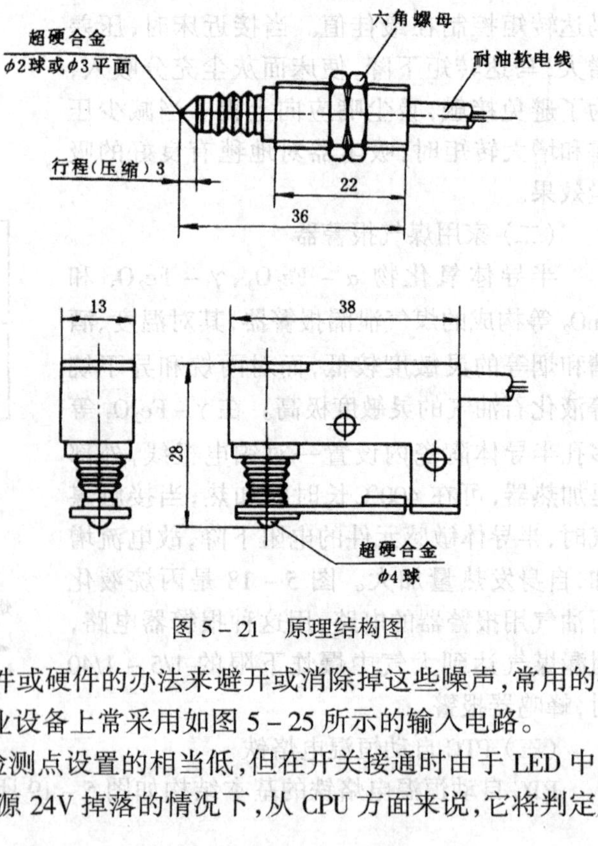

图 5－21 原理结构图

因为出现噪声，微机无法辨认信号的真伪，出错可能性很大，所以，要采取软件或硬件的办法来避开或消除掉这些噪声，常用的硬件措施如图 5－24 所示。除此之外，在工业设备上常采用如图 5－25 所示的输入电路。

图 5－25 所示的电路可以使通/断的检测点设置的相当低，但在开关接通时由于 LED 中电流失落。所以，当机器发生故障时 LED 电源 24V 掉落的情况下，从 CPU 方面来说，它将判定所

表 5-4

行　程 (mm)	精　度 (μm)	电　缆 (m)	电源电压 (VAC)	接　触　力 (N)
3	0.5～1.5	3	100	0.3～1

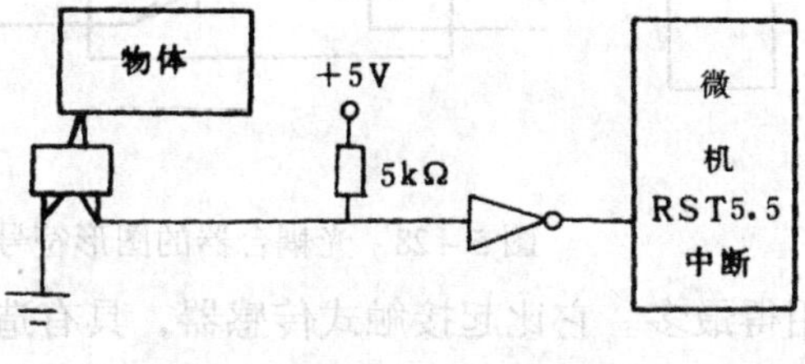

图 5-22　接触式开关

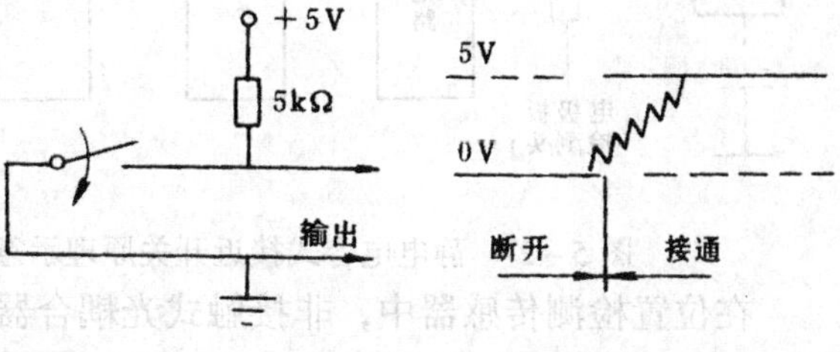

图 5-23　接触过程中产生的噪声示意图

有开关皆处于接通状态。在发生空输入时，需要使用软件来监测它，或者用其它电路来监测24V电源电压的掉落。

（二）非接触式传感器

1. 高频振荡式接近开关　高频振荡式在检测部分有检测线圈，检测对象为金属体。当开关接近金属体时，检测线圈的电感量发生变化，使振荡回路停振，检测出这一停振变化，产生输出信号，其原理如图5-26所示。

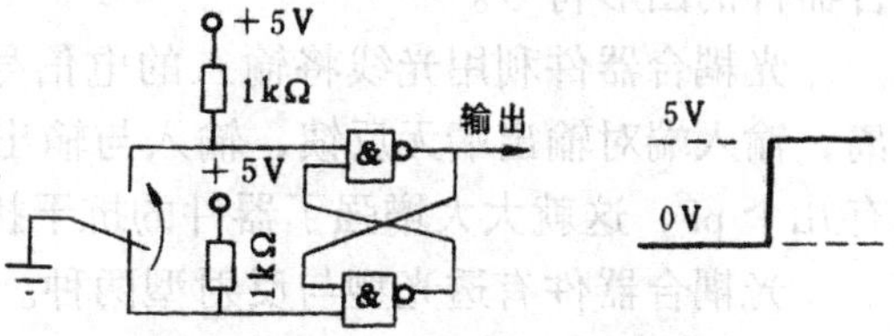

图 5-24　消除噪声的硬件措施

2. 静电电容式接近开关　静电电容式接近开关在检测部分采用导体电极，当电极与被测物一接近，检测部分的导体电极与被测对象之间产生静电电容变化。利用这一现象制成电容式接近开关，检测出这一电容量的变化，产生输出信号。因此，被检测的对象可以是金属、塑料、纸、陶瓷、玻璃、水、油、溶液、木材等。图5-27所示电路为静电电容式接近开关原理图。

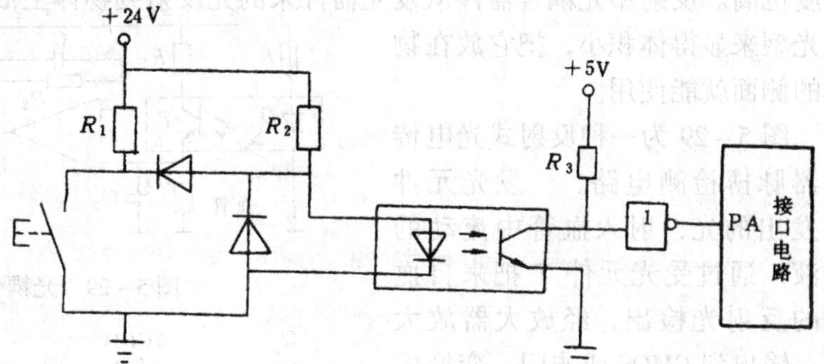

图 5-25　输入电路

3. 光电传感器　光电传感器是目前产量最多应用最广的传感器之一，

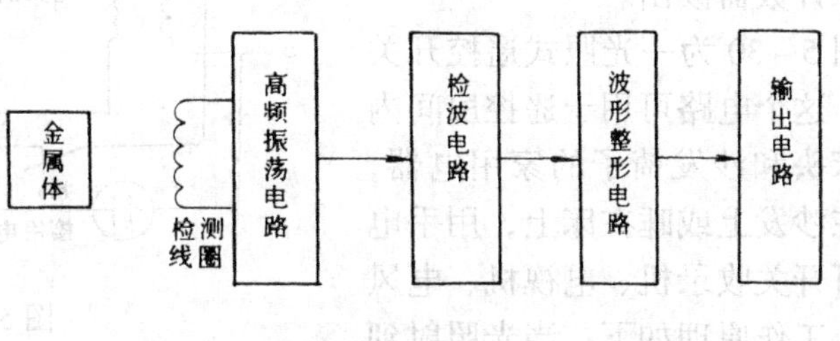

图 5-26　高频振荡式接近开关原理示意图

它包括光敏二极管、光敏三极管、半导体色敏器件、太阳电池、电荷耦合器件、光控晶闸管、光耦合器件等。

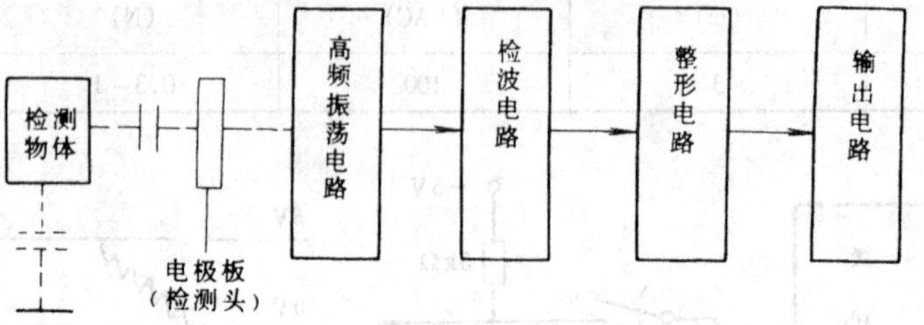

图 5－27　静电电容式接近开关原理示意图

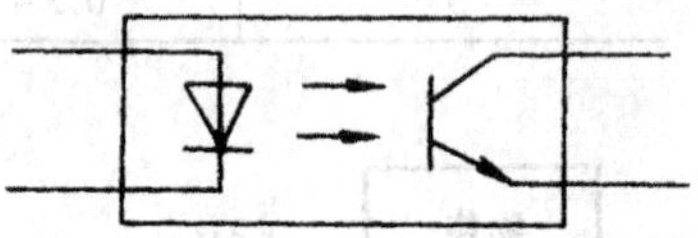

图 5－28　光耦合器的图形符号

在位置检测传感器中，非接触式光耦合器件用得最多。它比起接触式传感器，具有造型轻巧、价格便宜、而且不怕污染等优点。光耦合器件是一种光电结合的器件。硅光敏三极管为受光部分，砷化镓发光二极管为发光部分构成光耦合器件。工作时，把电信号加到输入端，使发光器件发光，而受光器件管芯在此光辐射的作用下输出光电流，从而实现电－光－电两次转换，通过光进行了输入端和输出端之间的耦合。图 5－28 所示是光电三极管型光耦合器件的图形符号。

光耦合器件利用光线将输入的电信号耦合到输出端，所以输入与输出之间实现了电隔离，输入端对输出端无反馈，输入与输出之间有 $10^{11}\sim10^{12}\,\Omega$ 的高绝缘电阻，其分布电容只有几个 pF，这就大大增强了器件的抗干扰能力和隔离性能。

光耦合器件有透光型与反射型两种。在透光型光耦合器件中，发光器件与受光器件面对面安放，在它们之间有一间隔，当物体通过这一间隔时，发射光被切断。利用这一现象可以检测出物体的有无。采用这种方式的耦合器件后边连接的接口电路设计比较简单，检测位置精度也高。反射型光耦合器件从发光器件来的光反射到物体上面由受光器件来检测出，比起透光型来显得体积小，把它放在物体的侧面就能使用。

图 5－29 为一种反射式光电传感器脉搏检测电路。发光元件 *D* 发出的光，射入血管中流动的血液，通过受光元件 *T* 把来自血液的反射光检出，经放大器放大后，输出到 CMOS 或非门，变换成一定的脉冲波，此脉冲数据由模拟或数字计数器读出。

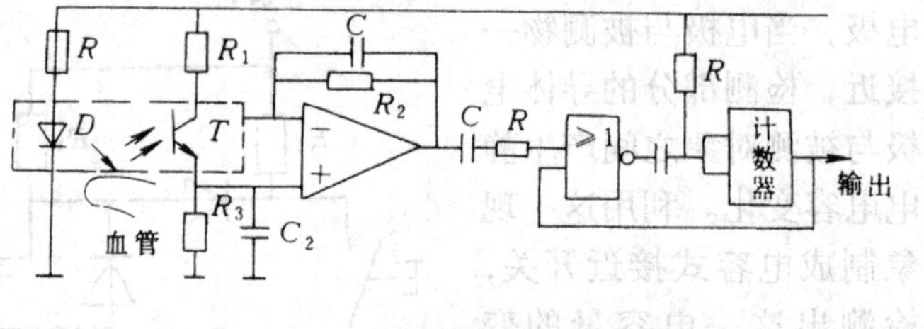

图 5－29　光耦合器检测脉博电路

图 5－30 为一光照式遥控开关电路。这个电路可用于遥控房间内远离床头和沙发椅子的家用电器，如坐在沙发上或睡在床上，用手电筒即可开关收录机、电视机、电风扇等。工作原理如下：当光照射到

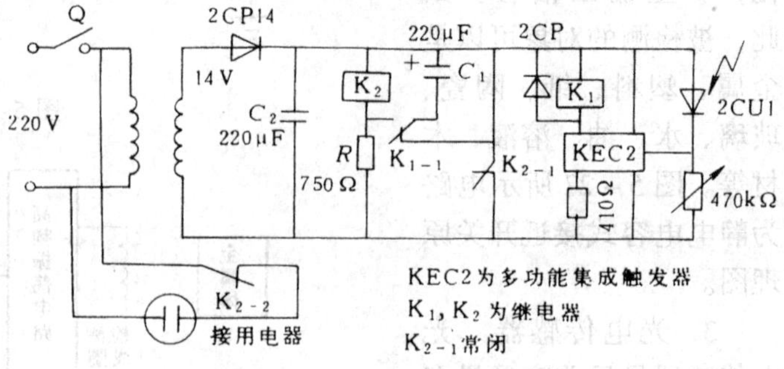

图 5－30　光照式遥控开关

光敏二极管 $2CU_1$ 上时，KEC－2 饱和，继电器 K_1 动作，常开触点 K_{1-1}吸合，电容器 C_1 并接在继电器 K_2 上，电容器 C_1 储存的电能经 K_2 放大，使 K_2 获得电流动作，此时接用电器的常闭触点 K_{2-2}断路，使电器停止工作，触点 K_{2-1}动作。光照停止，K_{1-1}释放，C_1 上的电能经 K_{1-1}、K_{2-1}短路放电。继电器 K_2 由 R 提供电流保持吸合。在第二次光照时，继电器 K_1 重新动作，K_{1-1}吸合，电容 C_1 又并接到 K_2 上。这时，因已放电终了的电容器的瞬时充电，使继电器 K_2 短路而失去电流，K_2 动作，触点 K_{2-2}重新闭合，使接用电器工作，达到遥控目的。

二、位移与角度检测传感器

（一）电位差计

检测直线位移或回转位移使用较多的是电位差计。在直线型中，行程可从 1cm 到 25cm 左右。在回转型中有一转与多转之别，多转型精度容易做得很高。

电位差计电气特性可由可变电阻来表征，如图 5－31 所示。该电位差计除特殊场合外，在 A、B 两点间加恒定不变的电压，从 C 点来观测电压值。在这里，电阻设为 R，A、B 两点间的电压为 V_{AB}，C 点的输出电压若取作 V_0 的话，相对于电位差计的回转角的电阻值为：

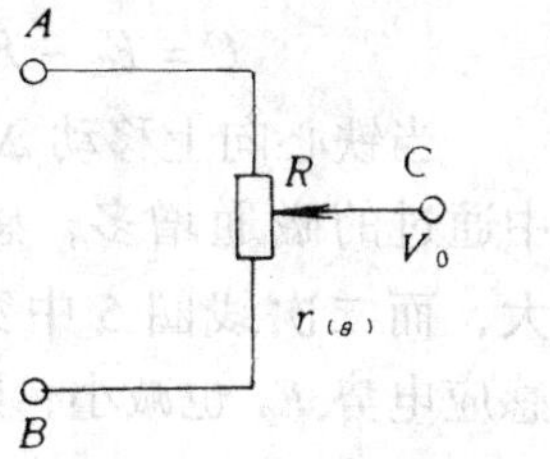

图 5－31　电位差计原理示意图

$$r_{(\theta)} = K\theta$$

式中 K 为常数。若电阻值在变更时，其

$$r_{(\theta)} = K\theta$$

$$V_0 = \frac{K\theta}{R}V_{AB}$$

电位差计常用在伺服系统中，通过 A/D 转换器把模拟量电压转换成数字量后，在 CPU 内进行比较处理。

图 5－32 为 YHD 型电阻式位移传感器的结构，测量轴 1 和被测机构相接触。当机构移动时，测量轴沿导轨移动，使电刷在滑线电阻上的位置变化，电桥有一个输出。当机构反向移动时，电刷在弹簧的作用下反向移动。在测量正负位移时，必须预先使电刷处于中间位置，弹簧有一个预张力，便于测量轴来回移动。

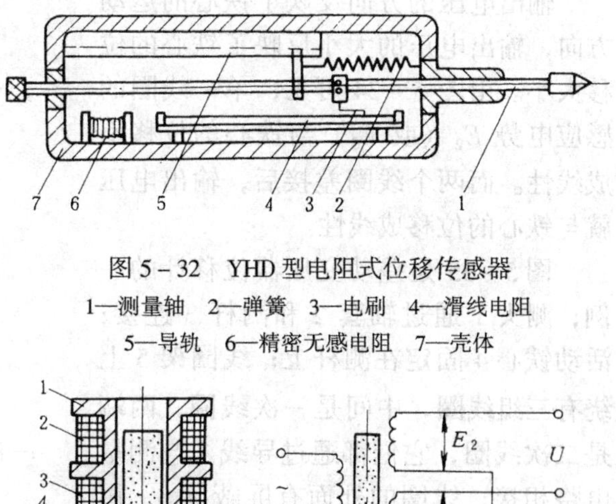

图 5－32　YHD 型电阻式位移传感器

1—测量轴　2—弹簧　3—电刷　4—滑线电阻　5—导轨　6—精密无感电阻　7—壳体

（二）差动变压器

差动变压器是利用线圈的互感作用将位移转换成感应电势的变化。它实际上是一个具有可动铁心和两个二次线圈的变压器，两线圈接成差动形式，见图 5－33。一次线圈 3 通以一定频率的交流电后，两个二次线圈 2 和 5 由于互感作用分别产生感应电势 E_2

图 5－33　差动变压器位移计原理

1—线圈架　2、5—二次线圈　3——次线圈　4—铁心　6—测杆

和 E_3。又因接成差动形式，即两个感应电势反向串联，故输出电压为

$$U = E_2 - E_3$$

在两个二次线圈完全相同的情况下，当铁心处于中间位置时，两个二次线圈通过的磁力线相等，因而感应电势 $E_2 = E_3$，则输出电压

$$U = E_2 - E_3 = 0$$

当铁心向上移动 Δs 时，二次线圈 2 中通过的磁通增多，感应电势 E_2 也增大，而二次线圈 5 中穿过的磁通减少，感应电势 E_3 也减小，则输出电压

$$U = E_2 - E_3 > 0$$

当铁心向下移动 Δs 时，与上述情况恰好相反，则输出电压

$$U = E_2 - E_3 < 0$$

输出电压的方向反映了铁心的运动方向，输出电压的大小反映了铁心的位移大小。由图 5-34 可见，单一线圈的感应电势 E_2（或 E_3）与铁心的位移不成线性。而两个线圈差接后，输出电压就与铁心的位移成线性。

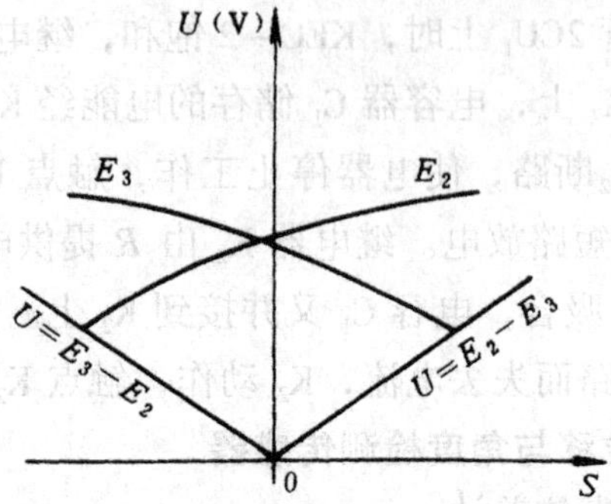

图 5-34　差动变压器位移计的特性曲线

图 5-35 是差动变压器位移计的一例；测头 1 通过轴套 2 和测杆 3 连接；活动铁心 4 固定在测杆上；线圈架 5 上绕有三组线圈，中间是一次线圈，两端是二次线圈，它们都通过导线 7 与测量电路相接；线圈的外面有屏蔽筒 8，用以增加灵敏度和防止外磁场的干扰；测杆用圆片弹簧 9 作为导轨，以弹簧 6 获得恢复力；为了防止灰尘侵入测杆，装有防尘罩 10。

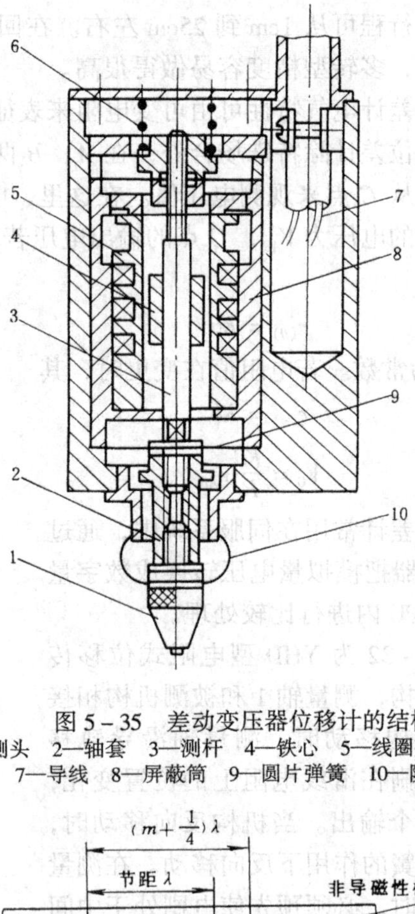

图 5-35　差动变压器位移计的结构

1—测头　2—轴套　3—测杆　4—铁心　5—线圈架　6—弹簧　7—导线　8—屏蔽筒　9—圆片弹簧　10—防尘罩

（三）磁尺

磁尺是采用录磁的方法，在一根基体表面涂有磁性膜的尺子上，记录下一定波长的 N、S 极的磁化信号，以此作为基准刻度标尺。检测时用拾磁磁头将记录在磁性标尺上的磁信号读出来，再

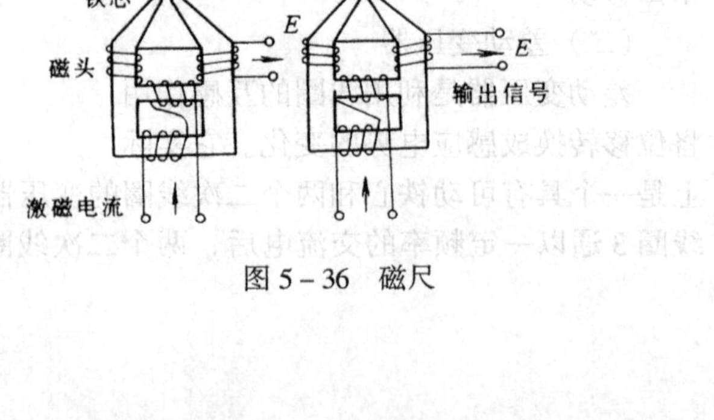

图 5-36　磁尺

转变为电信号。其原理与放磁带录音相似。不过磁尺在读取信号时，磁尺与磁头的相对移动速度是不同的，在低速运动甚至静止时，也必须能够读出信号来，为此采用了磁调制式磁头。如图 5－36 所示。

磁调制式磁头的饱和铁心上有两个线圈匝数不等、磁通方向相反的励磁绕组及两个串联的拾磁（输出）绕组。在通以适当强度的频率为 5kHz 或 25kHz 的励磁电流后，铁心产生周期性正反方向饱和磁通，通过铁心对磁尺上的信号磁通进行调制，在拾磁绕组中将产生具有饱和磁通二次谐波频率的感应电势 E。

但是单个磁头输出信号小、抗干扰性差。实际使用时，将几十个磁头以一定方式联接起来，组成多间隙磁头。为了辨别磁头在磁性标尺上的移动方向，同时为了满足相位测量的要求，通常采用间距为$\left(m+\frac{1}{4}\right)\lambda$的两组磁头。两组磁头输出的载频相位差为 90°。

磁头同感应同步器一样，其检测电路分为振幅检测和相位检测。目前通常使用于机械位移的测量。

（四）光栅位移检测装置

1．光栅检测工作原理　为了叙述简单方便起见，下面仅以常用的透射直线光栅为例。

光栅位置检测装置由光源、长光、短光栅、光电元件等组成。如图 5－37 所示，即为光栅的工作原理图。长光栅 G_1 固定在机床固定部件上，长度相当于工作台移动的全行程，又称为标尺光栅。短光栅 G_2 装在机床的活动部件上，称为指示光栅。标尺光栅和指示光栅都是由窄矩形不透明的线纹和与其等宽的透明间隔所组成的。

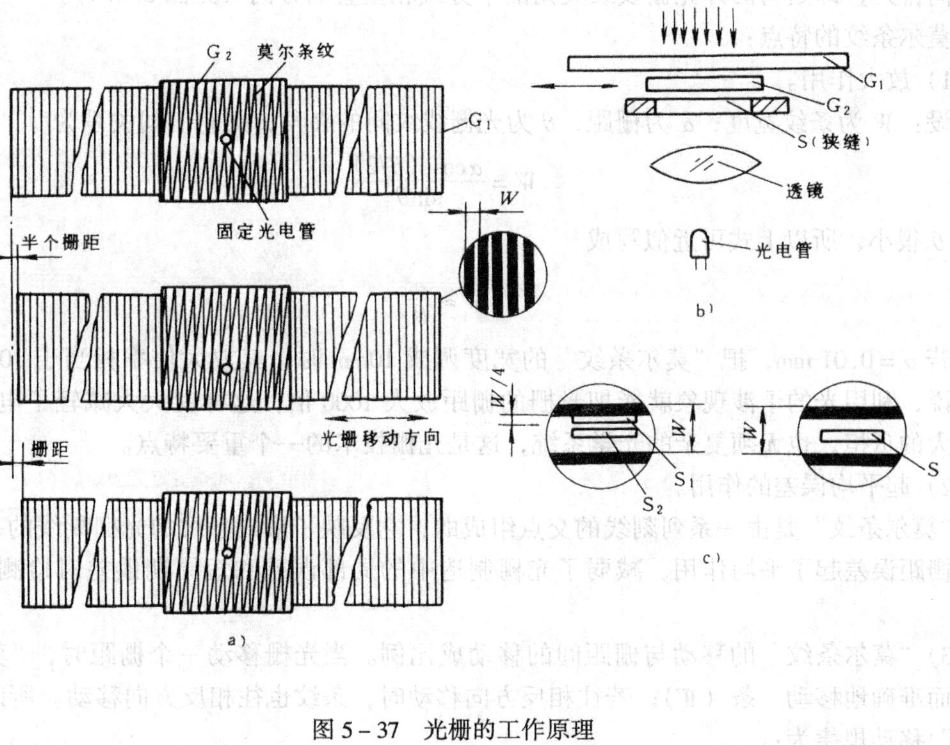

图 5－37　光栅的工作原理

当指示光栅沿着与线纹相垂直的方向移动时，光源通过标尺光栅和指示光栅再由物镜聚焦射到光电元件上。当指示光栅的线纹与标尺光栅的透明间隔完全重合时，光电元件接受到光最少，理论上等于零；当指示光栅的线纹部分与标尺光栅的线纹部分完全重迭时，光电元件接受的光最多，因此当指示光栅与标尺光栅相对连续运动时，光电元件所感应出来的光电流变化也是连续的，而且近似于正弦波形。如图 5－38 所示。

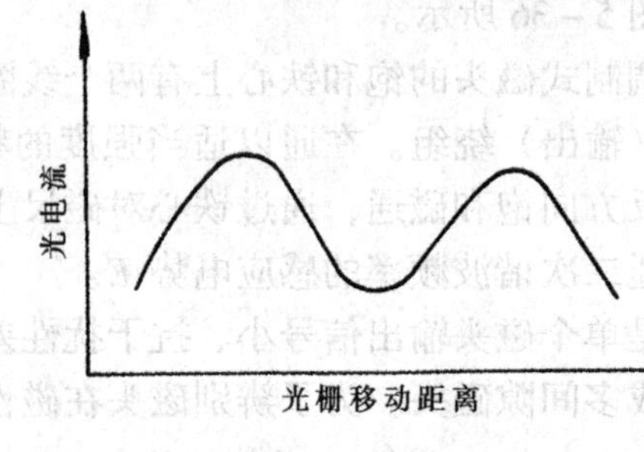

图 5－38　光电流波形

光电元件输出光电流的变化周期与光栅常数（线纹宽度加间隔宽度，通常称为栅距）成比例，当指示光栅移动一个栅距，光电元件感应出来的光电流就变化一个周期，再通过一定的电子线路就可以显示出其位移量。但在实际使用中需辨别运动方向，只有上述交变信号是无法辨别方向的。

当指示光栅的线纹与标尺光栅的线纹保持一定间隙、重迭在一起，并在其自身平面内转一很小角度时，两块光栅之间的线纹就会相交，这些交点组成了一条条平行的黑色条纹，该条纹即为“莫尔条纹”。莫尔条纹沿着几乎与光栅线纹垂直的方向排列，即是与两片光栅线纹夹角的平分线相垂直的方向（见图 5－39）。

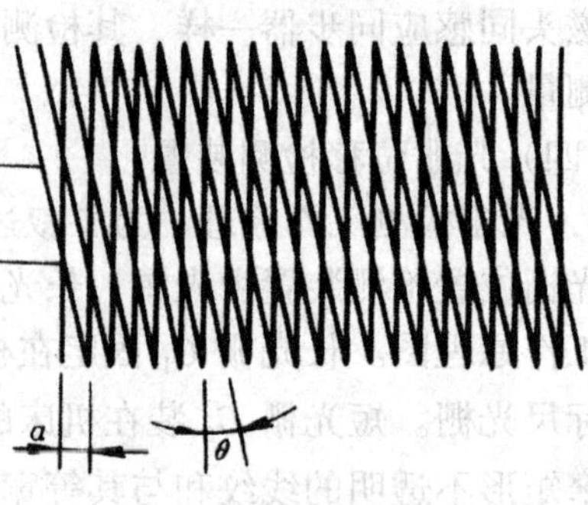

图 5－39　莫尔条纹示意图

莫尔条纹的特点：

1）放大作用。

设：W 为条纹宽度；α 为栅距；θ 为光栅线纹间的夹角，则它们间关系为

$$W=\frac{\alpha\cos\ (\theta/2)}{\sin\theta}$$

由于 θ 很小，所以上式可近似写成

$$W\approx\frac{\alpha}{\theta}$$

若 $\alpha=0.01$ mm，把“莫尔条纹”的宽度调成 10mm 时，其放大倍率相当于 1000 倍，这就是说，利用光的干涉现象就能把光栅的栅距放大 1000 倍，这样就大大减轻了电子线路方面放大的负担，也无须复杂的光学系统，这是光栅技术的一个重要特点。

2）起平均误差的作用。

“莫尔条纹”是由一系列刻线的交点组成的，它反映了形成条纹的光栅刻线的平均位置，对各栅距误差起了平均作用，减弱了光栅制造中的局部误差和短周期误差对检测精度的影响。

3）“莫尔条纹”的移动与栅距间的移动成比例。当光栅移动一个栅距时，“莫尔条纹”相应而准确地移动一条（W）；若往相反方向移动时，条纹也往相反方向移动。所以，“莫尔条纹”移动规律为：

若标尺光栅不动，而将指示光栅按顺时针方向转一个很小的角度（设该角度为 $-\theta$）后，并使指示光栅向右移动，则“莫尔条纹”向下移动；反之，当指示光栅向左移动时，则条纹向上移动，如图 5－37a 所示；如果将指示光栅按逆时针方向转一角度（$+\theta$），当指示光栅向右移动时（如图 5－39 所示），则条纹向上移动；当指示光栅向左移动时，则条纹向下移动。

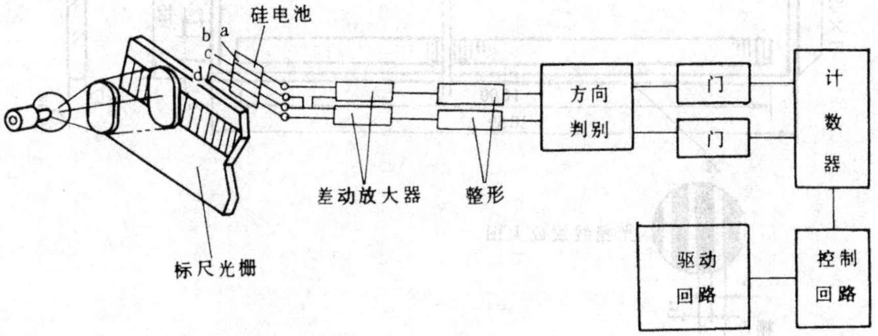

图 5－40　光学系统方框图

如上所述，“莫尔条纹”的变化是与栅距相对位移相适应的，但如何将这些光栅信号变为电信号呢？如图 5－40 所示，“莫尔条纹”的明暗信号可用光电元件接受下来；如图中符号 a、b、c、d 是四块光电池，其相应彼此相差 90°，当指示光栅与标尺光栅间产生相对位移时，光电池就感应出光电流，此光电流的变化近似于正弦波。为了提高测量精度，通常把一正弦波分成若干等分，如四等分，即在 0°、90°、180°、270°的四个相位上分别引出一个脉冲，这就是一般所谓的“倍频辨向电路”，此种“四倍频”电路是应用光栅技术的典型情况，在技术上容易实现，而且用途广泛。

2．光栅的分类及特点

（1）光栅的分类　按检测位移性质可分为：

1）直线式光栅。为测量直线位移的光栅。

2）回转式光栅。为测量角度的光栅。

按制造光栅的材料可分为：玻璃光栅和金属光栅。

按光源照射方法可分为：

1）透射光栅。在玻璃的表面上制成透明与不透明间隔相等的线纹。

2）反射光栅。在金属的镜面上制成全反射与漫反射间隔相等的条纹。

（2）光栅的特点

1）玻璃透射光栅　在玻璃表面感光材料涂层上（如超微粒明胶）制成光栅线纹。如图 5－41 所示。

特点：

①　光源可以采用垂直入射光，光电元件能直接接受，因此信号幅值比较大，信噪比好，光电转换器（读数头）的结构简单。

②　同时透射光栅每毫米的线纹数多。一般常用的黑白光栅（即栅线与线隙是黑白相间的）做到每毫米 100 条线纹并不困难。这样，由光栅本身就已细分到 0.01 mm 值，从而可以减轻电子线路的负担。如每毫米 100 线光栅，通过电子线路的十倍频，则其最小读数值为

1μm。

③ 长度不能做的太长，目前达到2m左右。

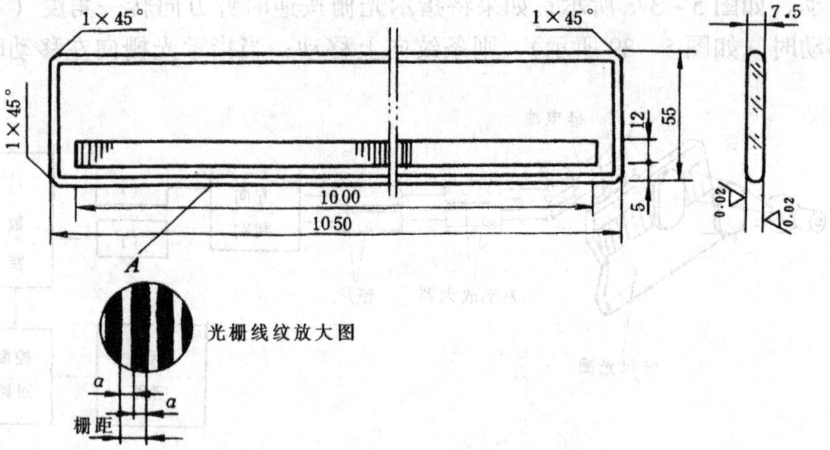

图5－41 透射光栅

2）金属反射光栅 如图5－42所示。在钢尺或不锈钢带的镜面上用照相腐蚀工艺制造光栅；也有用钻石刀在镜面上直接刻制。

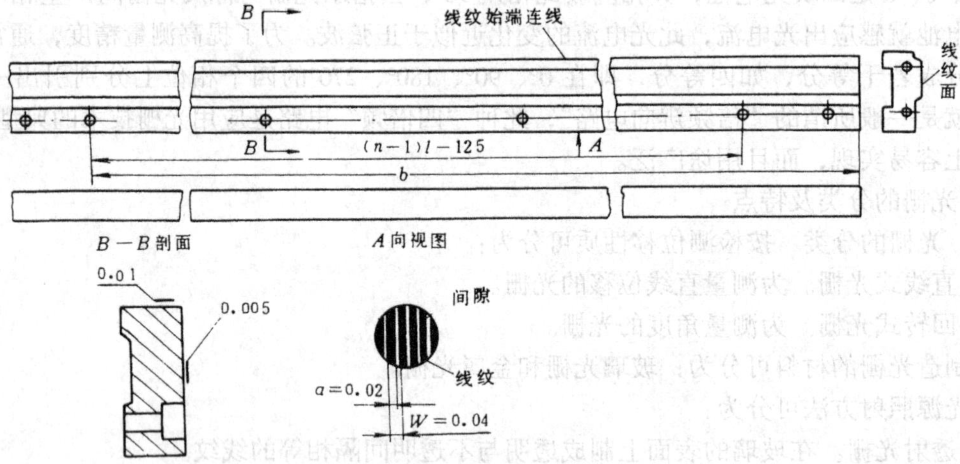

图5－42 反射光栅

特点：

① 线膨胀系数很容易做到与机床用的普通钢材或铸铁一致。

② 容易接长，甚至可用钢带制成整根的长光栅，不易碰碎。

③ 标尺光栅安装在机床上需要的面积小。

④ 标尺光栅的安装、调整比较方便，可以直接用螺钉或压板固定在机床床身上。

⑤ 目前常用的反射光栅每毫米线纹数为：4、10、25、40、50线。

3）回转光栅（俗称圆光栅） 在玻璃圆盘的外环端面上，制成黑白相间的条纹，线纹呈辐射状，相互间的夹角相等。根据不同的使用要求，在圆周内的线纹数也不相同，一般有三种形式：

① 60 进制，如 10800、21600、32400、64800 等。

② 10 进制，如 1000、2500、5000 线等；

③ 2 进制，如 512、1024、2048 线等；

3．计量光栅的精度　光栅检测系统的精度主要取决于光栅尺本身的制造精度，即计量光栅任意两点间的误差，即累计误差。由于使用了莫尔条纹技术，所以相邻误差得以适当的修正，但对累积误差修正效果不十分显著。

近年来由于激光技术的发展，光栅的精度也随着提高。目前光栅的精度可达 2～1μm，通过电子线路的细分，可达零点几微米。表 5－5 为各不同类型光型的精度。

表 5－5　不同类型光栅的精度

计量光栅		光栅长度 (mm)	线纹数	精度①
直线式	玻璃透射光栅	500	100/mm	5μm
	玻璃透射光栅	1000	100/mm	10μm
	玻璃透射光栅	1100	100/mm	10μm
	玻璃透射光栅	1100	100/mm	超静型 3～5μm
	玻璃透射光栅	500	100/mm	2～3μm
	金属反射光栅	1220	40/mm	13μm
	金属反射光栅	500	25/mm	7μm
	高精度反射光栅	1000	50/mm	7.5μm
	玻璃衍射光栅	300	250/mm	±1.5μm
回转式	玻璃圆光栅	φ270	10800/周	3″

① 指两点间最大均方根误差。

4．光栅读数头　光栅读数头即光电转换器，是光栅与电子系统转换的部件，通常由光源、指示光栅、光电元件等组成。一般情况下是标尺光栅固定不动，读数头与活动部件相固定。读数头的结构形式很多，就光路不同可分为以下几种：

1）分光读数头。主要用于高精度测量仪器中。

2）垂直入射读数头。主要用于每毫米 25～125 条线纹的玻璃透射光栅系统。

3）反射读数头。主要用于每毫米 25～50 条线纹以下的反射光栅系统。

4）镜象读数头。适用于细线纹的透射光栅，也适用于较粗线纹的光栅和反射光栅。

5．光栅尺的安装　为了得到较强反差的莫尔条纹和避免两光栅面的摩擦，指示光栅和标尺光栅之间应保持一定的间隙 d。一种是取较小的间隙，一般取 $d \leqslant (3-5)W$，以不擦伤光栅表面为限；另一种是取大的间隙，将指示光栅放在标尺光栅的第一费涅尔焦平面上，即 $d = W^2/\lambda$（式中 λ 为光电元件最灵敏波长，用白光照明时按光电元件的峰值波长计算）。

对于移动的指示光栅而言，安装时应满足以下要求：

1）由于两光栅间的间隙变化会改变莫尔条纹的光强和反差，两光栅线纹的夹角变化会改变莫尔条纹的间距，这就影响光栅位移检测装置的正常工作。因此，在行程长度内指示光栅和标尺光栅间的间隙必须保持不变或变化极小，这就要求安装标尺光栅的运动件的导轨导向精度高。

2）玻璃制成的标尺光栅在短期应力作用下可看作是弹性体，但在长期应力作用下就表现为塑性。当把这样的光栅在两端或一端支持住时，未支持部分会由于自重而变形。因此，需长期使用的装置，光栅尺应在全长上支承，或合理布置支承位置使由于自重而产生的变形较小。

由于玻璃光栅尺的热膨胀系数不一致，当把最长的光栅尺固定在机械部分上时，由热膨胀的差别而引起光栅尺扭曲变形或损坏。为此必须使标尺光栅不完全固定，留有伸缩的余地。在行程较长的场合，尽量采用金属光栅尺以减少光栅尺与机械部分的热膨胀系数的差值。

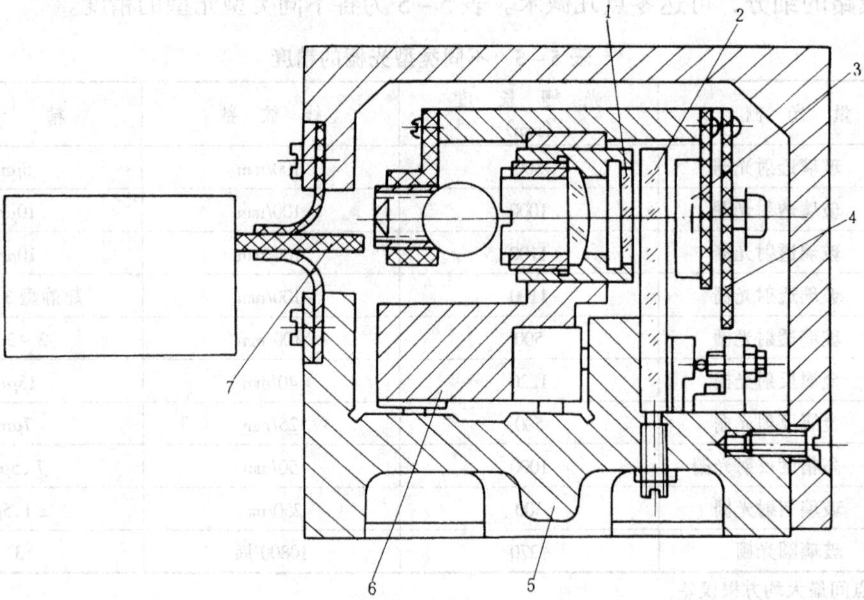

图 5-43　长光栅位移检测装置

1—指示光栅　2—主光栅　3—光电元件　4—线路板　5—底座　6—小车　7—拨叉

6．应用举例

（1）ZCG（A）型长光栅位移检测装置　图 5-43 所示为 ZCG（A）型全密封长光栅位移检测装置。使用时，将拨叉 7 与运动件相联，底座 5 固定在不动的机座（如床身）上。工作时由拨叉带动小车 6 直线位移，从而带动指示光栅 1 移动，使指示光栅 1 与标尺光栅 2（固定在底座上）产生相对位移。莫尔条纹由光电元件 3 接收并转换成电信号经放大线路板 4 后送入数显表进行计数

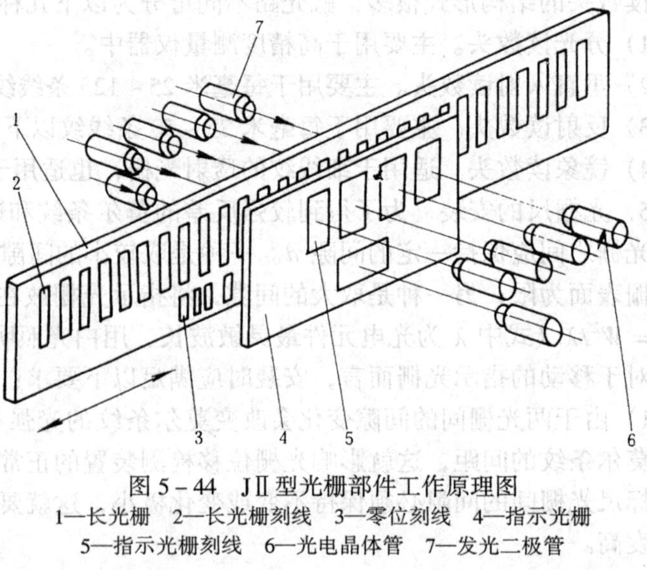

图 5-44　JⅡ型光栅部件工作原理图

1—长光栅　2—长光栅刻线　3—零位刻线　4—指示光栅
5—指示光栅刻线　6—光电晶体管　7—发光二极管

显示。

该装置具有密封性好、工作可靠、维修和安装方便等特点。最大位移速度为 3m/min，定位精度为 ±0.02 mm/1000mm。

(2) JⅡ型光栅部件　JⅡ型光栅部件是北京机床研究所生产的一种新型长度检测元件，它具有精度高、分辨率高、直观读数；测量系统设有零标志，从而具有零位记忆功能，即使电源被切断，通电后也能方便地找到所在位置的信息。

JⅡ型光栅部件工作原理如图 5－44 所示。光栅栅距相等的玻璃长光栅（标尺光栅）和指示光栅刻线面相对且平行，并使两者栅线间保持平行（即夹角为零）。发光二极管射出光束透过两光栅照到光电晶体管上，当指示光栅相对于长光栅尺移动时，光电晶体管的光照强度周期性变化，并把光的明暗变化转变为电信号（正弦波）。这个电信号经前置放大器放大后变为方波信号，通过一根双层屏蔽电缆传送到光栅数显装置，从而直观地读出两光栅的相对位移量。

JⅡ型光栅部件将长光栅、指示光栅、光电接收元件、光源及前置放大器都合为一个整体，用一根电缆与光栅数显表相连，即为一套光栅测量系统。

1）JⅡ型光栅部件有关技术参数：

①　光栅线纹数 50 线/mm、25 线/mm 与有关数显表相配可得到分辨率为 5μm、10μm、1μm 和 2μm。

②　最高允许速度：18m/min（10μm 和 5μm）、12m/min（2μm 和 1μm）。

③　最大允许加速度：60m/s^2。

④　允许冲击载荷：20m/s^2。

⑤　系统精度：±10μm/m（10μm）、±10μm/m 或 ±5μm/m（5μm）。

⑥　输出信号：相同幅值的两个电相角差为 90°的方波或正弦波。

⑦　最大测量长度：总长－100mm。

⑧　工作温度：0°～45℃。

⑨　贮存温度：－3°～＋50℃

⑩　允许相对湿度：20%～80%。

⑪　重量：约0.8kg/m。

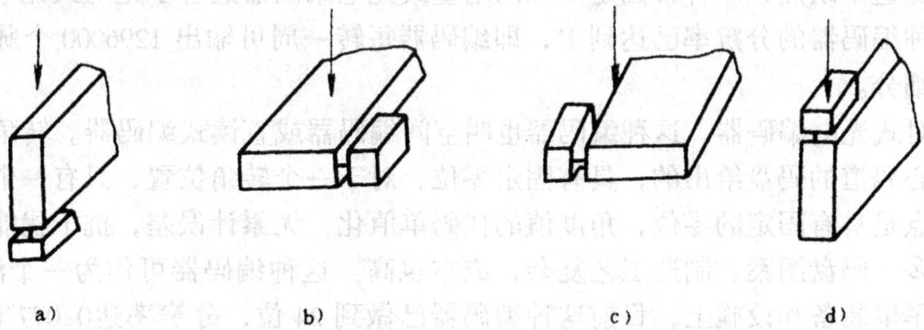

图 5－45　光栅安装方式

2）安装方式　图 5－45 中箭头表示溅水、切屑和磨屑方向，为尽量减少水和屑对光栅尺的影响，建议按图 5－45a、b、c 三种形式安装光栅部件，另外可根据机床的安装空间及需要选择安装方式。尽量避免图5－45d所示安装形式。

JⅡ型光栅部件有两个安装基面，一个是尺体的安装基面，安装在机床的可动部分，另一个是读数头的安装基面，安装在机床不可动部分。反过来，读数头安装在机床可动部分，而尺体安装在机床的不可动部分。安装尺体时，尺体安装基面与机床上相应的安装基面贴合，用螺钉锁住，再用千分表测量尺体与机床导轨运动方向的平行度，通过调整使得平行度在0.10/1000之内锁紧螺钉。

调整安装读数头，使其与尺体安装面平行（平行度0.05mm），且在水平面上（±0.2）。

如需在机床的三个坐标方向安装光栅部件，都应如上述方法逐一安装，使尺体与导轨方向平行度在0.1/1000以内，尤其注意尺体与读数头间的平行。

3）故障处理。使用光栅部件，可能会出现以下故障，采取以下措施可以排除它。

① 不计数

a）检查读数头与尺体间间隙宽度，上下位置是否相对尺体倾斜，若有倾斜，调整一下安装位置。

b）光栅数显出故障。

c）读数头内接线板上引线断了，一路信号丢失，导致不计数。

d）指示光栅脱落，粘合剂失效。可用502胶重新粘上。

② 计数不正确。光栅表面不清洁，清除污物可以用脱脂棉蘸少量酒精乙醚（1:1）混合液轻轻地顺一个方向擦，切勿用汽油洗。

③ 部分区域不计数 检查光栅数显上的零位开关是否仍在位置“1”，应拨回到“0”。

（五）光电编码器

1．光电编码器的分类 编码器为数字式回转位移检测传感器，根据输出信号的特征，常常将光电编码器分为增量式光电编码器和绝对式光电编码器。

（1）增量式光电编码器 输入轴转角分成一系列位置的增量，敏感元件对这些增量响应，每当出现一个单位增量时，敏感元件就向计数器发出一个脉冲，计数器把这些计数脉冲累加起来，并以各种进制的代码形式在输出端给出所需要的输入角度瞬时值的信息。当前，这种光电编码器的用量最大，约占光电编码器总用量的80%。这种光电编码器的最大优点是结构简单、价格低廉。缺点是这种编码器无固定零位，遇到停电等故障所有信息全部丢失。为了避免这个缺点，一种带固定零位的增量式光电编码器兼容了绝对式光电编码器的特点。目前这种编码器的分辨率已达到1″，即编码器每转一周可输出1296000个脉冲，并且无需通过电路细分。

（2）绝对式光电编码器 这种编码器也叫空间编码器或直读式编码器。转角的代码是由一个多圈同心码道的码盘给出的，具有固定零位，对于一个转角位置，只有一个确定的数字代码。其优点是具有固定的零位，角度值的代码单值化，无累计误差，抗干扰能力强。缺点是敏感元件多，码盘图案、制造工艺复杂，成本也高。这种编码器可作为一个测角仪使用，早期多用于军事装备和设施上，目前这种编码器已做到24位，分辨率达0.077″（美国BEI公司）。

（3）正弦波光电编码器 作为A/D转换器的光电编码器，一般输出矩形波脉冲信号。当输出信号要求进一步提高分辨率或需要输出模拟量时，往往要用输出正弦波的光电编码器。为提高细分精度，对这种编码器输出的信号要求有严格的正弦性、等幅性和正交性。

分辨率是光电编码器的一项主要技术指标。增量式光电编码器的分辨率决定于输出的脉冲数，而绝对式光电编码器的分辨率决定于位数即 2^n。

- 光电编码器
  - 增量式
    - 低脉冲　$\leqslant$ 200P/ r
    - 中脉冲　200 ~ 1000P/ r
    - 高脉冲　1000 ~ 6000P/ r
    - 超高脉冲　> 6000P/ r
  - 绝对式
    - 低分辨率　$\leqslant 2^9$
    - 中分辨率　$2^{10} \sim 2^{15}$
    - 高分辨率　$\geqslant 2^{16}$

2．编码器关联设备

（1）联轴节　用以连接转体的轴与光电编码器的轴。联轴节有板式联轴节和波纹管联轴节等。图 5－46～图 5－50 是光电编码器与机械装置连接的几种方法，供设计时参考。

（2）数显表　在 LED 数显表里，BCD 信号、脉冲以及编码器信号均可直接显示。同时采用 CPU 组合、数显表并行输出使用途更为广泛。

（3）BCD 变换器　通过该变换器可把增量式编码器信号变换为 BCD 码信号。

（4）f－V 变换器　该装置可将单位时间输入的脉冲数按比例变换为电压数值，即当需要将编码器的输出脉冲数变换为电压值时使用。

（5）驱动器和接收器　驱动器将编码器信号放大，并被指定的接收器接收。

3．光电编码器的技术参数　以下对长春市第一光学仪器厂生产的 QDB9B 型和 QDB9C 型光电编码器作一介绍。

QDB9B 型和 QDB9C 型光电编码器是一种通用型的绝对式数字测角仪器，依靠光电转换方法将输入的机械量——轴转角转换成相应的数字量。它能够测量旋转角度、旋转速度、直线位移等，并能将所测结果以二进制代码实时输出。其特点为：

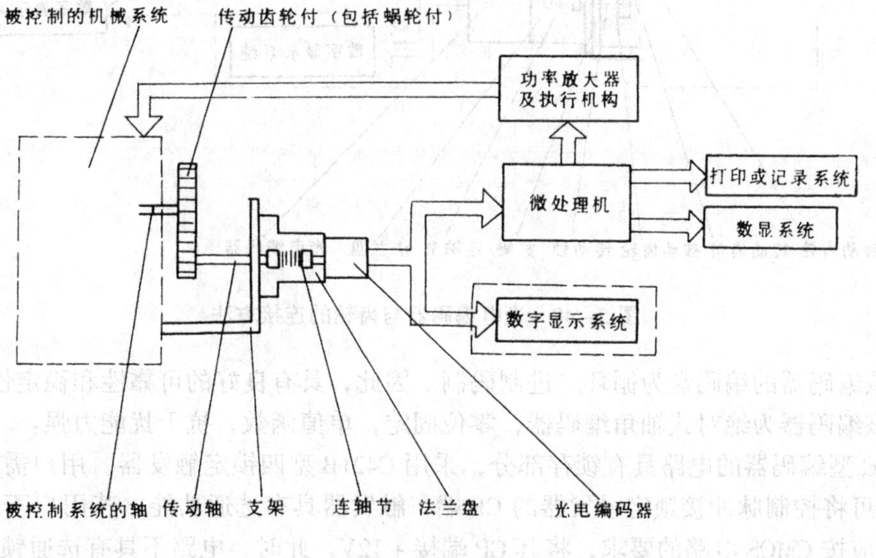

图 5－46　光电编码器与齿轮的连接方法

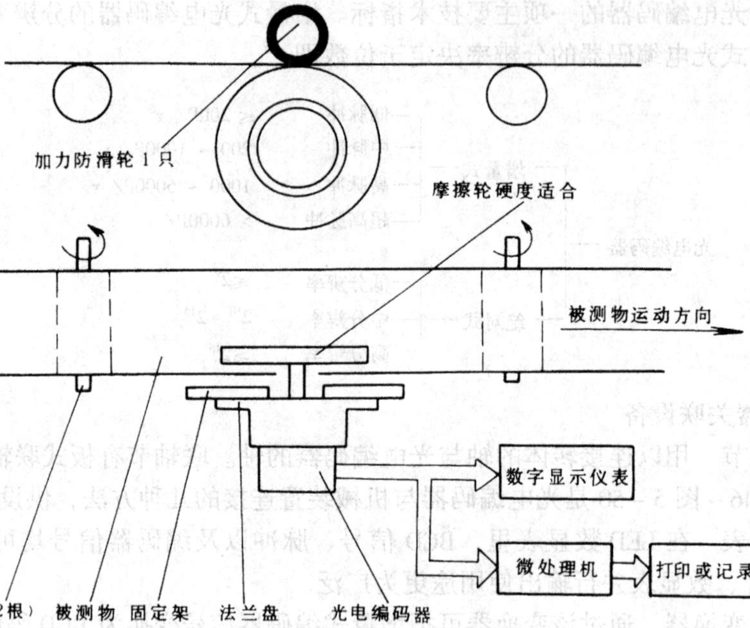

图 5-47 光电编码器与摩擦轮连接方法

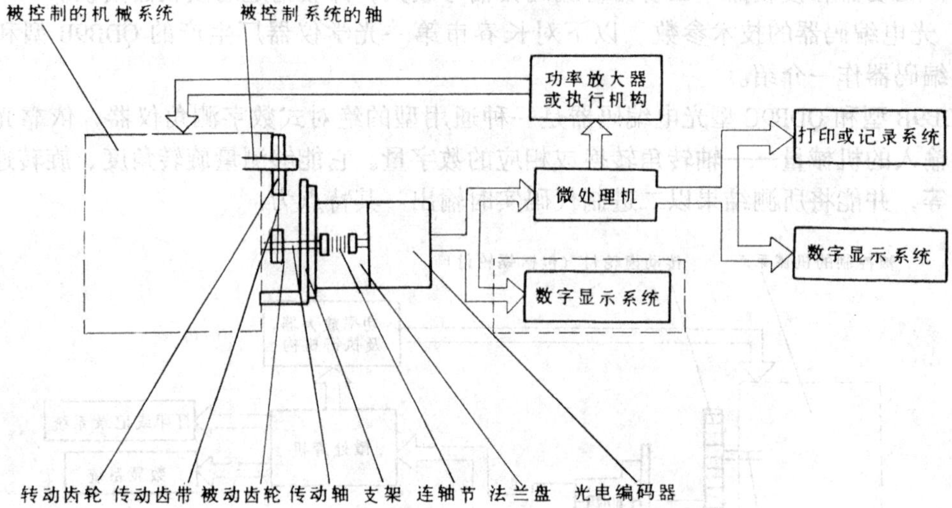

图 5-48 光电编码器与齿轮的连接方法

1）该编码器的编码盘为循环二进制码制。因此，具有良好的可靠性和稳定性。

2）该编码器为绝对式轴角编码器，零位固定，单值函数，抗干扰能力强。

3）9C 型编码器的电路具有锁存部分，采用 C421B 型四锁定触发器。用户需对外加控制脉冲时，可将控制脉冲接锁定触发器的 CP 端，触发器具有选通功能。若用户不需要选通锁存时，则应按 CMOS 电路的要求，将其 CP 端接 + 12V，此时，电路不具有选通锁存功能，信号可直接通过。

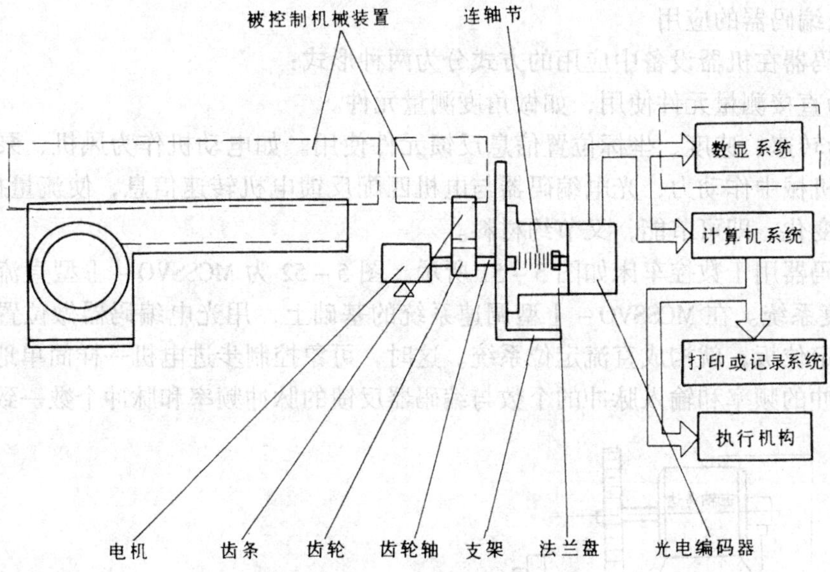

图 5-49 光电编码器与齿条的连接方法

技术参数为：

1）测量范围：0°～360°

2）角分辨率：360°/2^9（=42′11.3″）。

3）测角误差（均方根误差）：±20′。

4）输出信号：

5）最大转数：400r/min。

6）使用温度：-20～+50℃。

7）耐冲击：30G，11ms，3次。

8）耐振动：3G，1倍程/min（10～200Hz）1h。

9）启动力矩：≤2×10^{-3}N·m。

10）外形尺寸：主体尺寸 ϕ110 × 75（mm）
轴头尺寸 ϕ5×15（mm）

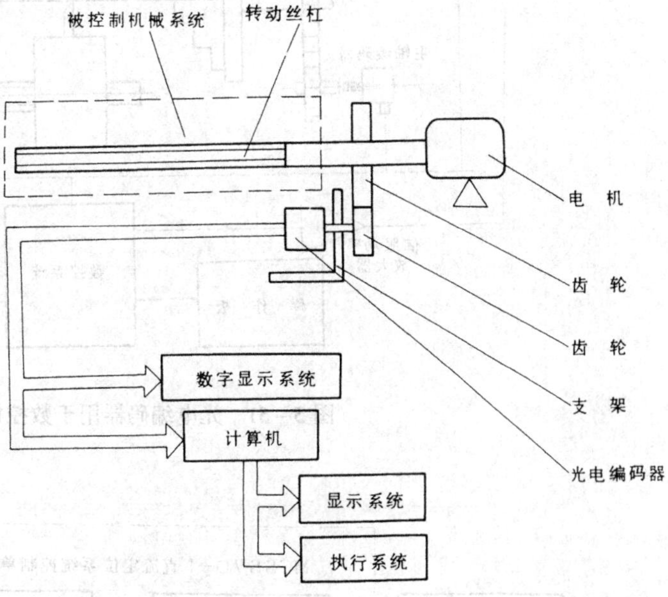

图 5-50 光电编码器与丝杠的连接方法

型　号	电源电压	高电平	低电平	波　形
QDB9B	+5V	≥+4.5V	≤+0.5V	矩形波
	+12V	≥+10V	≤+0.5V	矩形波
QDB9C	+12V	≥+10V	≤+0.5V	矩形波

4．光电编码器的应用

光电编码器在机器设备中应用的方式分为两种形式：

1）作为直接测量元件使用，如做角度测量元件。

2）作为转速、速度、坐标位置信息反馈元件使用。如电动机作为风机、泵等的动力或在无级调速机械中作动力，光电编码器与电机匹配反馈电机转速信息，使流量按需要供给，转速按需要变化，即可节能，又节约材料。

光电编码器用于数控车床如图 5－51 所示。图 5－52 为 MCSSVO－Ⅰ型直流定位系统和 SKJ 数控角度系统。在 MCSSVO－Ⅰ型调速系统的基础上，用光电编码器做位置反馈，在控制单元上加定位板，就构成直流定位系统。这时，可象控制步进电机一样简单地控制直流电机。命令脉冲的频率和输入脉冲的个数与编码器反馈的脉冲频率和脉冲个数一致，由命令脉

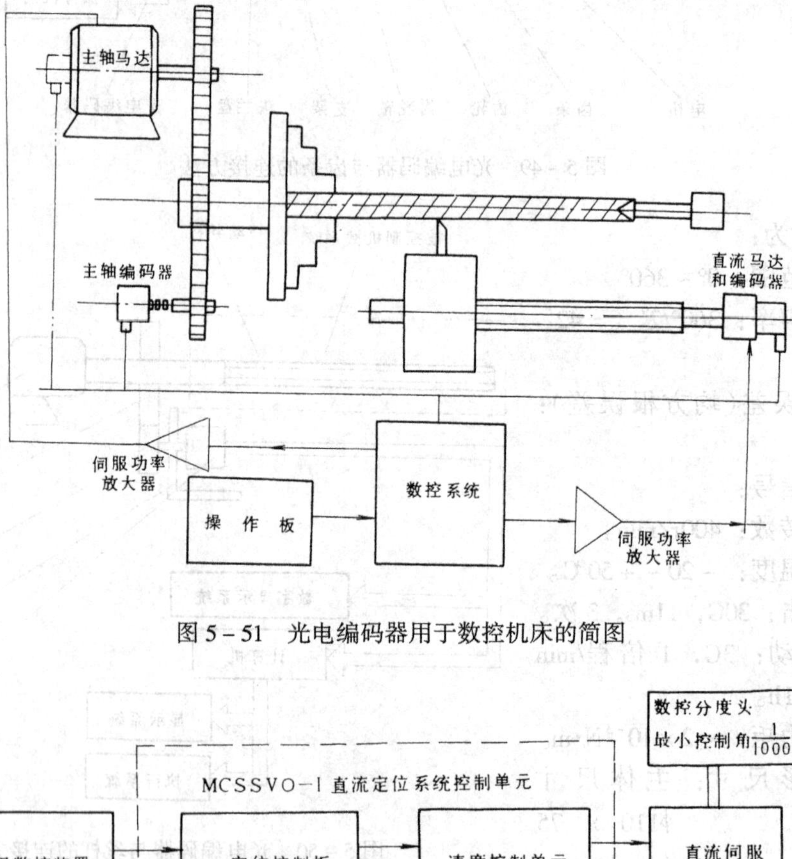

图 5－51　光电编码器用于数控机床的简图

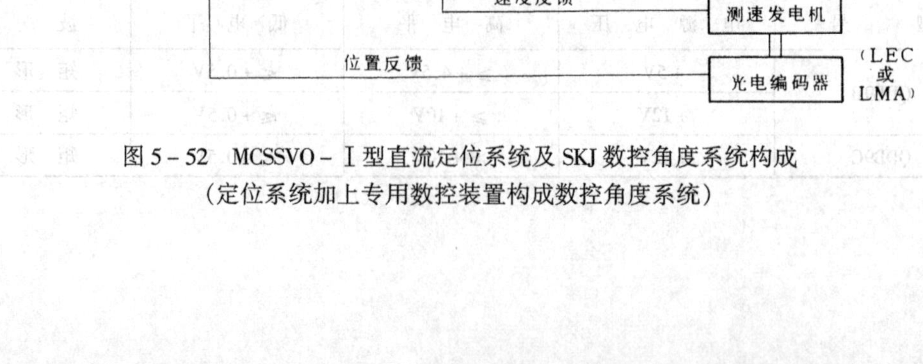

图 5－52　MCSSVO－Ⅰ型直流定位系统及 SKJ 数控角度系统构成
（定位系统加上专用数控装置构成数控角度系统）

冲的频率和个数算出电机的转角和转速。把定位系统的输入端接到专用控制装置，就可构成SKJ数控角度系统，可控制数控分度头。

（六）感应同步器

感应同步器是一种检测机械角位移或者直线位移的精密传感器。在伺服系统中，它提供被测部件偏移基准点的角度和位置的测量电信号。由于它成本低，受周围环境温度影响小，所以在位移检测中得到广泛应用。感应同步器按其运动方式的不同分为直线式和旋转式两种。前者用于长度测量，后者用于角度测量。

感应同步器的结构及其工作原理。直线式感应同步器由定尺和滑尺两部分组成，如图5-53所示。其制造工艺是先在基板（玻璃或金属）上涂上一层绝缘粘合材料，将铜泊粘牢，用制造印刷线路板的腐蚀方法制成节距一般为2mm的方齿形线圈。定尺绕组是连续的。滑尺上分布着两个励磁绕组，分别称为正弦绕组（S绕组）和余弦绕组（C绕组），它们在空间位置上相差1/4节距。滑尺和定尺相对平行安装，其间保持一定间隙(0.05~0.2mm)。

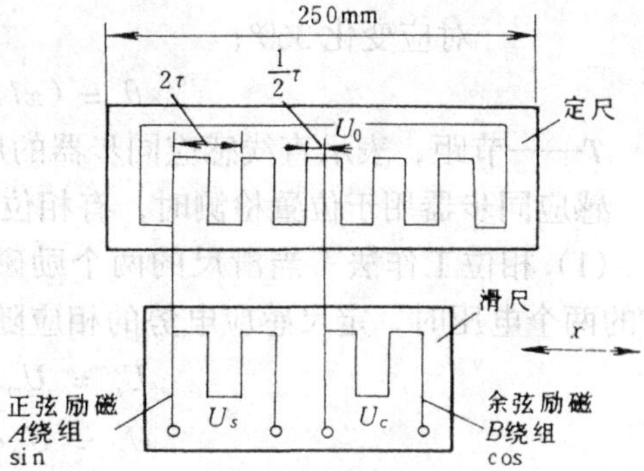

图5-53　感应同步器结构示意图

在滑尺的正弦绕组中，施加频率为f（一般为2~10kHz）的交变电流时，定尺绕组感应出频率为f的感应电势。感应电势的大小与滑尺和定尺的相对位置有关。当两绕组同向对齐时，滑尺绕组磁通全部交链于定尺绕组，所以其感应电势为正向最大。移动1/4节距后，两绕组磁通不交链，即交链磁通量为零；再移动1/4节距后，两绕组反向时，感应电势负向最大。依次类推，每移动一节距，周期性的重复变化一次，其感应电势随位置按余弦规律变化，见图5-54a。

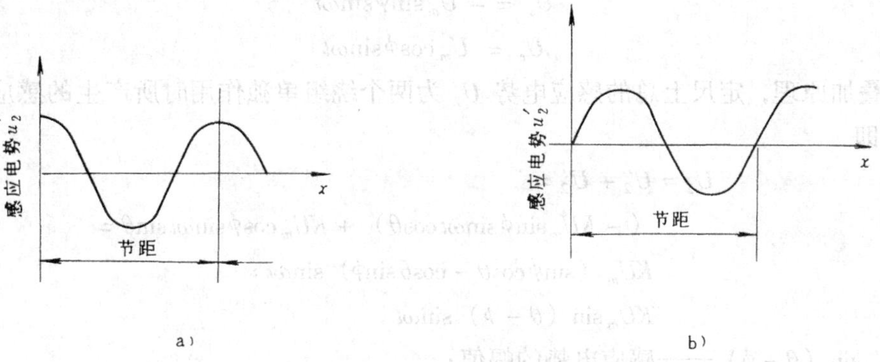

图5-54　定尺感应电势波形图

同样，若在滑尺的余弦绕组中，施加频率为f的交变电流时，定尺绕组上也感应出频率为f的感应电势。其感应电势随位置按正弦规律变化（见图5-54b）。设正弦绕组供电电压为u_s，余弦绕组供电电压U_c，移动距离为x，节距为T，则正弦绕组单独供电时，在定尺上感应电势为

$$U'_2 = KU_s \cos \frac{x}{T} 360° = KU_s \cos\theta$$

余弦绕组单独供电所产生的感应电势为

$$U''_2 = KU_c \sin \frac{x}{T} 360° = KU_c \sin\theta$$

由于感应同步器的磁路系统可视为线性，可进行线性叠加，所以定尺上总的感应电势为

$$U_2 = U'_2 + U''_2 = KU_s \cos\theta + KU_c \sin\theta$$

式中　K——定尺与滑尺之间的耦合系数。

θ——定尺与滑尺相对位移的角度表示量（电角度），表示每相位移一个节距电度角对应变化 360°；

$$\theta = (x/T)360° = (2\pi x)/T$$

T——节距，表示直线感应同步器的周期，标准式直线感应同步器的节距为 2mm。

感应同步器用于位置检测时，有相位和幅值两种工作法。

（1）相位工作法　当滑尺的两个励磁绕组分别施加相同频率和相同幅值、但相位相差 90°的两个电压时，定尺感应电势的相应随滑尺位置而变。设

$$U_s = U_m \sin\omega t$$

$$U_c = U_m \cos\omega t$$

则

$$U_2 = U'_2 + U''_2 = KU_m \sin\omega t \cos\theta + KU_m \cos\omega t \sin\theta = KU_m \sin(\omega t + \theta)$$

根据感应电势的相位，就可以测定滑尺的位置。

（2）幅值工作法　这种工作法在感应同步器滑尺 S、C 两绕组上输入同频率同相位、但幅值不等的两个交流电压

$$U_s = -U_m \sin\phi \sin\omega t$$

$$U_c = U_m \cos\phi \sin\omega t$$

根据线性叠加原理，定尺上总的感应电势 U_2 为两个绕组单独作用时所产生的感应电势 U'_2 和 U''_2 之和。即

$$U_2 = U'_2 + U''_2 = (-KU_m \sin\phi \sin\omega t \cos\theta) + KU_m \cos\phi \sin\omega t \sin\theta = KU_m (\sin\phi \cos\theta - \cos\theta \sin\phi) \sin\omega t = KU_m \sin(\theta - \phi) \sin\omega t$$

式中　$KU_m \sin(\theta - \phi)$——感应电势的幅值；

U_m——滑尺励磁电压最大的幅值；

ω——滑尺交流励磁电压的角频率，$\omega = 2\pi f$；

ϕ——函数发生器的输出信号，跟踪 ϕ 的电气角。

由上式知，感应电势 U_2 的幅值随（$\theta - \phi$）作正弦变化，当 $\phi = \theta$ 时，$U_2 = 0$。随着滑尺的移动，θ 逐渐变化，如果相应的改变 ϕ 使 $U_2 = 0$，则 ϕ 的改变量就是位移相对 θ 值，因此 ϕ 总是跟踪 θ 的。用这种方法就可测出滑尺相对于定尺的位移量。

实际应用中，在滑尺移动时，θ 角是连续变化的，而 ϕ 角则是按“细分”的程度跳跃变化的。例如，将半周期 π 细分为100份，则 ϕ 以1.8°为单位跳跃变化，所以 ϕ 的变化量可以用计数器进行计数，并用数字显示装置显示出来。

当感应同步器用于定位控制系统时，可用 ϕ 作为位置指令，使 θ 角跟踪 ϕ 角，当 θ 角跟不上 ϕ 角时输出电势 $e \neq 0$，经过放大，驱动伺服系统工作，使运动部件运动，θ 角继续跟踪 ϕ，直至 θ 达到预先给定的指令 ϕ 时，$e=0$，伺服系统停止工作，运动部件停止运动，实现控制的目的。

三、速度与角速度的测量

（一）测速发电机

检测转速最有代表性的仪器就是测速发电机。测速发电机如图5－55所示，有交流式和直流式之分，其原理是发电机原理。

因为进行伺服控制时多采用直流测速发电机。直流测速发电机的转速与输出电压之间的关系如图5－55b所示。在直流的情况下，由于电刷的关系，产生的脉冲是一种细微振动，这是在使用过程中应当注意的地方。为了提高检测灵敏度，应尽可能把它直接联结到电机轴上。另外有的电机本身就安装了测速发电机。

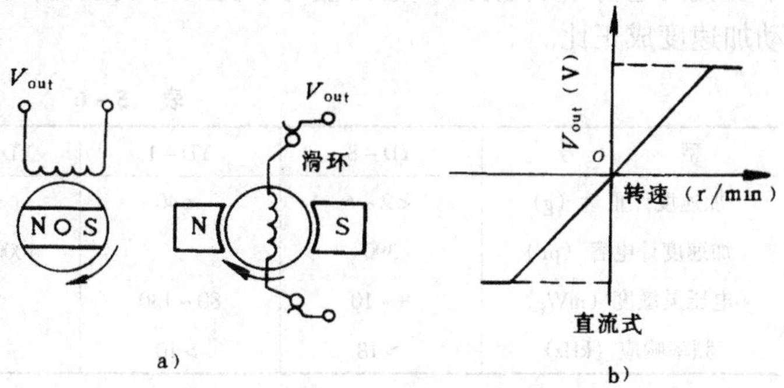

图5－55　测速发电机

（二）电机反电势检测法

由于直流电机的反电势与转速成比例关系，所以在正常旋转状态下可以检测出反电势。图5－56所示为其基本电路，从电机电枢电压除掉电枢电阻压降部分就是反电势。在这种场合下，加速时或加负荷过程中都不能正确得到反电势。然而，在检测器未连接上时可以很方便地知道速度的概略变化。

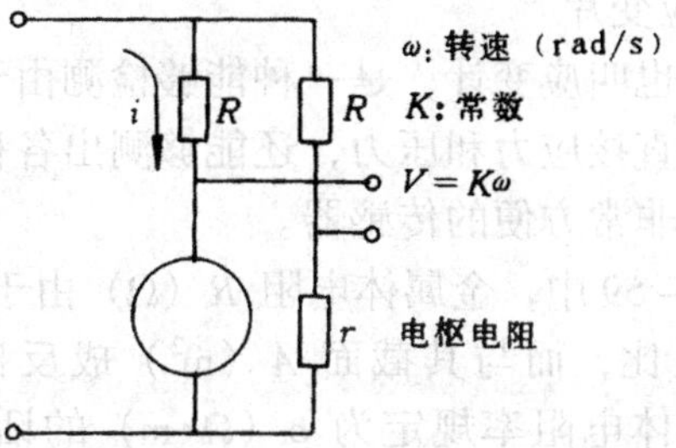

图5－56　电机反电势测量

四、加速度传感器

加速度传感器又名振动传感器，测量加速度时可在上述测速基础上进行微分，或者变换成力来求得。力型加速度计如图5－57所示。

法码的位移如图5－57a那样，应变片可以得到加速度信息。利用图5－57b所示差动变压器的原理来获得加速度信息。

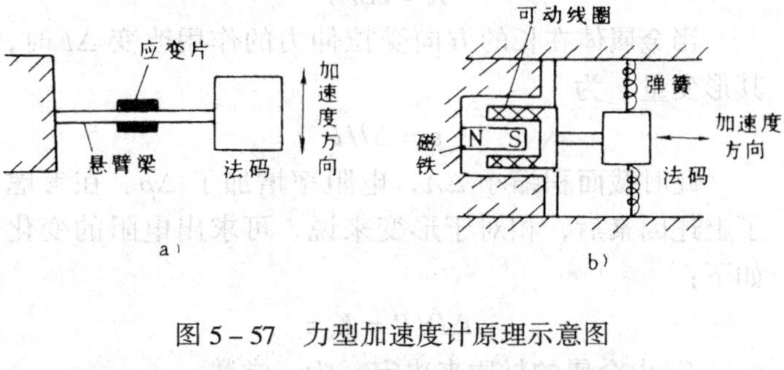

图5－57　力型加速度计原理示意图

在利用电流控制直流电机时，利用无负载时的电枢电流与转角加速度成比例关系，可检测到电流，求出加速度；而在向外部输出转矩的情况下，转矩电流是必要的，利用这种方法测量加速度就不准确了。

使用加速度计检测振动，通过微机控制加工过程的安全。因为振动信号是模拟信号，所以在读入信号之前需要由 A/D 转换器进行模拟到数字的转换，如图 5-58 所示。

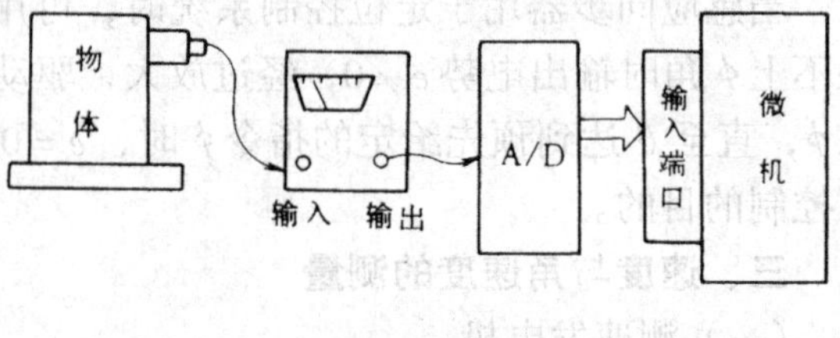

图 5-58　采用微机测量加速度系统

改变一下振动传感器的用法，例如根据振动信号的图形，可以对机械故障进行诊断。另外，像齿轮的缺齿、轴承的损伤等也可用这类传感器来检查。

表 5-6 为北京测振仪器厂生产的 YD 型压电加速度传感器的技术参数。传感器的工作原理是压电效应。当加速度传感器受振动时，质量块产生一个变化的力作用在压电晶片上。由于压电效应，在压电晶体片的两端面出现一个变化的电荷（或电势），电荷量与承受的力成正比，故电荷量与加速度传感器所承受的振动加速度成正比。

表　5-6

型　　号	YD-8	YD-1	YD-4-G	YD-3-G	YD-5
加速度计重量（g）	<2~6	<40	<12	<12	11
加速度计电容（pF）	390		1000~1300	1000~1300	500
电压灵敏度（mV/g）	8~10	80~130	>15	>15	5
频率响应（kHz）	>18	>10	>10	>10	>20

五、力与压力传感器

（一）应变片

应变片也叫应变计，是一种能够检测由于外力作用下，材料变形的传感器。应变片不仅能够检测出直接应力和压力，还能够测出各种物理量，例如把位移或温度等变换成形变，这是一种使用非常方便的传感器。

在图 5-59 中，金属体电阻 R（Ω）由于与其长度 l（m）成正比，而与其截面 A（m^2）成反比，所以，如果把金属体电阻率规定为 ρ（Ω·m）的话，则可以用下式来表达电阻：

$$R = \rho L/A$$

当金属体在长的方向受拉伸力的作用改变 Δl 时，其形变量 ε 为

$$\varepsilon = \Delta l/l$$

此时截面积缩小 ΔA，电阻率增加了 $\Delta\rho$。在考虑了上述因素后，相对于形变来说，可求出电阻的变化如下：

$$\Delta R/R = K_0\varepsilon$$

K_0 由金属的材质来决定，为一常数。

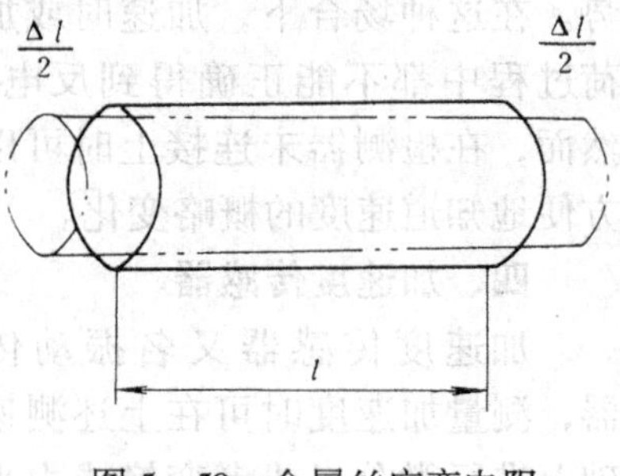

图 5-59　金属丝应变电阻

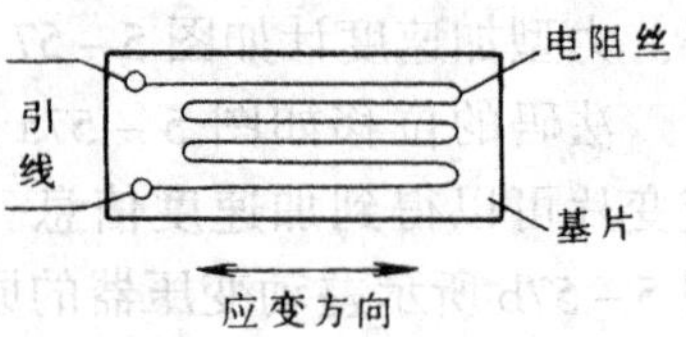

图 5-60　金属丝应变片

应变片如图 5-60 所示，在绝缘体的薄基片上蒸发上数十微米厚的电阻丝，用这个应变片可以感受到加载引起的左右方向上的形变。做成这样的结构时，把相对于形变电阻变化的比率 K_0 称为应变片应变灵敏系数，用下式表示：

$$K_0 = (\Delta R/R)/\varepsilon$$

应变片按使用的电阻体材质的不同，可分为：

1）电阻丝应变片。

2）箔式应变片（5~10μm 金属箔）。

3）半导体应变片（压电阻元件等）。

此外，最近采用蒸发电阻图形、光刻技术或扩散技术等制成的应变片逐渐多了起来，特别是应变片上带有自补偿电路的集成压力传感器业已成熟，在市场上已经出现。

电阻丝或箔式应变片价格低廉，而且各种图形皆能制作，但应变片的应变灵敏度系数一般只有 2 左右，所以在使用过程中必须增加放大器。半导体应变片的应变灵敏度系数可达 100 左右，利用它可进行高灵敏度测量。

（二）载荷传感器

采用应变片的检测仪有测力传感器。测力传感器如图 5-61 所示。它由膜片等能产生形变的结构部分与装入盒内的应变片桥等组成，能够对从几克到数吨的载荷进行测量。因此，在测力或载荷的传感器上有压电元件因受外部应力的作用，发生极化而引起电荷，从而产生电动势。反过来也可以给压电元件从外部加电场引起形变。

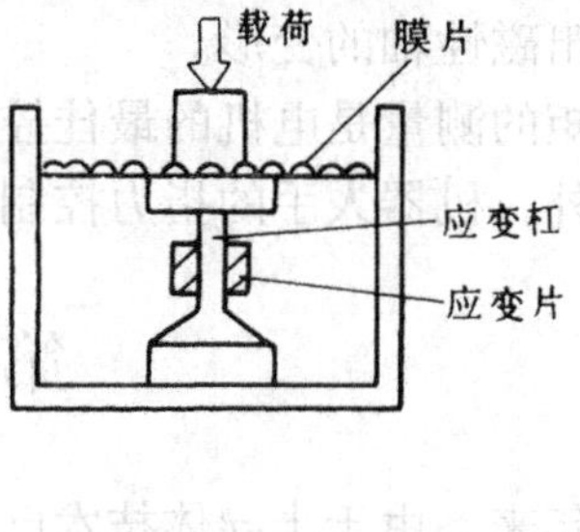

图 5-61　测力传感器

（三）压力传感器

把膜片上受到的压力转换成形变，用应变片也可检测出压力，压力有气体和液体的，在使用过程中注意压力传送部分的耐压性和精度。

采用压阻效应的微小压力检测器，由于是在硅片上扩散高纯杂质所制成的，所以这一薄层扩散电阻通过压阻效应而组成应变片。图 5-62 所示为其断面，内侧中间部分用腐蚀法减至极薄的膜片，根据这个薄片厚度决定测压范围。膜片直径 10mm，其压敏部分内径为1.5~2mm 。

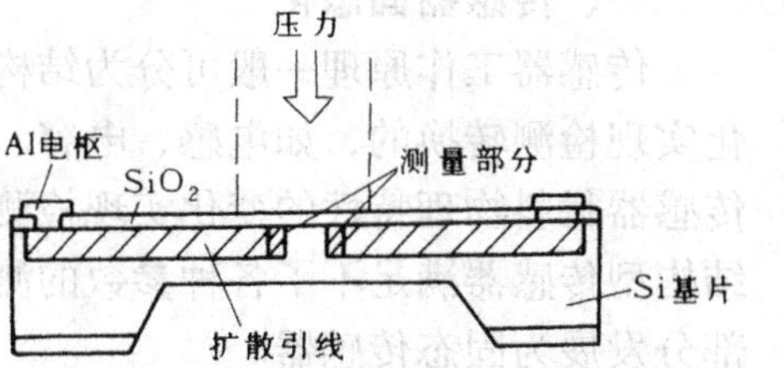

图 5-62　扩散硅压力传感器

采用这种压敏元件与贴片式应变片一样，也需要使用相同的运算放大器。

（四）转矩传感器

转矩可以通过传动轴的形变或扭曲角的测量而求得。一般来说，由于轴是旋转的，所以很难捕捉到这些信号。因此，要使用滑环或用无接触方式来进行检测。图

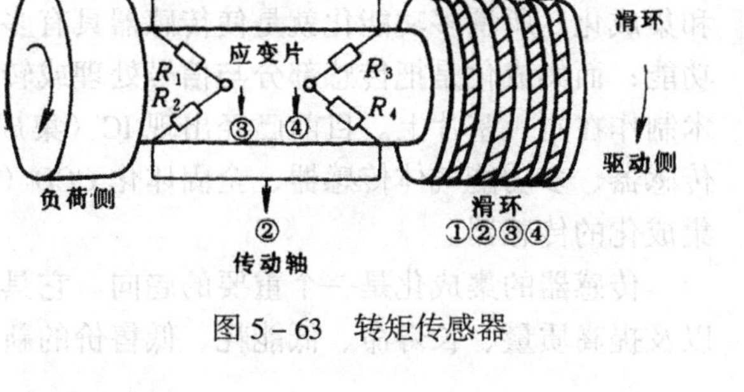

图 5-63　转矩传感器

5－63所示是一种用两枚应变片来检测轴上两个方向的形变，恒压信号与输出信号通过滑环传输。在驱动侧把回转转矩加到箭头方向，负荷侧的负荷一接受到它，那么相差45°粘贴的应变片中 R_1、R_4 受拉伸力作用，而 R_2、R_3 受压缩力作用。此时若在①、②两端加上电压，则③、④两端上可以获得比例于转矩的电压。

无触点检测转矩方法如图5－64所示，传动轴的两端安装上圆盘，使用光来检测出回转差，测量转矩可以根据检查一定间隔图形的相位差，转角差就变成了比例于转矩的关系了。在传动轴的两端安装上强磁体齿轮，按照电磁传感器检查相位差的方法也可使用。

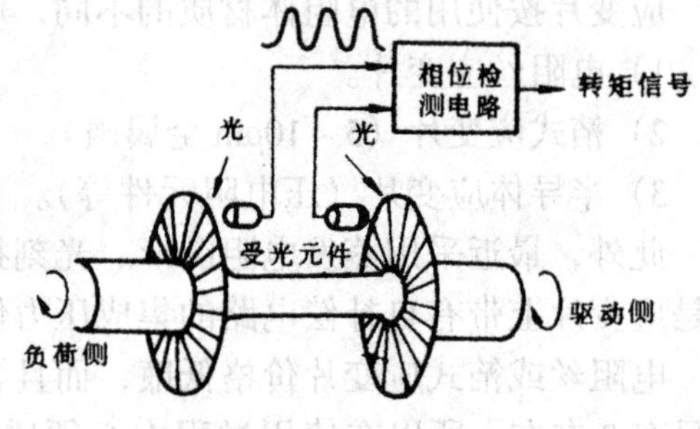

图5－64　无接触传感器

强磁体受拉伸与压缩力作用时，磁化特性是不同的。一般情况下，拉伸方向的导磁率变大。利用这一特性制成的磁形变转矩传感器可以检测出磁性轴的变形。

转矩的测量是电机的最佳控制、机器人的手与臂等作业控制、工具驱动控制等不可缺少的，此外，机器人手的指力控制也都需要测量转矩。

第三节　传感技术的发展

近年来，由于半导体技术已进入超大规模集成化阶段，各种工艺和材料性能的研究已达到相当高的水平，为传感器的发展创造了有利条件。传感技术的新发展主要表现如下。

一、传感器固态化

传感器工作原理一般可分为结构型和物性型两种。结构型是传感器结构上几何尺寸的变化实现检测转换的，如电感、电容、电位计式等类型的传感器属于此种；而物性型则是利用传感器材料物理特性的变化实现检测转换的，基于这种原理的传感器称为固态传感器。由于结构型传感器满足不了各种参数的测量，调整装配也比较困难，更难于微型化，所以目前大部分发展为固态传感器。

固态传感器有半导体、电介质体和强磁体三类，其中半导体传感器不仅容易感受外界的信息的作用并转换为电量，而且响应速度快、尺寸小、重量轻、便于实现传感器集成化与功能化，所以它在固体传感器中占有重要地位。

二、传感器多功能化和集成化

传感器作为单个元件的研制工作已达到相当高的水平，现在进一步是使传感器多功能化和集成化。所谓多功能化就是使传感器具有多种参数检测功能或者除检测功能外还具有其它功能；而集成化是把传感部分与信号处理或转换电路以及电源电路等部分，用半导体集成技术制作在同一基片上。目前已经出现IC（集成电路）压力传感器、IC温度传感器、IC磁敏传感器、多功能气体传感器、全固体化CCD（电荷耦合件）型帧转移式摄象器件等多功能或集成化的传感器。

传感器的集成化是一个重要的趋向。它具有反馈功能，为敏感元件的微小型化和薄型化以及提高质量、长寿命、低能耗、低售价的新一代传感器创造了条件。

三、传感技术的微处理机化

微处理机可以为各种电子设备提供人工智能。单个敏感元件或多个（同功能或异功能）敏感元件群的信息，按规定程序由微处理机进行调节与控制，将显著提高敏感元件的功能与效益。

但是，敏感元件感受、采集的各种信息，大多为模拟信号输出，这就要转换成按幅度变化的数字信息（也称量化），才能选择适当容量的微处理机进行信息处理。为此研究传感器和微处理机的接口技术、接口装置和控制方法具有重要意义。

表面声波传感器其输出信号是数字式的，极易与计算机、微处理机配合，组成自适应适时处理系统。因其心脏为射频振荡器，因此很容易把测试信号辐射出去，实现遥测遥控。

四、传感器图象化

传感器的研究，已不仅作为一点参数测量，而是从一维、二维、三维、四维（包括时间）角度来考虑。其中 MOS 型、CCD 型、CID 型全固体式摄象器件发展比较突出。

此外，还出现用压电元件、霍尔元件组成的图象传感器，可用于信息处理、测量控制、照相、交通管理、机器人等方面，用途十分广泛。

第六章 伺服系统

第一节 概 述

伺服系统是指以机械量，诸如位移、速度、加速度、力和力矩等作为被控量的一种类型的自动控制系统，又称伺服机构。例如在数控机床中，伺服系统接收来自插补器的进给脉冲，经放大和变换后转化为机床工作台的位移。对伺服系统的要求是快速性、精确性和稳定性，即输出量迅速而精确地响应指令输入的变化。

伺服系统通常用经典控制理论来分析和设计。建立伺服系统数学模型的方法一般分为分析法和实验法。分析法是利用稳态设计计算所获得的数据和经验公式，从理论上进行分析推导建立系统的数学模型。实验法则是以实物测试为基础来建立数学模型。在大多数情况下，设计伺服系统时并不具备完整的实物系统，常需先通过理论分析计算提供初步方案，然后进行局部试验或试制样机，进一步形成一个切实可行的设计方法。

伺服系统常按控制原理、被控量的性质、驱动方式和执行元件等类型分类。伺服系统按其控制原理可分为开环、全闭环和半闭环控制三种形式，按其被控量的性质可分为速度、位置、同步、扭矩控制等形式，按其驱动方式可分为电气伺服、空压伺服、油压伺服等形式，按其执行元件可分为步进伺服、直流伺服、交流伺服等形式。开环伺服系统的执行元件大多采用步进电机、闭环和半闭环伺服系统的执行元件大多采用直流伺服电机和交流伺服电机。

伺服系统是构成机电一体化产品的主要部分之一。如数控机床是由控制系统、伺服系统、机床等部分组成。伺服系统接受控制系统来的指令信息，并严格按照信息的要求带动机床移动部件进行运动。它相当于人的手，使工作台能按规定的轨迹作相对运动，最后加工出符合图纸要求的零件。选择伺服系统时要从驱动部件所需功率、控制精度、机械结构等方面考虑。即要选择适用范围的伺服系统和适当精度控制方式的伺服系统，以及简单的机械传动方案。

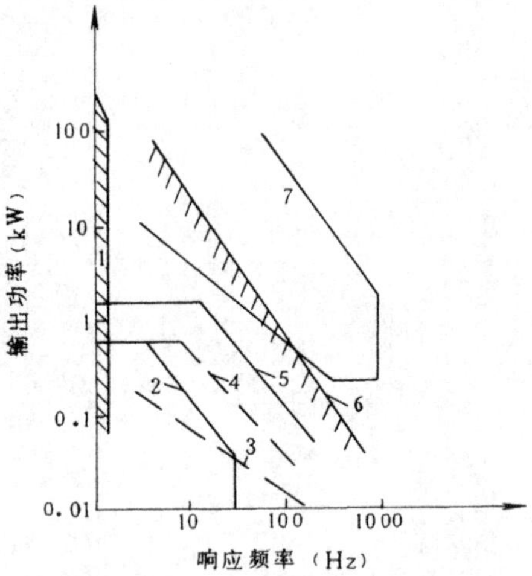

图 6-1 伺服系统适用范围

1—空压伺服 2—步进电机和两相交流感应电机 3—微小驱动力矩电机和螺线管传动 4—移动线圈直线电机 5—AC 电机（无刷 DC 电机） 6—DC 电机 7—油压伺服

对不同的机电一体化设备，伺服系统驱动部件时所需功率的差异很大。在确定驱动方式时，一般从输出功率与响应频率两个方面综合选择。油压驱动伺服系统输出功率大、响应频率高。空压驱动伺服系统响应频率低但输出功率大。伺服电机驱动的伺服系统，对不同的伺服电机具有不同的要求，因此具有所选择的输出功率范围大、响应频率宽的特点。在机电一体化产品中，常采用伺服电机驱动的伺服系统。伺服系统按驱动方式其适用范围大致如图 6-1 所示。

下面讨论采用伺服电机驱动伺服系统时，如何选择伺服电机。

第二节　伺服电机的选择

一、伺服电机类型的选择

伺服电机的选择与普通电机不同。伺服电机调速特性与电机本身的结构、性能及其控制电路有关。驱动电机一般是 DC 伺服电机、无刷 DC 伺服电机和步进电机，其特点及其应用见表 6-1。

表 6-1　伺服电机特点及其应用举例

种　　类		主　要　特　点	应　用　实　例
DC 伺服电机		1.高响应特性 2.高功率密度（体积小、重量轻） 3.可实现高精度数字控制 4.接触换向器件（电刷与整流子）需要维护	NC 机械、机器人、计算机外围设备、办公机械、音响、音像设备、计测机械等
无刷 DC 伺服电机（晶体管式）		1.无接触换向部件 2.需要磁极位置检测器（如同轴编码器等） 3.具有 DC 伺服电机的全部优点	音响、音象设备、计算机外围设备等
AC 伺服电机	永磁同步型（无刷 DC 伺服电机）		NC 机械（进给运动）、机器人等
	感应型（矢量控制）	1.对定子电流的激励分量和转矩分量分别控制 2.具有 DC 伺服电机的全部优点	NC 机械（主轴运动）
步进电机		1.转角与控制脉冲数成比例，可构成直接数字控制 2.有定位转矩 3.可构成廉价的开环控制系统	计算机外围设备、办公机械、数控装置

机电一体化对伺服电机性能的基本要求如下：

1）性能密度大，即功率密度和比功率大。电机功率密度的定义为单位重量 W 的输出功率 P，即

$$P_W = P/W$$

电机比功率（单位为 W/s）的定义为

$$\frac{dP}{dt} = \frac{d}{dt}(T\omega) = T_N \left.\frac{d\omega}{dt}\right|_{T=T_N}$$

式中　P_W——功率密度（W/N）；

P——电机的输出功率（W）；

ω——电机的角速度（rad/s）；

T_N——电机的额定转矩（N·m）。

又电机转动时的动力学方程为

$$T_N = J_m \frac{\mathrm{d}\omega}{\mathrm{d}t}$$

因此有

$$\frac{\mathrm{d}P}{\mathrm{d}t} = T_N^2 / J_m$$

式中　J_m——电机转子的转动惯量（$kg \cdot m^2$）

在不同的应用场合，对伺服电机的性能密度的要求不同。对于启停频率低（如几十次/min），但要求低速平稳和扭矩脉动小，高速运行时振动、噪声小，在整个调速范围内均可稳定运动的机械，如NC工作机械的进给运动、机器人的驱动系统，其功率密度是主要的性能指标；对于启停频率高（如数百次/min），但不特别要求低速平稳性能的机械设备，如高速打印机、绘图机、打孔机、集成电路焊接装置等，高的比功率是主要的性能指标。在额定输出功率相同的条件下，无刷伺服电机的比功率最高依次为步进电机、直流伺服电机、交流伺服电机。

2）快速性好，即加减速扭矩大，频率特性好。

3）位置控制精度高，包括调速范围宽（速比1∶10000以上），低速运行平稳、分辨率高。

4）适应启停频繁的工作要求。

5）振动和噪声小。

6）可靠性高，寿命长。

二、伺服电机的工作特性及选用

（一）宽调速直流伺服电机

宽调速直流伺服电机分为电励磁和永久磁铁两种。电励磁的特点是励磁量便于调整，易于安排补偿绕组和换向极，电机的换向性能得到改善，成本低，可以在较宽的速度范围内得到恒转矩特性。永久磁铁一般没有换向极和补偿绕组，其换向性能受到一定限制，但它不需要励磁功率，因而效率高，电机在低速时输出较大转矩。此外这种结构温升低，电机直径可以做得小些，加上目前永磁材料性能不断提高，成本逐渐下降，因此这种结构用得较多。

宽调速直流伺服电机的特点：

1）电机输出力矩大。在相同的转子外径和电枢电流情况下，其设计的力矩系数较大，所以可产生较大力矩，使电机的转矩和惯量比值增大，因而可满足足够快的加减速要求。在低速时能输出较大力矩，能直接驱动丝杆、简化结构、降低成本且提高了精度。

2）电机过载能力强。电机转子有槽，热容量大，因而热时间常数大，耐热性能好，可以过载运行几十分钟。

3）动态响应性能好。电机定子采用高性能永磁材料，具有很高的矫顽力和足够的尺寸厚度，提高了电机效率，又没有励磁损耗，去磁临界电流可取得大，能产生10～15倍的瞬时转矩，而不出现退磁现象，从而使动态响应性能大大提高。

4）低速运转平稳。由于电机转子直径大，电机槽和换向片数可以增多，使电机的输出力矩波动减小，有利于电机低速运转平稳。

5）易于调速。

（二）宽调速直流伺服电机的工作特性及选用

宽调速直流伺服电机的工作特性是由一些参数和特性曲线所限定的。电机的转矩和转速随加工条件和运行条件不同。

表 6-2 是 FB-15 型、FB-25 型直流伺服电机的技术规范。表中数值是在电机温度为 25℃、驱动电流为纯直流时得出的。

表 6-2 直流伺服电机的技术规范

项目	单位	15 型	25 型
输出功率	kW(马力)	1.4(1.9)	2.5(3.3)
额定转矩	N·m(kgf·cm)	17.4(180)	34.3(350)
最大转矩	N·m(kgf·cm)	154(1570)	309(3150)
最高转速	r/min	1500	1000
转子惯量	kg·cm·s^2(N·m·s^2)	0.019(0.16)	0.032(0.33)
反电势常数	V·s/rad	0.57	1.15
转矩常数	N·m/A	0.57	1.15
时间常数	ms	15.2	8.5
热时间常数	min	70	80
重量	kg	30	47

反电势常数——k_v（V·s/rad）表示了永磁磁场强度。它是当电枢在磁场中按规定速度机械旋转时所产生的电压值。

转矩常数——k_t（N·m/A）是转矩灵敏度，表示每安培电流能产生的转矩。该值通常是在额定电流下测量所产生的转矩得到的。

机械时间常数——t_m（ms）是速度上升初始变化率的函数。定义为施加一个阶跃电压时电机电枢达到整个速度63.2%时所需的时间。

热时间常数——T_t（min）是在额定电流时绕组温度上升初始变化率的函数。它被定义为达到整个温升63.2%时所需时间。

图 6-2 为 FB-15 型直流伺服电机的转矩—速度特性曲线，也称工作曲线。

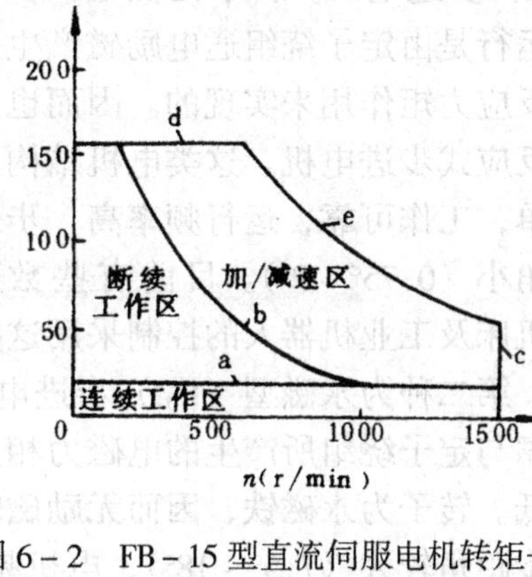

图 6-2 FB-15 型直流伺服电机转矩—速度特征曲线

图 6-2a、b、c、d、e 五条曲线组成了电机的三个区域，描述了电机输出转矩和速度之间的关系 。在规定的连续工作区内，速度和转矩的任何组合都可长时间连续工作，而在断续工作区，电机只允许短时间工作或周期间歇工作，即工作一段时间停歇一段时间，间歇循环允许工作时间的长短因载荷大小而异。加减速区的意思是指电机在该区域中仅供加减速期间工作。

曲线 a 为电机温度限制，在此曲线上，电机达到绝缘所允许的极限值，故只允许电机在此曲线内长时间连续运行。曲线 c 为电机最高转速限制线，随着转速上升，电枢电压升高，整流子片间电压加大，超过一定值有发生环火的危险。最大转矩 d 主要受永磁材料的去磁特性所限制，当除磁超过某值后，铁氧体磁性发生变化。

选用宽调速直流电机时，首先应根据负载条件来选择电机。加在电机轴上的有两种负载，即负载转矩和负载惯量。选用电机时，必须先正确地计算负载，即必须确认电机能满足下列条件：

1）当机床是在无切削操作时，在整个速度范围内，其负载转矩应在电流连续额定转矩范围以内。

2）最大切削转矩的倍数设定（工作载荷和过载时间）应在规定的范围内。

3）应使加速度与希望的时间常数一致。加减速过程中的全部转矩应在加/减速区域内。一般说来，由于负载转矩是起减速作用，如果可能的话，加减速选取相同的时间常数。

值得提出的是负载惯量值对电机灵敏度和快速移动时间有很大影响。对于大的负载惯量，当指令速度变化时，电机达到指令速度的时间需要长些。如果负载惯量达到转子惯量的三倍，灵敏度要受到影响。当负载惯量比转子惯量大三倍，响应时间降低很多。而当惯量大大超过时，伺服放大器不能在正常调节范围内调整，必须避免使用这种惯量。

（三）步进电机

步进电机是一种将电脉冲信号变为相应的直流位移或角位移的数字/模拟变换器。一般电机是连续转动的，而步进电机则每当电机绕组接收一个脉冲时，转子就转过一个相应的角度（称为步距）。低频运行时，明显可见电机转轴是一步一步地转动的，因此称为步进电机。

步进电机的角位移量和输入脉冲的个数严格成正比。在时间上与输入脉冲同步，因而只要控制输入脉冲的数量、频率和电机绕组的相序，即可获得所需转角的转速和转动方向。

步进电机大致分为三类。如图6-3所示。

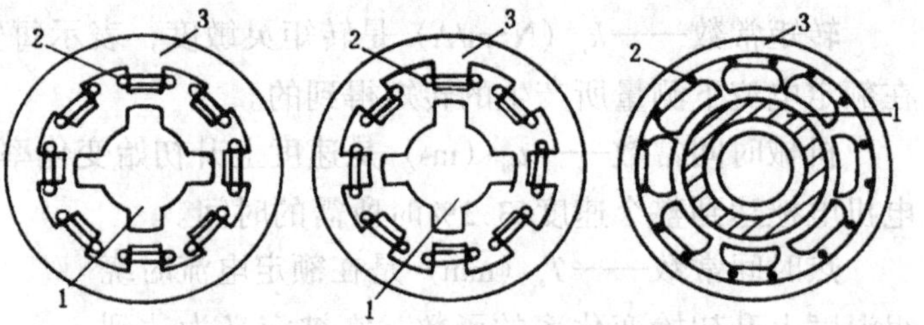

图6-3　步进电机的种类

1—转子　2—励磁线圈　3—定子

第一种类型为可变磁组式（VR）步进电机，转子无绕组，步进运行是由定子绕组通电励磁产生的反应力矩作用来实现的。因而也称反应式步进电机。这类电机结构简单，工作可靠，运行频率高，步距角小（0.75°~9°)。目前有些数控机床及工业机器人的控制采用这类电机。

第二种为永磁型（PM）步进电机，转子采用永磁铁，在圆周上进行多极磁化，它的转动靠与定子绕组所产生的电磁力相互吸引或相斥来实现，这类电机控制功率小，效率高，造价低。转子为永磁铁，因而无励磁时也具有保持力，但由于转子极对数受磁钢加工限制，因而步距角较大（7.5°~18°)，电机频率响应较低，常使用在记录仪、空调机等速度低的场合。

第三种为混合型（HB）步进电机，也称永磁反应式步进电机，其定子与VR型类似，磁极上有控制绕组，极靴表面上有小齿，转子由永磁铁和铁芯构成，同样切有小齿。由于是永磁铁，转子齿带有固定极性。这类电机既具有VR型步距角小、工作频率高的特点，又有PM型控制功率小、无励磁时具有转矩定位的优点。但其结构复杂，成本相对也高。

1．步进电机的主要特性　主要性能指标：

（1）步距角 α　每输入一个电脉冲信号，转子所转过的角度称为步距角，用 α 表示

$$\alpha = \frac{360°}{PZK}$$

式中　P——步进电机相数；

Z——步进电机转子的步数；

K——通电方式，等于导电拍数 m 和相数 P 的比值，即

$$K = \frac{m}{P}$$

例如三相三拍导电方式时，$K=1$，三相六拍导电方式时，$K=2$。

（2）步距角精度 Δ_α　指理论步距角和实际步距角之差，以（′）表示。随电机制造精度而异，一般为 10′左右。但由于步进电机每转一转又恢复原来位置，故误差不会累积。

（3）最高起动频率 f_q　即步进电机从静止状态不丢步地突然起动的最高频率，反映了电机跟踪的快速性。它与负载惯量有关，随负载惯量的增长而下降。

（4）最高连续工作频率 f_{max}　即步进电机在额定状态下逐渐升速，所能达到的不丢步的最高连续工作频率。f_{max} 远大于 f_q，通常为 f_q 的十几倍。

静态特性　转子不动时的状态称为静态。空载时，当步进电机某相始终导通时，转子的齿与该相定子对齐。这时转子上没有力矩输出，如果此时转子承受一定负载，定子和转子之间有一角位移 θ 角，称为失调角。电机即产生一抗衡负载转矩的电磁转矩 M_j 以保持平衡。

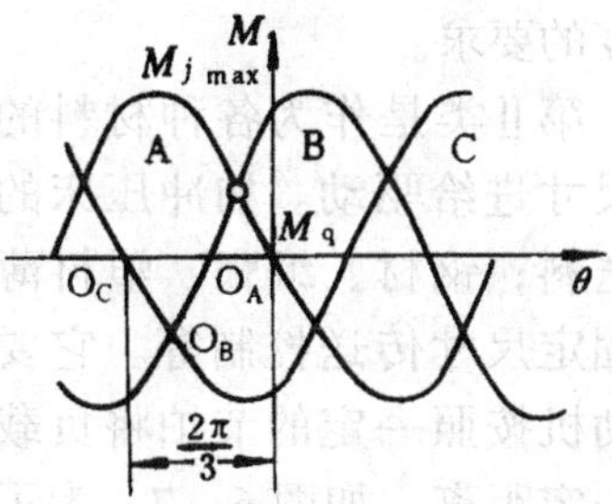

图 6-4　矩角特性

M_j、θ 的关系曲线称为矩角特性，如图 6-4，在某一通电方式下各相矩角总和称为矩角特性族。通常，矩角特性族的每一曲线依次错开电角度为 θ_s，

$$\theta_s = \frac{2\pi}{m}$$

式中　m——一次供电顺序内的拍数。

例如，单三相通电时：$\theta_s = 2\pi/3$；三相六拍通电时：$\theta_s = \pi/3$。

矩角特性曲线上最大转矩值称为最大静态转矩 M_{jmax}。矩角特性曲线 A 和曲线 B 的交点对应的力矩 M_q 是步进运行状态的最大启动转矩。通常可采用增加电机相数及采用不同的运行方式来提高 M_q。

动态特性　步进电机动态特性对快速动作及工作可靠性影响很大，与其本身的特性、负载特性、驱动方式等有关。

在运行状态下的转矩即为动态转矩，它随控制脉冲频率的不同而改变。脉冲频率增加，动态转矩变小。动态转矩与脉冲频率的关系称为矩-频特性，见图 6-5。

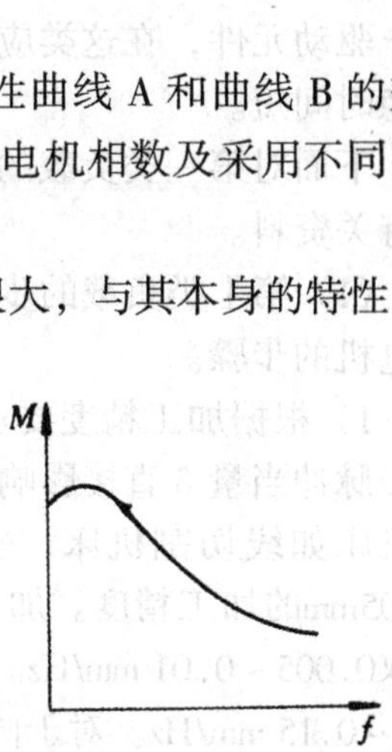

图 6-5　矩频特性

2. 步进电机的选择　步进电机使用范围相当广泛，很难建立统一的选择程序。设计人员通常根据实际的要求，用类比法或凭自己的经验用逐次逼近法来选择电动机型式、尺寸及齿轮传动装置。如果在选择之前就能按照所

设计系统的特点，建立相应的选择程序可以提高设计效率。

根据步进电机的应用特点大致可分为三种主要类型：

第Ⅰ类是作为位置伺服系统，如开环控制数控机床伺服元件，在这类系统中，步进电机要能应答偶发指令，并具有一定的运行精度和定位精度。切削负载特点是：低速时，进行切削进给需要较大的输出转矩；高速时，一般只移动力架或工作台而不进行切削，较小的输出转矩就够了（如图6-6虚线所示）。因而，步进电机很适合这类伺服机构大转矩（低速）、高速度（空行程）和高精度的要求。

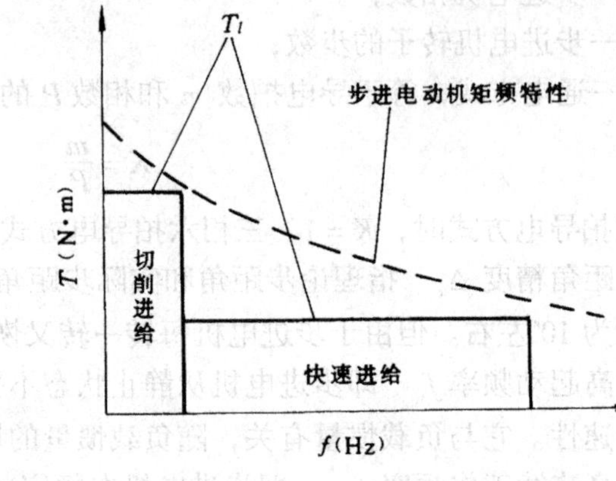

图6-6　第Ⅰ类负载转矩图

第Ⅱ类是作为各种材料的固定尺寸进给驱动。如冲压床的自动送料；钢材、纸张、塑料薄膜的固定尺寸传送控制等。它要求电动机按照一定的节拍将负载传送一定距离，如图6-7。为了提高生产率，必须高速度，如何选择开环控制脉冲频率分布图（即速度图）是一关键问题。

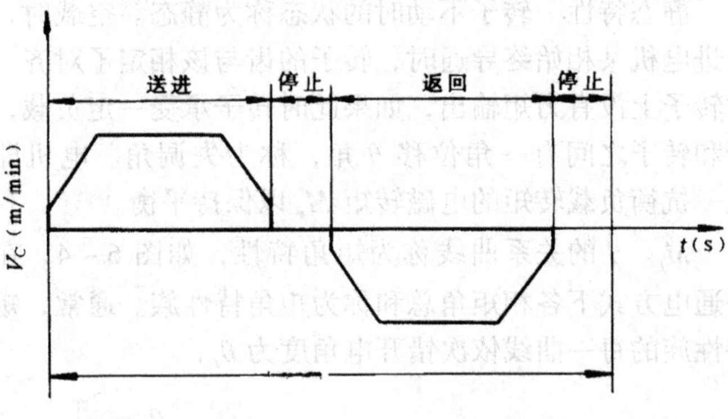

图6-7　第Ⅱ类负载速度图

第Ⅲ类用于少数步增量运动中作驱动元件，在这类应用中，重要的特性是起始加速度和稳定时间。要求电动机起动快，停稳时间短。

下面对第一类负载的步进电机选择作一分析说明，其它二类负载的步进电机的选择可参考有关资料。

（1）第Ⅰ类负载的步进电机选择步骤　下面以数控机床进给伺服机构为例，介绍选择步进电机的步骤。

1）根据加工精度要求确定脉冲当量选择步距角。

脉冲当量δ直接影响加工零件的精度、表面粗糙度及进给速度。一般对精度要求较高数控机床如线切割机床、坐标镗床，脉冲当量δ可取0.001～0.0025 mm/Hz，以保证0.01～0.005mm的加工精度。加工精度在0.01～0.02mm范围的数控铣床、钻床、车床的脉冲当量δ可取0.005～0.01 mm/Hz。对于那些简易数控冲床等不太精密的机床或设备，脉冲当量可取0.1～0.15 mm/Hz。对于同步驱动系统，脉冲当量δ还可选择更大些。

脉冲当量确定以后，步距角可以按照式

$$\beta = \frac{360°\delta}{Pi}$$

算出；

式中 β——步距角（°）；

P——丝杆螺距（mm）；

i——传动比；

δ——脉冲当量（m/Hz）。

在上式中滚珠丝杆螺距 P 选择比较容易，可按照机床进给机构传动链的速度和刚度选定一个标准值。而齿轮传动比 i 选择较复杂，在这种应用情况下要兼顾少数步增量运动和多数步的连续运动。在选择步进电机阶段很难按某一公式确定一个最佳传动比，而仅能按一般的原则初步选择一个或几个可能的传动比。步进电机标准步距角是有限的几个，如0.36°/0.72°、1.5°/0.75°、1.8°/0.9°等。可以选择的传动比也是有限的，传动比的选择是否合适可进行方案比较，也可按一定的步骤进行校核。由于齿轮传动级数增加，使齿隙和静摩擦增加，传动效率降低，故传动级数一般不超过 3 级。

2）根据快速进给速度，确定步进电机最高工作频率。

数控机床进给速度与电动机运行频率有着严格对应关系，机床的极限进给速度 v_{max}（m/min）受电动机最高运行频率约束。

$$v_{max} = \frac{60 f_{max}\delta}{1000}$$

式中 v_{max}——机床运行最高速度；

f_{max}——步进电机最高运行频率（Hz）；

δ——脉冲当量（mm/Hz）。

步进电机的最高运行频率 f_{max} 与电机结构形式、驱动电源种类及控制方式有关。样本虽已给出 f_{max}，但驱动电源和控制方式改变，f_{max} 也改变。有些厂家为适应用户需要，同一规格步进电机产品往往有高速和低速之分，两者外型尺寸完全相同，仅绕组电感不同。所以应根据机床要求的极限速度确定电机型式和最高运行频率。

3）根据负载转矩或阻力，选择步进电机转矩

若进给速度要求的频率大于起动频率，电动机包含加速运行。电动机除了必须克服数控机床施加给它的负载转矩外，还要提供由于速度变化引起的惯性加速转矩。可分为两种不同情况：

① 快速进退刀时所需转矩。

$$T_{e1} = T_{a1} + T_{l2}$$

式中 T_{e1}——快速退刀时电动机的转矩；

T_{a1}——惯性加速转矩；

T_{l2}——移动刀架或工作台的摩擦转矩。

② 切削进给所需转矩。

$$T_{e2} = T_{a2} + T_c + T_{l2}$$

式中 T_{e2}——切削加工时电动机的转矩；

T_{a2}——切削加工时加速转矩；

T_c——克服切削抗力所需的转矩；

T_{l2}——移动刀架或工作台的摩擦转矩。

上述两种运行状态，对于数控机床来讲始终是交替出现。步进电机应同时满足上述两种状态下的转矩要求，因此需要分别计算各种转矩，取二者中较大者作为选择电动机转矩的依据。

产生加速度 a 所需惯性转矩 T_a（N·m）可按下式计算，

$$T_a = J\frac{\beta}{57.3}\left(\frac{f_n - f_0}{t}\right)$$

式中 f_0、f_n——加速开始及终止时的脉冲频率（Hz）；

t——加速过程时间（s）；

J——步进电机转子和负载惯量（kg·m²）。

克服切削抗力，加到电机轴上的负载转矩 T_c（N·m）按下式计算

$$T_c = \frac{36\delta F_S}{\beta 2\pi\eta} \times 10^{-2}$$

式中 F_S——在运动方向产生的走刀抗力（N）；

η——驱动系统机械效率。与轴承、齿轮丝杠螺母等传动副的数量和质量有关，按机床设计有关资料选取；

δ 及 β——脉冲当量（mm/Hz）及步距角（°）。

③ 移动工作台加到步进电机轴上的摩擦负载转矩 T_{l2}（N·m）按下式计算，

$$T_{l2} = \frac{36\delta\mu(m + F_z)}{2\pi\beta\eta} \times 10^{-2}$$

式中 m——工作台质量（包括工件、夹具质量在内）（kg）；

μ——摩擦系数，按机床设计手册选取，如滑动导轨 $\mu = 0.05 \sim 0.16$，滚动导轨 $\mu = 0.005 \sim 0.03$，静压导轨 $\mu = 0.0005$；

F_z——垂直方向的切削分力（空行程时 $F_z = 0$）（N）；

η——驱动系统的效率。

上面的 T_c 及 T_{l2} 为理想情况下的计算公式，它没有考虑机床所承受的偶然冲击负载、夹条锁紧力及导轨不平产生的附加力，考虑这些因素的影响，计算时应乘以1.05～1.1的系数。

T_{e2}一般情况下大于 T_{e1}，但不能简单地凭这一转矩选择电机转矩，由于矩频特性是一“软”的特性，可以满足切削加工时转矩要求，不一定能满足快速进刀时转矩需要。例图 6－8 给出的矩频特性，曲线1代表的电动机可以满足负载

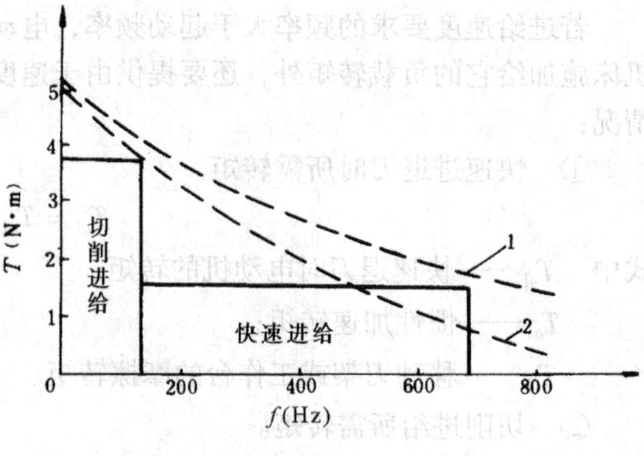

图 6－8 矩频特性与负载匹配

要求；曲线2所示的电动机虽然能满足切削加工时转矩及速度要求，但不能满足快速进退刀时的速度要求。因此，应对照作出的负载图，根据厂家给出的矩频特性选择电机规格，要求矩频特性与负载匹配，即要求各频段负载转矩均小于矩频特性给出的转矩，并留有一定的裕度。

根据以上三步初步选定电动机规格、驱动电源及传动系统，再通过以下步骤校核是否满足系统要求。

4）根据选定电动机惯频特性校核系统的起动性能

负载转动惯量直接影响电动机的快速性，要求折合到电动机轴上的惯量和电动机本身的惯量相匹配。根据惯频特性查出电动机带负载惯量后的起动频率应满足系统要求。对于速度较低没有升降频线路的步进电机系统，起动频率低于系统要求的频率则无法工作，应另选电动机或传动比。对于有加减速电路的系统，带负载后起动频率也不应过低，如果没有惯频特性资料，可按下式计算步进电机带动惯性负载后的起动频率。

$$f_{sl} = f_s \sqrt{\frac{1 - \dfrac{T_l}{T_e}}{1 + \dfrac{J_l}{J_r}}}$$

式中 f_{sl}、f_s——步进电机负载及空载时的起动频率（Hz）；

J_r、J_l——步进电机转子和负载的转动惯量（$kg \cdot m^2$）；

T_l——负载摩擦转矩（N·m）；

T_e——电动机输出转矩，可根据空载起动频率在运行矩频特性中查出（N·m）。

5）根据步进电机的矩频特性计算加减速时间校核系统的快速性

步进电机带动摩擦及惯性负载后的起动频率较低。例如一般功率步进电机，当步矩角为1.5°时，起动频率不超过1000Hz，这样低的频率无疑满足不了伺服系统快速性的要求，需要采用加、减电路，加、减速时间对系统快速性影响极大。一般在选择步进电机阶段，根据矩频特性分段线性化按下式粗略计算加、减速时间就够了。

$$t = \frac{(J_r + J_l)\beta}{57.3(T_{cp} - T_l)}(f_n - f_0)$$

式中 t——加减速时间（s）；

J_r、J_l——转子、负载的转动惯量（$kg \cdot m^2$）；

β——电机的步距角（°）；

T_{cp}、T_l——电机最大平均转矩、负载转矩（N·m）；

f_0、f_n——起始加速时、加速终了时的频率（Hz）。

如果算出的时间大于系统允许的加、减速时间或整个行程的平均速度低于系统的要求，则应重新选择电机或传动比。

6）根据选定步进电机精度和矩角特性校核系统的静态定位误差。

对于上述已初步选定的步进电机传动系统，按下式可以算出系统的静态定位误差$\Delta\beta_t$。

$$\Delta\beta_t = \Delta\beta + \Delta\beta_m + \Delta\beta_D$$

式中 $\Delta\beta$——选定电机的步距误差（°）；

$\Delta\beta_m$——传动件的累计误差（°）；

$\Delta\beta_D$——由摩擦负载引起的随机误差（°）。

$\Delta\beta_D$ 可以根据摩擦负载大小，由产品样品给出的矩角特性作出，在近似计算中也可按下式确定：

$$\Delta\beta_D = \frac{m_1\beta}{2\pi}\arcsin\frac{T_{l2}}{T_k}$$

式中 T_{l2}——系统干摩擦转矩（N·m）；

T_k——步进电机最大静转矩（N·m）；

m_1——运行拍数；

β——步距角（°）。

如果 $\Delta\beta_t$ 不能满足系统精度要求，要重选高精度等级的步进电机或减小步距角和采用细分电路等特殊控制手段。

7）温度校核　如果厂家已经给出电机发热曲线，则根据系统循环工作图，先算出各种频率使用时间 t_1、t_2、t_3…，根据发热曲线找出各频率下的发热量 Q_1、Q_2、Q_3…，则平均发热量

$$Q = \frac{Q_1t_1 + Q_2t_2 + Q_3t_3 + \cdots}{t_1 + t_2 + t_3 + \cdots}$$

根据平均发热量找出温升。

例 6-1　某数控铣床 x 轴方向进给驱动拟选功率步进电机，已知：工作台及工件的质量 $m = 800$kg；在运动方向的走刀抗力 $F_s = 9050$N；在垂直方向的切削分力 $F_z = 4970$N；导轨摩擦系数 $\mu = 0.2$；滚珠丝杠的导程 $P = 6$mm；系统脉冲当量 $\delta = 0.005$ mm/Hz；进给速度 $v_1 = 1.2$ m/min；快速进给速度 $v_2 = 1.8$ m/min；升降速时间 $\tau = 130$ms；加工精度≤0.01mm。

解　可按上述程序选择步进电机。

(1) 根据脉冲当量选择步距角及传动比

根据上述已知数据，考虑选用六相反应式功率步进电机，整步驱动步距角 $\beta = 1.5°$，则按下式选定传动比

$$i = \frac{360\delta}{P\beta} = \frac{360 \times 0.005}{6 \times 1.5} = \frac{1}{5}$$

考虑采用二级齿轮传动，传动系统如图 6-9，图中各参数如表 6-3。

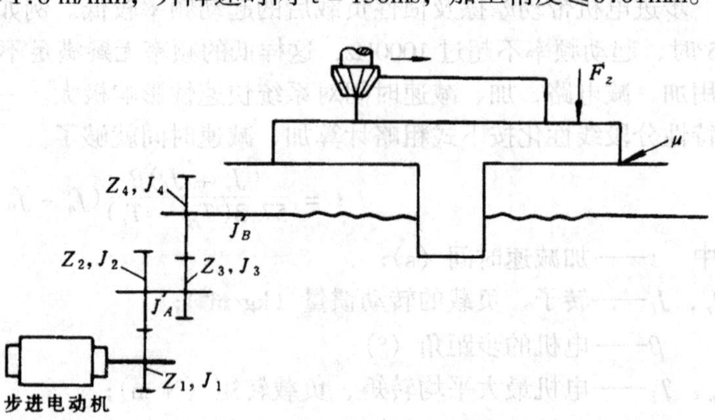

图 6-9　数控铣床 x 坐标传动系统图

表 6-3　传动系统中各参数

J_1	J_2	J_3	J_4	J_A	J_B	z_1/z_2	z_3/z_4	δ_p	β_b	J_l'
$\times 10^{-3}$(kg·m²)								(mm)		$\times 10^{-3}$(kg·m²)
0.106	0.887	0.094	2.1	0.067	6.28	20/40	20/50	0.005	1.5	0.822

折算到电机轴的总负载惯量

$$J'_1 = J_1 + \left(\frac{z_1}{z_2}\right)^2(J_2 + J_3 + J_4) + \left(\frac{z_1}{z_2} \times \frac{z_3}{z_4}\right)^2 \times (J_4 + J_3) + \frac{m}{981}\left(\frac{186\delta}{\pi\beta}\right)^2$$
$$= 0.822 \times 10^{-3}\mathrm{kg \cdot m^2}$$

(2) 根据快速进给速度决定电机最高工作频率，按下式考虑快速进给速度1.8m/min 的要求。

$$f_{max} = \frac{1000}{60\delta}v_{max} = \frac{1000}{60 \times 0.005} \times 1.8\mathrm{Hz} = 6000 \quad \mathrm{Hz}$$

(3) 计算负载转矩

1) 克服切削抗力加到电机轴上的负载转矩 T_c

$$T_{c1} = \frac{36\delta F_s}{\beta 2\pi\eta} \times 10^{-2} = \frac{36 \times 0.005 \times 9050}{1.5 \times 2\pi \times 0.8} \times 10^{-2}\mathrm{N \cdot m} =$$
$$2.16 \ \mathrm{N \cdot m}$$

2) 移动工作台的摩擦转矩

$$T_{l2} = \frac{36\delta\mu(m + F_z)}{2\pi\beta\eta} \times 10^{-2} =$$
$$\frac{36 \times 0.005 \times 0.2 \times (8000 + 4970)}{2\pi \times 1.5 \times 0.8} \times 10^{-2}\mathrm{N \cdot m} =$$
$$0.619 \quad \mathrm{N \cdot m}$$

(4) 产生加速所需的转矩

拟定初始频率 $f_0 = 500\mathrm{Hz}$，在 $\tau = 0.13$ s 加速至 $f_{t2} = 6000$（$v_2 = 1.8$ m/min）；$f_{t1} = 4000$（$v_1 = 1.2$ m/min）的加速度及加速转矩

$$a_1 = \frac{6000 - 500}{0.130} \times \frac{1.5}{57.3} \quad \mathrm{rad/s^2} =$$
$$1107.6 \quad \mathrm{rad/s^2}$$
$$a_2 = \frac{4000 - 500}{0.130} \times \frac{1.5}{57.3} \quad \mathrm{rad/s^2} =$$
$$704.8 \quad \mathrm{rad/s^2}$$

$$T_{a1} = J'_l a_1 = 0.822 \times 10^{-3} \times 1107.6\mathrm{N \cdot m} = 0.910 \quad \mathrm{N \cdot m}$$
$$T_{a2} = J'_l a_2 = 0.822 \times 10^{-3} \times 704.8\mathrm{N \cdot m} = 0.579 \quad \mathrm{N \cdot m}$$

(5) 快速进、退刀时所需转矩

$$T_{e1} = T_{a1} + T_{l2} = (0.910 + 0.619)\mathrm{N \cdot m} = 1.529\mathrm{N \cdot m}$$

(6) 切削进给时所需转矩

$$T_{e2} = T_{a2} + T_{l2} + T_c =$$
$$(0.579 + 0.619 + 2.16)\mathrm{N \cdot m} =$$
$$3.358 \quad \mathrm{N \cdot m}$$

作出负载转矩 T_{e1} 及 T_{e2}，如图 6－10 所示，且要求速度不高，根据厂家给出电机矩频特性，选用 BF6×1.5 －100D 六相功率步进电机可满足要求。

(7) 根据选定的电机计算系统的起动性能　根据样本 BF 1.5×6 －100D 六相功率步进电机转动惯量 $J_r = 2.94 \times 10^{-3}\mathrm{kg \cdot m^2}$，空载起动频率 $f_s = 950\mathrm{Hz}$；负载后起动频率

$$f_{sl} = f_s\sqrt{\frac{1-\frac{T'_l}{T_e}}{1+\frac{J_l}{J_r}}} = \sqrt{\frac{1-\frac{2.779}{10}}{1+\frac{0.88}{2.94}}} \times 950\text{Hz} = 708 \quad \text{Hz}$$

（8）根据选定电机矩频特性计算加速性能　从 $f_s = 500$ 加速至 $f = 6000$ 脉冲/s 的加速时间为

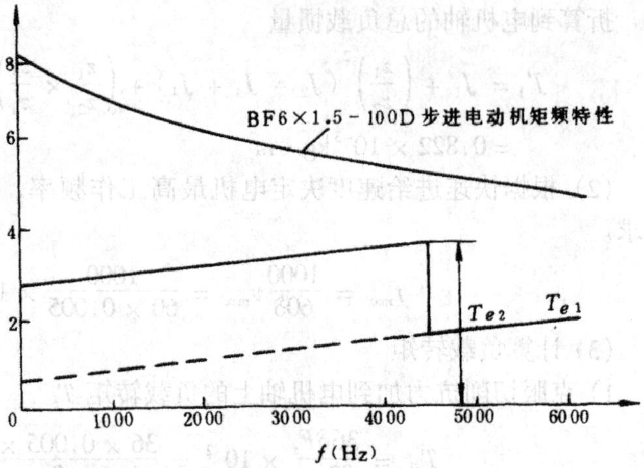

图 6－10　数控铣床 x 轴负载转矩图

$$t_2 = \frac{(J_r + J'_l)\beta}{57.3(T_{cp} - T_l)}(f_n - f_{t1}) = \frac{(2.94+0.88)\times 10^{-3}\times 1.5}{57.3\times\left(\frac{10+7.5}{2}-2.779\right)}\times(6000-500)\text{s} = 0.0921 \quad \text{s}$$

满足系统 $\tau = 130\text{ms}$ 的要求。

（9）校核系统的静态定位误差　根据样本 BF 1.5×6 六相功率步进电机静态步距误差 $\Delta\beta = 13\%$、$\beta = 0.13\times 1.5° = 0.195°$。由摩擦负载引起的误差 $\Delta\beta_D = \frac{6\times 1.5}{2\pi}\arcsin\frac{2.779}{10} = 0.39°$。系统的总静态定位误差 $\Delta\beta_t = \Delta\beta + \Delta\beta_m + \Delta\beta_D = 0.195° + 0.5° + 0.39° = 1.085°$，符合系统要求。

第三节　控制方式的选择

机电一体化系统的定位精度与控制方式有关。开环控制伺服系统没有位置检测装置，控制系统发出进给脉冲，通过伺服系统控制部件的移动，对移动部件的实际移动量不进行检测。图 6－11a 是由步进电机驱动齿轮和丝杠来带动工作台往复直线运动的开环系统。步进电机驱动电路接受从控制系统发来的脉冲指令，进行功率放大，从而控制步进电机的正反转和转速大小。每输入一个脉冲指令，步进电机就转动一定的角度（步距角），相应地工作台就移动一个距离。所以控制系统发出的脉冲数目决定了工作台移动的距离，脉冲频率决定了工作台移动的速度。

由于没有检测反馈，其位移精度主要取决于步进电机和传动元件的累积误差。有误差，也不能自动纠正。因此，开环系统的定位精度较低，一般可达 ±0.01～0.03 mm，且速度也有一定的限制（取决于步进电机的性能）。开环系统的结构简单、成本低，调整和维修比较方便，工作可靠，主要用于精度、速度要求不高的场合。如简易数控机械、小型工作台、线切割机和绘图仪等。

闭环伺服系统的工作原理如图 6－11c 所示。安装在工作台上的位置检测器（如直线感

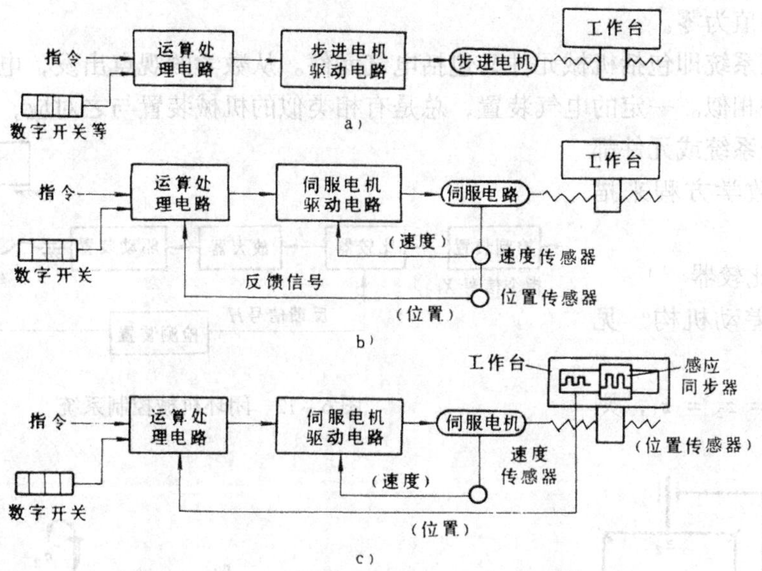

图 6-11　伺服电机控制方式的基本形式

a) 开环方式　b) 半闭环方式　c) 全闭环方式

应同步器，长光栅或磁栅)，可将直线位移量变换成反馈电信号，并与位置控制器中的参考值比较，所得到的偏差值经过放大，由伺服电机驱动工作台向减小误差方向移动。若数控装置中的脉冲指令不断地产生，工作台就随之移动，直到偏差值等于零为止。

闭环系统的定位精度主要取决于检测反馈部件的误差，而与放大器、传动装置没有直接的联系。所以，全闭环系统可以得到很高的精度和速度。为了增加系统的阻尼，其内部还有速度反馈子回路。全闭环系统的定位精度可达 ±0.001~0.003mm。

在全闭环系统中，机械系统也包括在位置反馈回路之内。因此，系统受机械固有频率、阻尼比和间隙等因素的影响，时常成为系统不稳定的因素，从而增加了系统设计和调试的难度。全闭环系统主要用于精度和速度较高和大型的机电一体化机械设备。

由于测量角位移比测量线位移容易，并可在传动链的任何转动部位进行角位移的测量和反馈，这种从传动链中间部位取出反馈信号的系统称为半闭环伺服系统(如图 6-11b 所示)。在半闭环伺服系统中，只能补偿回路内部传动链误差，其定位精度比全闭环的稍差，一般可达 ±0.005~0.01 mm。半闭环伺服系统的稳定性比闭环系统好，且结构比较简单，调整和维护也比较简单，广泛用于各种机电一体化设备。

第四节　机械传动方案的选择

一、控制系统中的机械环节

机械控制系统按照被控量有无检测反馈基本上也可分为开环和闭环控制系统两类。下面以闭环控制系统来分析机械控制系统的组成。见图 6-12。

控制装置发出指令信号 X_i，通过各环节使工作台移动，检测装置测出工作台的实际位移量，并发出反馈信号 H，指令信号与反馈信号输入比较器进行比较，用 X_i 与 H 的差值进行控制，直至差值为零。

大多数伺服系统即包括机械元件又包括电气元件。从数学的观点出发，电气元件的数学描述与机械部件相似。一定的电气装置，总是有相类似的机械装置与之对应，反之亦然。所谓相似是指两个系统或元件都可以用相同的数学方程来描述。

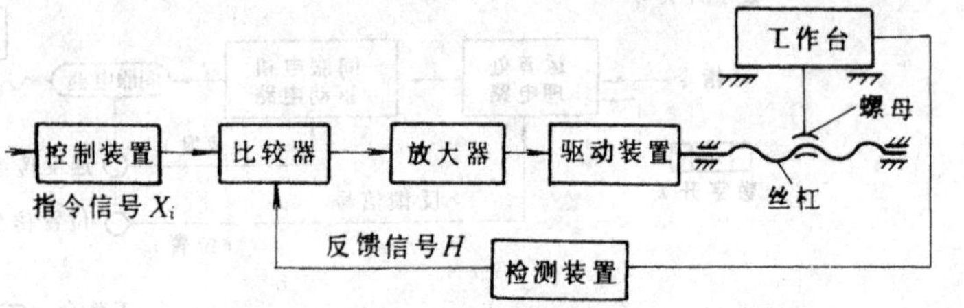

图 6－12　闭环机械控制系统

（一）机械比较器

1. 伞齿轮差动机构　见图 6－13。

如果　$z_1 = z_2 = z_3$，则 $2n_2 - n_3 = n_1$。

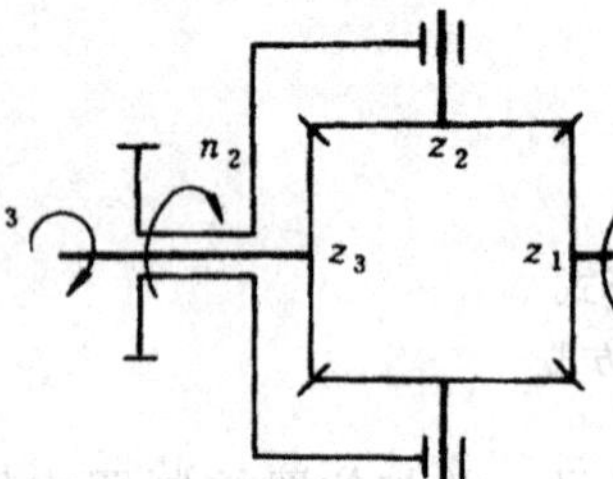

图 6－13　伞齿轮差动机构

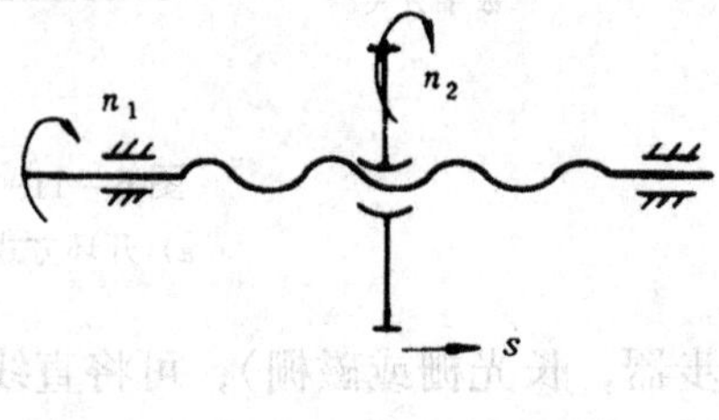

图 6－14　差动丝杠机构

2. 差动丝杠机构　见图 6－14。

$$s = (n_1 - n_2)P$$

式中　s——齿轮螺母轴向位移；

n_1——丝杠转速；

n_2——齿轮螺母转速；

P——丝杠螺距。

（二）机械放大器

齿轮齿条、丝杠螺母副、丝杠等都可构成放大环节。

例 6－2　丝杠螺母放大环节传动，见图 6－15。建立工作台进给速度 v 与丝杠转速 n 的传递关系。

$$v = Pn$$

$$V_{(s)} = PN_{(s)}$$

$$G_{(s)} = \frac{V_{(s)}}{N_{(s)}} = P$$

式中　P——丝杠螺矩。

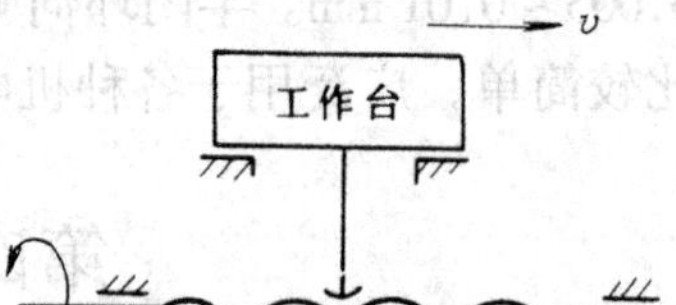

图 6－15　丝杠螺母放大环节

例 6－3　齿轮、皮带轮传动，见图 6－16。

图中　T_1、T_2——作用转矩；

θ_1、θ_2——角位移；

r_1、r_2——皮带轮半径；

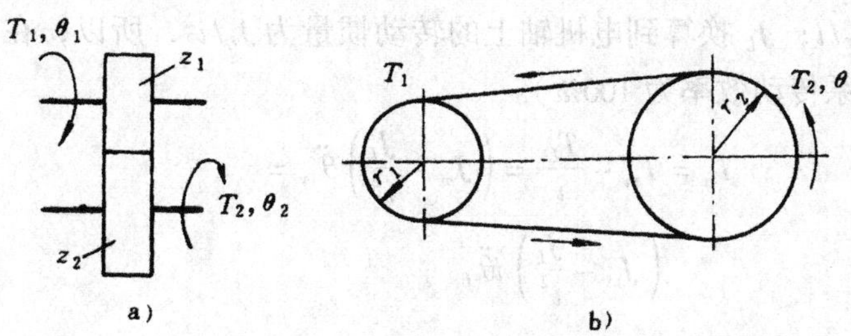

图 6-16　齿轮、皮带轮传动

z_1、z_2——齿轮齿数。

$$\theta_1 z_1 = \theta_2 z_2$$

$$\theta_1 r_1 = \theta_2 r_2$$

如果在传动过程中所做功无损失，则

$$T_1 \theta_1 = T_2 \theta_2$$

$$\frac{T_1}{T_2} = \frac{\theta_2}{\theta_1} = \frac{\omega_2}{\omega_1} = \frac{z_1}{z_2} = \frac{r_1}{r_2}$$

由此可见此结构对于转矩、角位移、角速度的传递来说都是比例环节即放大环节。

例 6-4　杠杆传动，见图 6-17。

图中　F_i、F_0——输入、输出作用力；

x_i、x_0——输入、输出位移；

l_i、l_0——输入、输出端距支点杠杆长度。

则

$$\frac{F_0}{F_i} = \frac{x_i}{x_0} = \frac{l_i}{l_0}$$

由此可见，此机构对于作用力和位移的传递来说是比例环节。

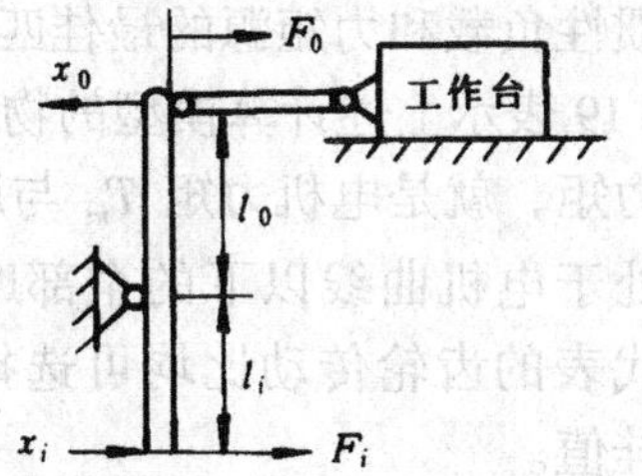

图 6-17　杠杆传动

二、直流伺服电机总传动比的选择

用于伺服系统的齿轮系是一种力矩变换器，其输入是电机的高速低扭矩，输出为低速高扭矩，并借此加速负载。因此，不但要求齿轮系在传递扭矩时有足够的强度，还要求其转动惯量尽可能小，以便在获得同一加速度时扭矩要小。由于负载特性和工作条件不同，可有不同的最佳传动比的选择方法。在伺服系统中，常用按电动驱动负载加速度最大的传动比选择方法。

图 6-18 表示惯量 J_m 的直流伺服电机通过一个齿轮系带动负载 L，其转动惯量为 J_L、摩擦转矩为 T_{LF}，最佳传动比 $i = \dot{\theta}_L / \dot{\theta}_m$ 的计算模型。

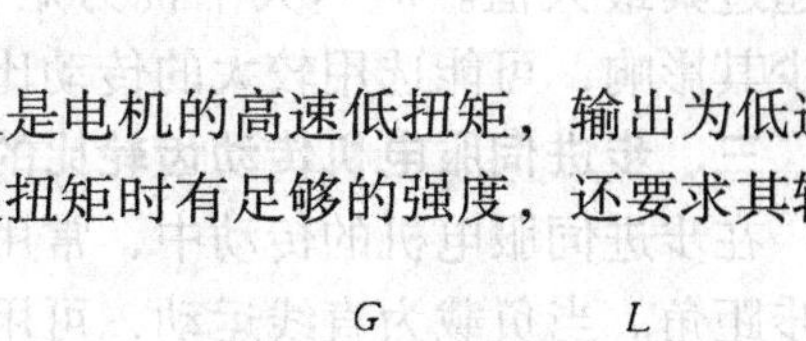

图 6-18　电机驱动齿轮系和负载的集总惯量模型

已知：传动比 $i = \dfrac{\theta_m}{\theta_L} = \dfrac{\dot{\theta}_m}{\dot{\theta}_L} = \dfrac{\ddot{\theta}_m}{\ddot{\theta}_L} > 1$；$T_{LF}$ 换算到电

机轴上的阻抗力矩为 T_{LF}/i；J_L 换算到电机轴上的转动惯量为 J_L/i^2，所以，在电机轴上的加速度转矩为（假定齿轮系传动效率为 100%）。

$$T_a = T_m - \frac{T_{LF}}{i} = \left(J_m - \frac{J_L}{i^2}\right)\ddot{\theta}_y = \left(J_m - \frac{J_L}{i^2}\right)i\ddot{\theta}_L$$

或

$$\ddot{\theta}_L = \frac{T_m i - T_{LF}}{J_m i^2 - J_L} = \frac{iT_a}{J_m i^2 - J_L}$$

令 $\frac{\mathrm{d}\ddot{\theta}_L}{\mathrm{d}i} = 0$ 时，求得负载加速度为最大的 i 值，即

$$i = \frac{T_{LF}}{T_m} + \sqrt{\left(\frac{T_{LF}}{T_m}\right)^2 + \frac{J_L}{J_m}}$$

若 $T_{LF} = 0$ 时，则

$$i = \sqrt{\frac{J_L}{J_m}} \quad 或 \quad \frac{J_L}{i^2} = J_m$$

上式表明，齿轮系传动比的最佳值就是 J_L 换算到电机轴上的惯量恰好等于转子惯量 J_m，这就能达到惯性负载和力矩源的最佳匹配。

图 6－19 表示上述计算模型的物理意义，用来加速惯性负载的力矩，就是电机力矩 T_m 与摩擦力矩 T_{LF}/i 之差，原则上，处于电机曲线以下的全部摩擦负载曲线（阴影面积）所代表的齿轮传动比均可选择，但符合上述极值条件是最佳值。

事实上，由于其它的工程方面考虑，实际的传动比可能比计算值低，这样，获得所要求的负载加速度时不会超过其最大值。但当大干扰力矩作用于负载时，为了减少其影响，可能选用较大的传动比。

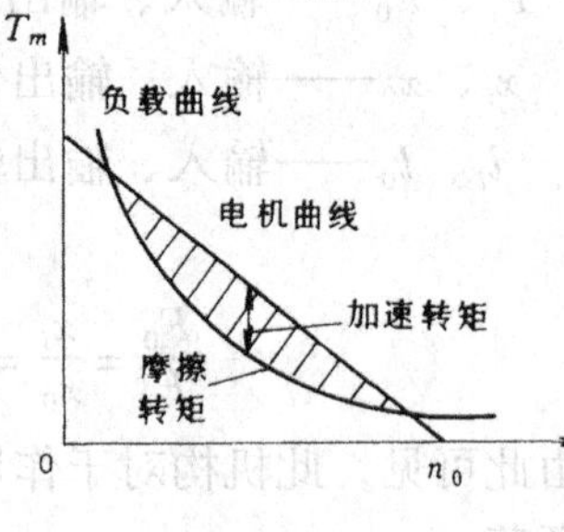

图 6－19　用于齿轮传动比选择的扭矩—转速曲线

三、步进伺服电机传动齿轮比的选择

在步进伺服电机的传动中，常用齿轮传动装置改变步距角以获得标准步进电机不易获得的步距角。当负载为直线运动，可用齿轮—齿条或齿轮—丝杠和螺母将电动机的旋转运动变成直线运动。通过步进电机的传动齿轮改变加到负载上的转矩，使转矩匹配，或使负载惯量与电动机相匹配。另外，可适当选择传动比以获得较好的阻尼特性。

齿轮装置用于改变负载的步距角时，选择适当的传动比可满足要求。例如，如果需要步距角为0.6°，则可采用一台1.8°步距角的电机及 3:1 的传动比。当用齿轮传动装置来进行转矩匹配时，比较理想的是使电动机在输出功率最大时的转速下运转。根据矩频特性求出转矩，乘上输入对输出的传动比，减去所有齿轮损耗便可以得到有效转矩。

步进电机的电感相当大，因而引起转矩随转速变化而变化。因此，当用齿轮传动装置作惯量匹配时，必须谨慎地选择传动齿轮。步进电机这方面的情况因实际电感的大小而异。对于电感很小的电机在转动一圈或小于一圈时，与转子惯量相匹配的负载惯量就会产生最小响

应时间。但是，对其他的电动机，负载惯量与转子惯量比例为3:1时才会产生最小响应时间。矩频特性曲线的形状可以作为准绳。如果转矩在运行区段内保持不变，则负载惯量与转子惯量相等时的瞬变时间为最小。

步进电机的步进位移误差常常每一步都不相同，而且如果电动机每次都用同一相启动和停止时，这种误差将最小。如果齿轮传动比选择成使三相步进电机三步完成一个当量，这个系统就会按同一相启动和停止。这样一来，就减少了除分误差的机会，并使相电阻和电感不平衡的影响趋于最小。当采用四相步进电机时，比较理想的是，取每一当量为四步或取其整数倍，这样电机将会总是按同一相启动和停止。

当步进电机采用齿轮传动时，齿轮中的任何一项误差都将加到电机本身正常的步进误差中去，该误差由齿轮的综合误差和一对齿轮中的间隙所造成。

第七章　机电一体化中的软件技术

第一节　概　　述

“软件”这一名词60年代初从国外传来，当时对它的确切含意不十分清楚。现在对软件一种公认的解释认为，软件由程序、数据和文档三部分组成。即按事先设计的功能和性能要求执行的指令序列，使程序能正常加工信息所需要的数据以及描述程序操作及使用的资料。

软件按其功能划分为系统软件、支撑软件和应用软件。

系统软件　能使计算机系统的各个部件、相关的软件和数据协调、高效地工作。例如，操作系统、数据库管理系统、驱动程序以及通讯处理程序等。系统软件的工作通常伴随着：频繁地与硬件来往、大量地为用户服务、资源的共享与复杂的进程管理以及复杂数据结构的处理。系统软件是计算机系统必不可少的一个组成部分。

支撑软件　是协助用户开发软件的软件，包括帮助程序人员开发软件产品，也包括帮助管理人员控制开发的进程。表7-1给出了一些支撑软件的实例。

表7-1　支撑软件举例

一　般　类　型	支　持　需　求　分　析
文本编辑程序	PSL/PSA问题描述语言、问题描述分析程序
文件格式化程序	关系数据库系统
磁盘向磁带作数据传输程序	一致性检验程序
程序库系统	CARA计算机辅助需求分析
支　持　设　计	**支　持　实　现**
图形软件包	编译程序
结构化流程图绘图程序	交叉编辑程序
设计分析程序	预编译程序
程序结构图编辑程序	联接编辑程序
支　持　测　试	**支　持　管　理**
静态分析程序	PERT进度计划评审方法绘图程序
符号执行程序	标准检验程序
模拟程序	库管理程序
测试覆盖检验程序	

应用软件　能帮助人完成待定领域的工作。为计算机应用领域服务的应用软件种类繁多，其中商用信息处理所占比例是最大的一类，工程和科学计算软件大多属于数值计算问题。近年来一些新的应用领域异军突起，比如，计算机辅助设计（CAD）、系统模拟、智能产品嵌入软件（如汽车油耗控制、仪表盘数字显示、刹车系统），以及人工智能软件（如专家系统、模式认别等）。应用软件在这些领域里大显神通，使得系统的产业部门面目一新，产生了惊人的生产效益和巨大的经济效益。

第二节　软件开发的方法

一、软件开发的步骤和任务

软件开发的过程包括：计划、需求分析、设计、程序编写、测试和运行维护等六个步骤。这些步骤的主要任务概括为：

需求分析是对开发的软件进行详细的定义，写出软件需求说明书或功能说明书及初步的系统用户手册，提交管理机构评审。

软件设计是软件工程的技术核心。在设计阶段中设计人员要把已确定了的各项需求转换成一个相应的体系结构，结构中每一组成部分是意义明确的模块，每个模块都和某些需求相对应，即所谓概要设计；进而对每个模块要完成的工作进行具体的描述，以便为程序编写打下基础，即所谓详细设计。所有设计中的考虑都应以设计说明书的形式加以详细描述，以供后继工作使用并提交审查。

程序编写是把软件设计转换成计算机可以接受的程序，即写成以某一程序设计语言表示的“程序清单”。这步工作也称为编码。所编写的程序应该是结构良好、清晰易读且与设计相一致。

测试是保证软件质量的重要手段，其主要方式是在设计测试用例的基础上检验软件的各个组成部分。首先进行单元测试以发现模块在功能和结构方面的问题，其次将已测试过的模块组装起来进行组装测试，最后按所规定的需求，逐项进行有效性测试，决定已开发的软件是否合格，能否交付给用户使用。

二、软件设计方法

（一）软件设计阶段的任务

在软件设计阶段主要解决的是软件的总体结构和一些处理的细节。通常把设计阶段的工作分为两步：概要设计和详细设计。

在概要设计阶段应完成的工作有：

1）程序结构的总体设计　决定软件的总体结构，包括整个软件系统分为哪些部分，各部分之间有什么联系以及已确定的需求对这些组成部分如何分配等方面。

2）数据结构设计　决定文件系统的结构或数据库的模式、子模式以及数据完整性、安全性设计。

3）完成用户手册　对需求分析阶段编写的初步用户手册进行重新审订，在概要设计的基础上确定用户使用的要求。

4）制定初步的测试计划　完成概要设计以后，应对测试的策略、方法和步骤等提出明确的要求。尽管这个测试计划是初步的，尚不十分完善，但在此基础上，经过进一步完善和补充，可作为测试工作的重要依据。

5）概要设计评审　在以上几项工作完成以后，组织对概要设计工作质量的评审。特别着重评审以下几个方面：软件的整体结构和各子系统结构、各部分之间的联系，软件的结构。如保证需求的实现，确认用户接口等。

详细设计要完成的工作是：

1）确定软件各个组成部分的算法以及各部分的内部数据组织。

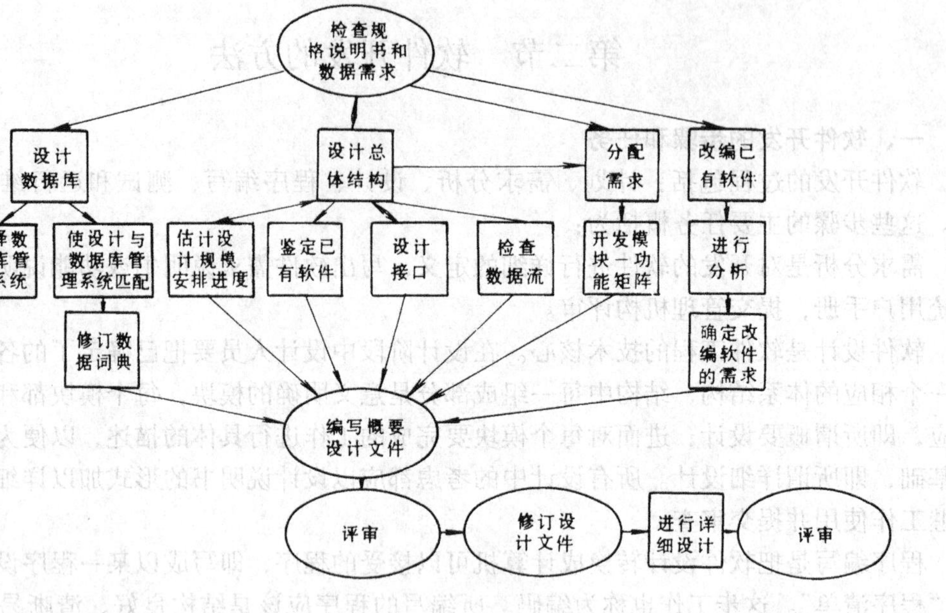

图 7-1 软件设计工作流程

2）选定某种表达方式来描述各个算法。

3）进行详细设计的评审。

软件设计是软件开发的关键，其最终目标是要取得最佳设计方案。图 7-1 示出软件设计流程。

（二）程序结构

概要设计需要完成程序结构的总体设计，最主要的任务是解决如何把整个系统划分成若干个部分的问题，各个部分继续划分，直至最小的基层单位，称为模块。实际上，每个程序模块就是将要实现某种特定功能的程序段。各个模块按某一形式组织在一起，称为程序结构。

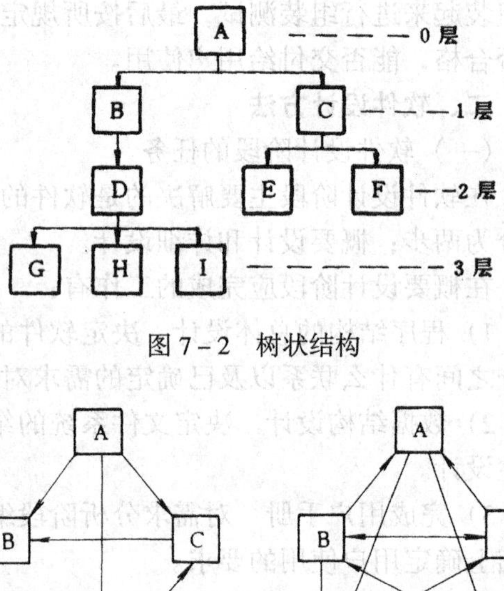

图 7-2 树状结构

程序结构最普通的形式是树状结构和网状结构。树状结构中，根部有一个顶层模块，与其联系的有若干个下属模块，各下属模块还可进一步引出更下一层的下属模块，如图 7-2 所示。从图示的树状结构中可以看出模块的层次关系是十分清楚的，整个结构只有一个顶层模块，并且对任何一个下属模块来说，它只有一个上级模块与之直接关联。

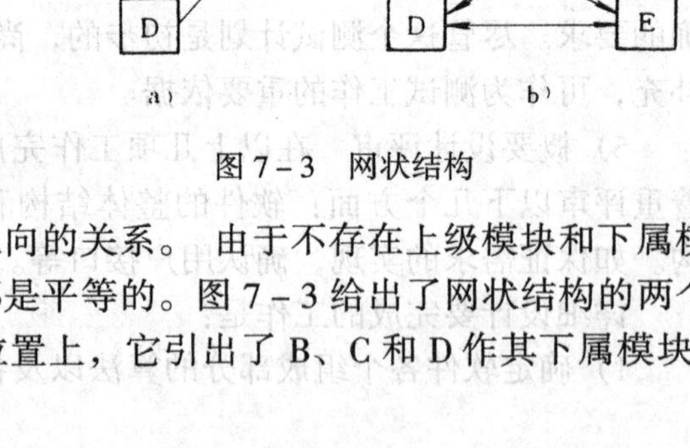

图 7-3 网状结构

在网状结构中，任意两个模块之间都可有双向的关系。由于不存在上级模块和下属模块的关系，也就分不出层次来。任何两个模块都是平等的。图 7-3 给出了网状结构的两个例子。图 7-3a 中，形式上模块 A 处在较高的位置上，它引出了 B、C 和 D 作其下属模块，但实际上 B 也是 C 的下属模块，并且 C 又是 D 的下属模块。这都违背了上述一个下属模块只能有一个上级模块的层次规则，也就无法构成层次关系。图 7－3b 中给出了典型的网状结构。该图中五个模块之间都建立了平等的双向联系。

由以上分析可以看出，对于不加限制的网状结构，由于模块间相互关系的任意性，使得整个结构十分复杂，处理起来势必引起许多麻烦。显然，网状结构中模块间的复杂关系抵消了模块划分带来的好处。因而在软件开发实践中，人们宁愿采用树状结构，而不采用网状结构。

（三）结构图

结构图是精确表达程序结构的图形表示方法，它能清楚地反映出程序中模块间的层次关系和联系。结构图中以特定的符号表示模块、模块间的调用关系和模块间的通讯。在结构图中可能出现以下四种类型的模块：

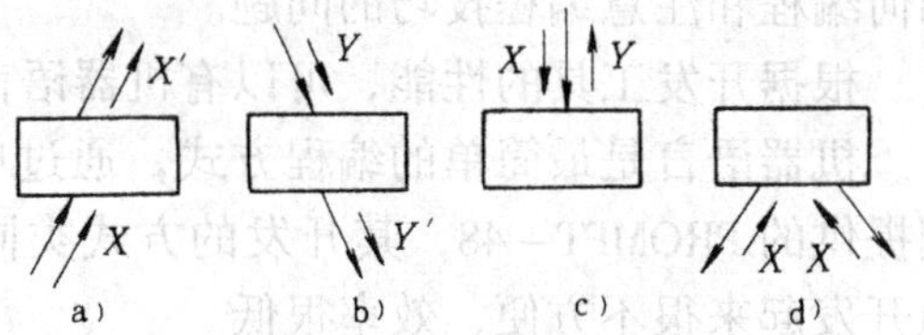

图 7－4　结构图中的四种模块类型

传入模块——从下属模块取得数据，经过某些处理，再将其传送上级模块（见图 7－4a）。

传出模块——从上级模块取得数据，进行某些处理，传送给下属模块（见图 7－4b）。

变换模块——从上级模块取得来的数据，经特定的处理后，送回原上级模块（见图 7－4c）。

协调模块——对其下属模块进行控制和管理的模块（见图 7－4d）。

（四）程序流程图

程序流程图也称为程序框图，它能把程序执行的控制流顺序表达得十分清楚且直观易懂。通常任一程序流程图由五种基本控制结构（如图 7－5 所示）组合或嵌套而成。这五种基本控制结构是：

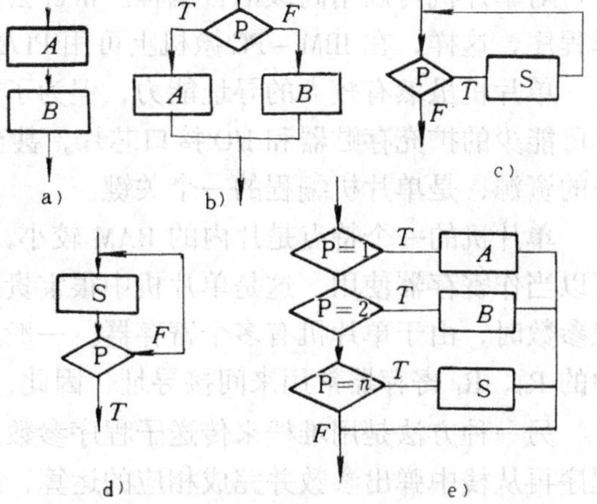

图 7－5　流程图的基本控制结构

a）顺序型　b）选择型　c）当型循环

d）直到型循环　e）多种情形型

（1）顺序型结构　含有多个连续的加工步骤，见图 7－5a。

（2）选择型结构　由某个逻辑条件式的取值决定选择两个加工中的一个，见图 7－5b。

（3）当型循环结构　在控制条件成立时，重复执行特定的加工，见图 7－5c。

（4）直到型循环结构　重复执行某些特定加工，直到控制条件成立，见图 7－5d。

（5）多种情形型结构　列举多种加工的情况，根据某控制变量的取值，选择执行其中之一。见图 7－5e。

需注意的是程序流程图和结构图有着本质的差别。程序流程图着重表达的是程序执行的顺序以及执行顺序所依赖的条件；而结构图着重反映的是模块间的隶属关系，结构图着眼于软件系统的总体结构，它并不涉及模块内部的细节，只考虑模块的作用以及它和上、下级模块的关系。而程序流程图则用来表达执行程序的具体算法。

三、单片机软件开发的方法

单片机的结构与一般通用的微处理器有所不同，它一般是为应用系统而设计的，本身缺乏自行开发和编程的能力，必须借助于开发工具来开发。对单片机的开发要达到编程、排错和仿真三个目的，其手段有软件开发、在线仿真和单板机等几种开发，下面简述单片机软件开发。

（一）编程

单片机实际上就是一台带有编程的微型计算机，单片机的开发，在某种程度上是要解决如何编程和注意编程技巧的问题。

根据开发工具的性能，可以有机器语言、汇编语言和高级语言三种编程方式：

机器语言是最简单的编程方式，通过单板机上的十六进制键手动输入。如 Intel 公司早期提供的 PROMPT－48，其开发的方式类同于目前常用的 TP801 单板机，这种开发成本低，但开发起来很不方便，效率很低。

汇编语言编程分自汇编和交叉汇编两种形式。自汇编是指开发装置或单板机常驻的行汇编，常无标号处理。交叉汇编是借助于通用计算机系统（如 IBM－PC、Apple－Ⅱ等微机）来对单片机进行编程，交叉汇编可以利用主机上的系统资源。

对单片机可以用高级语言编程。Intel 公司在 IBM－PC 微机上配备了 PL/M－51 的交叉编译程序，这样，在 IBM－PC 微机上可用 PL/M 高级语言对单片机 MCS－51 系列编程。

单片机虽然有较大的寻址能力，但为了充分发挥单片机的特点，在实际应用中往往使用尽可能少的扩充存贮器和 I/O 接口芯片，甚至只使用一块单片机，因此如何合理使用单片机中的资源，是单片机编程的一个关键。

单片机的一个特点是片内的 RAM 较小，一般只有 64 或 178 个字节，但存取速度很快，可以当作寄存器使用，这是单片机中很宝贵的资源，必须合理使用。例如在建立子程序的过程参数时，由于单片机有多个寄存器，一般采用寄存器来传送子程序中的过程参数。单片机中的 R_0、R_1 寄存器常用来间接寻址，因此，用 R_2 至 R_7 来传送过程参数。

另一种方法是用堆栈来传送子程序参数。调用子程序之前，先把过程参数压入栈内，子程序再从栈中弹出参数并完成相应的运算，最后把结果压入栈内后再返回主程序。主程序可从栈中取出调用子程序的结果。在单片机中，采用硬件堆栈（在片内 RAM 中），堆栈的深度是有限的，一般只用来存放子程序返回的迹和一些系统的状态。

中间结果存贮区可以存放子程序，也可以存放主程序，对于这些存贮块并不赋予固定的特征。管理中间结果存贮区的一种便利方法是“动态分配”法，此方法可由一个自动子程序来担负动态分配任务，它始终自动跟踪可使用的存贮器位置。当一些存贮单元被使用时，动态分配程序将自动跟踪指向下一个可使用的存贮单元。在一些程序释放出存贮单元时，动态分配程序将压缩这些程序使用过的存贮单元，并使这些存贮单元重新得以使用。因此，正在使用的中间结果存贮区其总数是随程序运行在动态地变化。

（二）排错

排错包括对测试和调试，其目的是使程序满足程序说明的要求。测试是要检测出程序里存在的故障，调试是要找出已发现的故障的原因，然后修复故障。

通常为用户排错提供以下手段：

1）单步。

2）运行。

3）断点运行。

4）存贮器、寄存器和I/O端口检查/修改操作。

5）跟踪。

跟踪是排错的一个重要功能，它能摄取（跟踪）单片机运行时的每一机器周期中的地址、数据、I/O端口和控制总线上的信息。当程序执行停止或中断时，能立刻在屏幕上显示跟踪点前（或后）的若干机器周期的信息，为程序的调试提供了更先进的手段。

1．程序测试的步骤　程序测试一般有如下步骤：

1）从小块程序着手。把大块程序分成小块子程序，从小块入手，然后回过头逐步升级到整个系统。可先对最初的子程序即那些不调用其它程序的子程序开始测试。

测试时，可手工对程序逻辑和程序结构进行检查，然后用“测试实例”程序来测试。所谓“测试实例”就是用精选过的数据去验证程序工作是否正确。“测试实例”程序一般应包括程序能正确处理的数据和应拒绝执行的数据。

例如，把ASCIL码字符转换成相应的十六进制码的子程序中，30－39H（十六进制的0～9）和41－46H（十六进制的A～F）是合法值。要测试该子程序，验证30H、39H、41H、46H是否是正确值，而对2FH、3AH、40H、47H这些值子程序应拒绝接受。

2）逐次向上一级程序。一旦所有最初程序调试完毕，就可以转向上一级程序，这级程序调用最初级程序（已调试正确），因此，只要保证正确设置过程参数就可以集中注意力于检查各个新的程序部分。然而增加更多的新模块会使整个程序规模不断增大。

3）仔细检查程序初始化和程序结束部分，这是测试中最容易忽略的地方。必须确保系统本身初始化是正确的。检查的方法是启动程序后便停止运行，然后检查相应的状态是否出错。

2．程序调试的步骤　在程序测试中，有的也能进行部分程序的调试。典型的程序调试按以下步骤进行：

1）输入一组测试用的输入量，使程序运行，观察故障的影响。

2）合理推测一下故障的可能位置。如果一下子就发现了错误，就去检查汇编清单；否则，在程序进入可疑范围之前设置一个断点；若可疑范围很大，就在接近中间的位置处设断点。

3）再次运行程序，如果达不到断点，显然故障还在前面，移动断点，再回到步骤2）。

4）若达到断点，就检查单片机中的寄存器、堆栈、重要变量等，看它们的值是否正确。如果故障已经出现，再一次移动断点，回到步骤2）。

5）若达到断点时故障还没出现，就单步执行程序，观察是否在预期的方向上产生分枝，并在关键处检查寄存器和存贮器的状态。如果故障还未出现，则就要回到步骤1）或2）再进行。

一旦找到故障的位置，就能排除故障。值得注意的是，一个程序内往往有不止一个故障；同时，也不要在排除原有故障时，又引进新的不必要的故障，造成调试的难度加大。

（三）仿真

仿真就是开发系统通过仿真器的硬件和软件“真实”地模拟被开发的目标机的运行。单片的开发如果是通过仿真器来进行的话，则不但能仿真单片机中的 CPU，还能仿真存贮器和 I/O 端口等。用户既能从开发系统中利用 CPU，又能利用各种存贮器与 I/O 等资源，这对用户在系统设计初期或目标应用系统的硬件还未齐全时很有帮助，能为用户选择一个软、硬兼顾的最佳设计方案。

综合编程、排错、仿真三方面，我们可以看出：单片机的编程可以通过宿主机的交叉汇编（或交叉编译）形式进行。但是，若缺少运行程序的目标机，就无法在宿主机上进行排错调试。因此，还得用软件在宿主机上创建一个模拟目标单片机的模拟环境，把编好的程序在这个环境下运行，同时进行排错调试。这种方法对单片机的开发是简单易行的，因为对一个简单的应用系统来讲，单片机的开发主要是对 EPROM 进行编程和调试。在已有的通用计算机上就能达到这些功能。由于在通用计算机上创建的环境是模拟的，无法进行实时全速运行；因此，对实时要求比较高的系统，还需要把调试好的程序的目标代码装入 EPROM，借助于其它仪器（如逻辑分析仪）进行实时调试。所以，软件模拟开发只适合于一些实时性要求不高的应用系统。如美国的 Cyberntec Micro Systems 公司在 IBM - PC 机上配备了各种单片机的模拟开发系统，可以模拟开发 Intel 公司的 MCS - 48、MCS - 51、MCS - 96 单片机系列和 Zilog 公司的 Z8、Motorola 公司的 6801/6805 等单片机。每一个系统由 CYS（交叉汇编）、SIM（排错/模拟）、软件包和 CYP（EPROM 编程板）组成。

第三节　汇编语言程序的应用

汇编语言是用汇编符号表示的低级语言，是为特定的计算机而设计的，不同类型的计算机其汇编语言各不相同。用汇编语言书写的程序可以把指令、数据、地址符号化，与机器语言相比，具有易写、易懂、易记、易修改的优点。与高级语言相比，具有执行速度快、节省内存、控制精细的优点。汇编语言程序由若干汇编语言语句行构成，每个语句行由四部分组成：1）标号：即符号地址，用于标志程序转向或调用子程序的入口。2）操作码：可以是助记符、伪指令或宏指令。3）操作数：可以是常数、简单的算术表达式或符号名。4）注释：用作语句的说明。四部分之间分别用分隔符隔开，1）与 2）之间用冒号“:”，2）与 3）之间用空格，3）与4）之间用分号“;”。下面介绍汇编语言程序的实用实例。

一、微机数控系统的键处理及显示程序

（一）概述

TP801 单板机中原有监控程序由下面四部分组成：1）初始化、显示和键盘分析程序。2）键盘动作程序。3）实用子程序。4）表格。以上这些程序可以通过键盘向计算机输入机器语言水平的程序和数据。并在开发程序时作为键盘输入、检查和调试程序用。但在实际应用中这些功能不能满足机床控制的要求。如在原监控下向单板机输入数据时，只能在指定的单元中存放数据，这样就需要操作者记住很多单元的地址，显然操作是很不方便的。因此微机数控系统中，可利用原有键盘进行重新定义。键的功能由程序来解释，根据操作的内容来确定；在定义键的同时，设置了显示程序（原六位显示器上显示或在 CRT 上显示），输入数据时可用来显示输入数字量，加工时显示加工段数和加工长度，便于观察和监视加工进行的情况。

（二）键盘定义

键盘定义是根据操作控制内容由用户定义，其主要功能有：1）通过0～9十个数字键打入十进制数字量，称为数字键。2）把A～F六个键以及原单板机上两排命令键作为数控机床的指令键及其他操作命令键，用来控制输入数据及作启动、插入、删除等操作，这些键称为控制键（或叫命令键）。3）除了上面这些键定义外，根据不同用户的需要以及车床结构的不同，可定义如对刀、退刀及手动进给（$+\Delta X$、$+\Delta Y$、$-\Delta X$、$-\Delta Y$）等键，也称命令键。

插入/对刀	返回/跳选	删除 ←	上档 →	
检查/修正	启动/总段号	检索/循环	回车/符号	
7	8	9	段号 间隙 $\frac{X}{Z}$	MON′
4	5	6	$\frac{G}{M}$	MON
1	2	3	$\frac{\Sigma J}{T_C}$	暂　停
0	进刀量/$T_{\Delta\square}$	Z（K）/刀补量（Z）	X（I）/刀补量（X）	执　行

图7－6　键盘定义

目前在用微机对机床的改造上，键盘定义没有统一的格式，而是根据用户需要各自定义。因此键盘定义的形式很多，但其原理基本相同。图7－6所示的键盘定义仅是其中的一种形式，它用于某一系统的数控车床上。

键盘定义是通过软件程序来实现的，它用程序访问“八锁存器”（74LS273）和“八缓冲器”（74LS244）组成的键矩阵，通过行列扫描其键分析找到所按的键。若是数字键就送显示，显示该键的内容；若是控制键则转到控制键处理程序执行各种控制命令。TP801单板机键盘硬件结构见图7－7。单板机运行时，程序按行扫描键盘，检查列的输出；由行信号与列信号的组合以确定是哪一个键闭合，先使最下面一行为低电平，若在此行中有键闭合，则相应的列输出为零（低电平），而其它列为1。若这一行没有键闭合，即使有的列为高电平，也应再顺序使上面一行为低电平，以同样的方法检查列的输出。这样一行一行地扫描，由行的值与列的输出值配合，即可确定是哪一个键闭合。

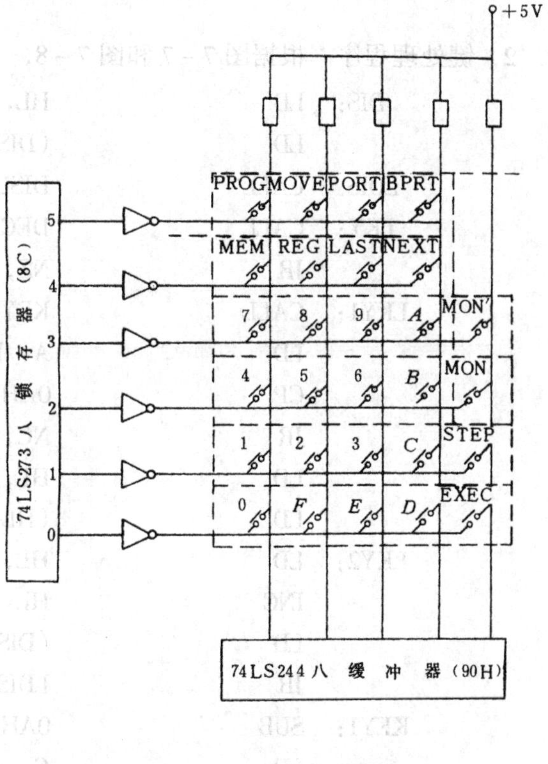

图7－7　键盘硬件结构

例如按下数码0的键，则对应的行值为01H，而列的输出值为0FH。

（三）键处理及显示程序（用字符显示器显示）

1．键盘分析流程　见图7－8。

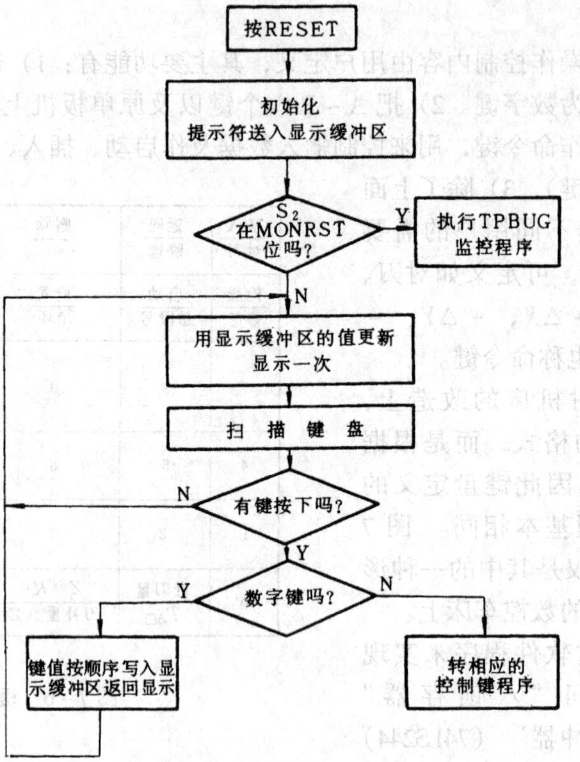

图 7－8　键盘分析流程图

2．键处理程序　根据图 7－7 和图 7－8，

```
DIS:   LD     HL, DSMEM；指向显示缓冲区的起点
       LD     (DISPT), HL；将显示内容地址存入 DISF
LDIS:  CALL   DISUPR；调用显示子程序
LKY:   CALL   DECKYR；调用查询键输入子程序
       JR     NZ, LDIS
LKY1:  CALL   KEYREL；查有无键按下
       LD     A, B
       CP     0AH
       JR     NC, KEY1；是控制键即转
       LD     HL, (DISPT)；取显示缓冲区指针
       LD     (HL), B；数字送入 DISMEM
LKY2:  LD     HL, (DISPT)
       INC    HL
       LD     (DISPT), HL
       JR     LDIS
KEY1:  SUB    0AH；控制键译码入口
       LD     C, A
       ADD    A, C；偏移量 = 键号 ×2
```

```
        ADD     A, C
        LD      C, A
        LD      B, 00H; 偏移量送 BC
        LD      HL, JPTB; 建立转移表指针
        ADD     HL, BC
        JP      (HL); 转相应命令处理程序
DSMEM:  EQU     2FF7H; 显示缓冲区起始地址
DISPT:  EQU     2FDBH; 存放下一个要写入显示缓冲区的单元指针
JPTB:   EQU     2FD60H; 命令键入口地址（用户定义）
```

显示子程序清单：

```
DISUPR: LD      HL, DSMEM; 取显示缓冲区地址
        LD      C, 20H; 从左边开始显示
DISS1:  LD      DE, SEGPT; 取七段字形表地址
        LD      A, (HL); 取显示内容
        ADD     A, E
        LD      E, A; DE 指向表项
        JP      NC, DISS2
        INC     D
DISS2:  LD      A, (DE); 查表获七段字型代码
        OUT     (SEGLH), A
        LD      A, C
        LD      B, 70H; 延时 1ms
DELY:   OUT     (DIGLH), A
        DJNZ    DELY
        INC     HL; 指向显示缓冲区下一地址
        SRL     C
        JR      NC, DISS1
        RET
SEGPT:  EQU     由用户定义; 建立字型表指针
SEGLH:  EQU     88H; 字型锁存器地址
DIGLH:  EQU     8CU; 字位锁存器地址
```

DECKYR（键输入子程序）和 KEYREC（键译码子程序）此处略去。

二、用软件代替机械凸轮

（一）概述

微型计算机也能具有机械凸轮的功能，转换回转输入运动为直线运动输出。在微型计算机上以软件形式合成的凸轮不但完全可以代替机械凸轮，而且还能克服纯粹的机械凸轮所存在的一些缺点。

机械凸轮是把回转运动变换成直线位移的常用方法。它的优点是简单、可靠。但是在一

些应用中也有不少缺点。例如，凸轮轮廓在使用一段时间后会磨损和改变形状，因而凸轮不能用在那些具有高的重复精度（百分之几毫米）要求的直线位移场合。另一个经常提到的缺点是机械凸轮受速度的限制。在高速运转下，凸轮推杆不能很好地跟踪凸轮表面。当凸轮轮廓线仅由简单平缓的曲线组成时，用简单的推杆就能跟踪。对于混合的机械运动变换则要求用复杂的连杆机构，要设计这些连杆很可能是困难的。

如果我们把表示在凸轮轮廓上的一个点所产生位移的每一个数的表格存储到计算机的存储器中，计算机也监测着回转轴的位置，当轴回转时，计算机从表格中取数并且转换每一数为输出信号，这个信号送给产生相应直线位移的执行机构，这样就形成了一个微型计算机软件凸轮。

（二）系统硬件

图 7－9 是一个简单的软件凸轮计算机系统。它由下列装置组成：

1）微型计算机　凸轮轮廓数据存储在其可编程序只读存储器中（PROM）。

2）转轴位置编码器。

3）D/A 转换装置。

4）执行机构。

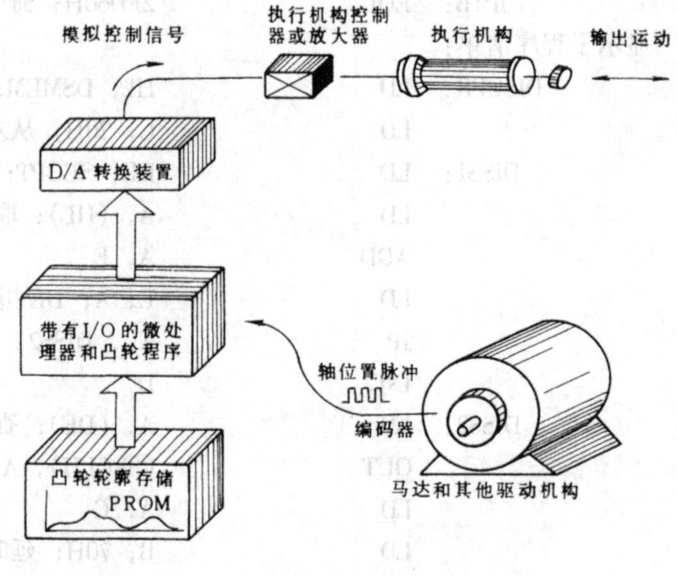

图 7－9　软件凸轮计算机系统框图

从计算机来的凸轮位移命令是 D/A 转换装置转换成执行机构产生位移的驱动信号。当计算机收到转轴位置上的编码器脉冲时，计算机便从存储在 PROM 中的凸轮轮廓表上取出一个相应的位移信号。执行机构有许多种，例如液动活塞、滚珠丝杠等。选取哪种执行机构，决定于实际需要。

根据需要，执行机构与计算机的其余部分可以分离很远。在位置速度允许的情况下，执行机构能够用通信线路或用普通的电话线与计算机的其余部分相联。在 PROM 中可同时存储几个凸轮轮廓的数据，相应轮廓的数据能按命令送到执行机构中去。

（三）凸轮软件

产生凸轮轮廓的软件算法如图 7－10 所示。它是由一个简单的循环程序组成。首先由微型机监测其转轴编码器产生的代表转轴回转的脉冲信号。当计算机收到一个编码器脉冲时，计算机从凸轮轮廓表格中检索第一个值并取数，这个数被送到 D/A 转换电路和放大器，去驱动执行机构产生一个位移。每当计算机接收到一个编码器脉冲，这个过程就重复一次。当计算机取数已经达到凸轮轮廓表格的末端时，它将返回到表格的开始地址，即第一个值。

（四）凸轮位置计算和误差分析

用软件代替机械凸轮，所产生的位移曲线不会是完全一样的。一个软件程序能近似凸轮直线位移的程度叫做系统分辨率。分辨率可根据数字编码器监测回转轴位置的特性曲线来计算。当增量编码器转一周产生 4096 个脉冲时，其分辨率为 $1/4096 = 0.0002441$ 或 $360°/4096 =$

0.088°。很显然，每当轴编码器送出一个脉冲，微型计算机便能更新一次它的直线位移输出。因此，计算机能分解转轴每一周为 4096 个增量，所产生的直线位移输出更新值也就有 4096 个（相应于转轴旋转一周）。

由于计算机仅仅在一个不连续的时间间隔上（例如0.088°一次）产生位移和一般的机械凸轮产生连续位移是不同的，这就产生了误差。图 7-11 中表示凸轮位移曲线的放大部分，可见这两种位移曲线间的差别。如果一个凸轮软件是为了代替现有的机械凸轮，从一个连续的模拟位移到一个数字的阶梯位移所引起的这种误差是可以进行计算的。由计算机合成的凸轮表面是阶梯形的，在阶梯形的每一个水平部分相当于回转轴的位置增量（在上例中即为一转的 1/4096)。每个垂直部分相当于受计算机控制的执行器产生的位移。这个位移和实际的凸轮轮廓之间的距离应不大于位移的公差值。例如，允许的系统位移误差是0.01 mm，则每个垂直部分应不大于 0 .01mm。

很显然，用计算机软件合成凸轮轮廓的最低精度部分，是那些有最大斜率的部分。因此，位移误差的计算通常就在这些容许误差范围内。这个斜率可由凸轮表面与阶梯形曲线形成的三角几何关系求得。即最大误差 $\Delta\psi = (\tan\theta)\dfrac{\Delta\phi}{2}$。

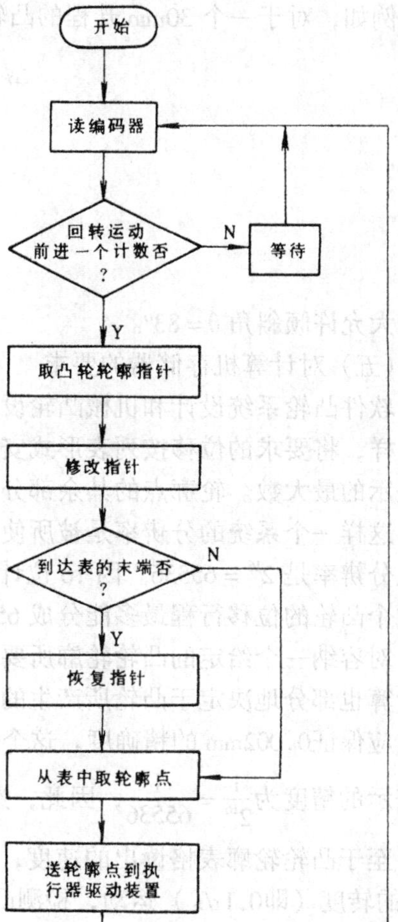

图 7-10 凸轮软件流程图

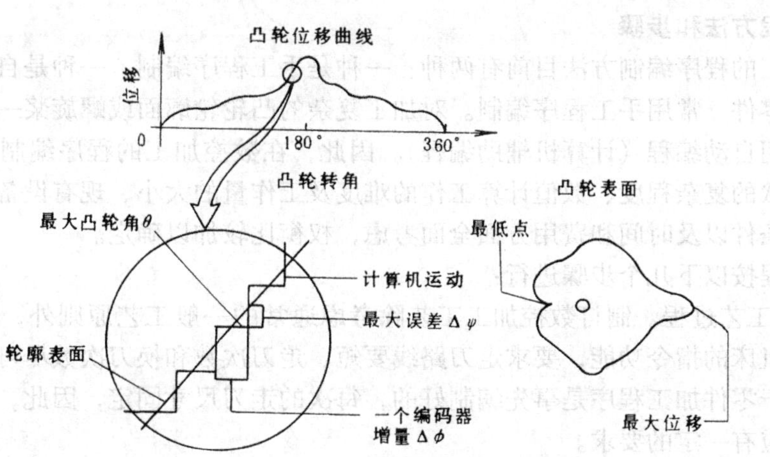

图 7-11 凸轮位移曲线

例如，对于一个 30mm 升程的凸轮，给出0.03 mm 系统位移误差，编码器为 4096 位，则

$$\Delta\phi = \frac{30}{4096} = 0.0073242$$

$$\frac{\Delta\phi}{2} = 0.0036621$$

$$\Delta\psi = 0.03$$

$$\tan\theta = \frac{0.03}{0.0036621}$$

得最大允许倾斜角 $\theta = 83°$。

（五）对计算机存储器的要求

软件凸轮系统设计和机械凸轮设计遵循着某些同样的程序。软件设计者如同设计机械凸轮一样，将要求的位移按列表形式安排。凸轮的最低点规定为零值，最高点规定为计算机所能表示的最大数。轮廓点的其余部分被分配在 0 ~ 最大数之间。

这样一个系统的分辨率是被所使用的计算机的字长所限制。例如，使用 16 位字长的计算机分辨率是 $2^{16} = 65536$。因 16 位计算机的凸轮轮廓表的最低值为 0，最高值为 65536，所以这个凸轮的位移行程最多能分成 65536 个部分。

对容纳一个给定的凸轮轮廓所要求的存储器容量，可从分辨率和位移误差计算出来。容量计算也部分地决定于凸轮所产生的直线移动量。例如，有一个 60mm 升程凸轮，并且在升程内应保证0.002mm 的精确度，这个凸轮升程应分成 $60 \times 500 = 30000$ 个部分。16 位计算机所表示的精度为$\frac{1}{2^{16}} = \frac{1}{65536}$，因此，选用 16 位计算机较为合适。

至于凸轮轮廓表格读出的速度，一般是不成问题的。例如，假定要模拟的机械凸轮 6r/min 的转度（即0.1r/s）运动，检测凸轮运动的编码器把每一转分成 8192 个部分，简称 8K，则每秒的存储表格地址数为0.1×8192。由于微型计算机通常检索一个单一的存储地址只需几微秒，因此，存储器检索速度是不会限制合成凸轮速度的。

第四节　数控加工零件的程序编制

一、编程方法和步骤

数控加工的程序编制方法目前有两种：一种是手工程序编制，一种是自动程序编制。对形状简单的零件，常用手工程序编制。对加工复杂的凸轮轮廓面或螺旋桨一类形状复杂的空间曲面，采用自动编程（计算机辅助编程）。因此，在数控加工的程序编制时，必须根据被加工零件形状的复杂程度、数值计算工作的难度及工作量的大小、现有设备（计算机、数控语言系统）条件以及时间和费用方面全面考虑，权衡比较加以确定。

手工编程按以下几个步骤进行：

1）确定工艺过程。制订数控加工工艺除考虑通常的一般工艺原则外，还应考虑充分发挥所用数控机床的指令功能，要求走刀路线要短、走刀次数和换刀次数尽可能少，加工安全可靠等。由于零件加工程序是事先编制好的，每次的走刀尺寸固定，因此，对零件毛坯的基准面和余量应有一定的要求。

2）根据加工路线和数控装置的功能，将加工过程划分成程序段。

3）运动轨迹的坐标计算。根据零件图的几何尺寸、走刀路径以及设定的坐标系计算粗、精加工各运动轨迹的坐标值，诸如运动轨迹的起点与终点、圆弧的圆心等坐标尺寸；对圆形刀具，有时还要计算刀心运动轨迹的坐标；对非圆曲线，还要计算逼近线段的交点（亦称节点）坐标值，并限制在允许误差范围以内。

4）编写加工程序单。根据计算出的运动轨迹坐标值和已确定的运动顺序、刀号、切削参数以及辅助动作，按照数控装置规定使用的功能指令代码及程序段格式，逐段编写加工程序单。在程序段之前加上程序的顺序号，在其后加上程序段结束符号。此外，还应附上必要的加工示意图、刀具布置图、机床调整卡、工序卡以及必要说明（如零件名称与图号、零件程序号、机床型号以及日期等等）。

5）制备控制介质。程序单只是程序设计完后的文字记录，还必须将程序单的内容记录在控制数控机床的控制介质上。

二、程序编制有关规定和指令代码

（一）坐标系和运动方向的规定

统一规定数控机床坐标轴名称及其运动的正、负方向，可使编程简便，并使所编程序对同类机床有互换性。目前国际上已统一了标准的坐标系。我国也已制订了JB3051—82《数控机床坐标和运动方向的命名》数控标准，它与ISO841等效。

图7－12示出了数控车床的标准坐标系，其坐标和运动方向是根据以下规定确定的。

1）规定增大工件与刀具之间的距离（即增大工件尺寸）的方向为正方向。

2）规定平行于机床主轴（传递切削动力）的刀具运动坐标为 z 轴，取刀具远离工件的方向为正方向（$+z$）。

3）为使编程方便，一律假定工件固定不动、全部用刀具运动的坐标系编程。

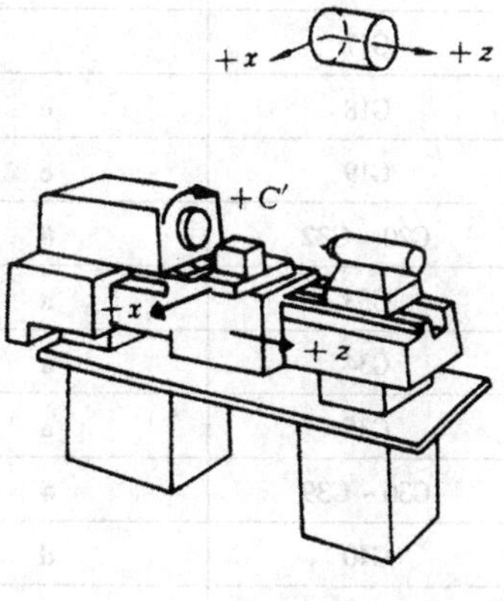

图7－12　数控车床坐标系

（二）准备功能与辅助功能代码

在数控加工程序中，是用各种准备功能的G指令和辅助功能的M指令来描述工艺过程的各种操作和运动特征的。G指令和M指令是程序的基础。

国际上广泛应用ISO制订的G代码和M代码标准。我国机械部根据ISO标准制订了JB3208－83《数控机床穿孔带程序段格式中的准备功能G和辅助功能M的代码》标准，它与ISO－1056－1975E等效。

1．准备功能G代码　它使机床建立起（准备好）某种加工方式的指令，如插补、刀具补偿、固定循环等。

G代码由地址G及其后的二位数字组成，从G00～G99共100种。表7－2为我国JB3208－83标准规定的G代码定义。

该表序号（2）中的a、c、…、k、i各字母所对应的G代码称为模态代码（即续效代码）。它表示一经应用（如a组中的G01），直到出现同组（a组）其它任一G代码（如G03）时才失效，否则保留继续有效，而且可省略不写。其它c、d、f等各组同理。应注意的是，

表 7-2　JB3208-83 准备功能 G 代码

代　码 (1)	功能保持到被取消或被同样字母表示的程序指令所代替 (2)	功能仅在所出现的程序段内有作用 (3)	功　能 (4)
G00	a		点定位
G01	a		直线插补
G02	a		顺时针方向圆弧插补
G03	a		逆时针方向圆弧插补
G04		#	暂停
G05	#	#	不指定
G06	a		抛物线插补
G07	#	#	不指定
G08		#	加速
G09		#	减速
G10～G16	#	#	不指定
G17	c		XY 平面选择
G18	c		ZX 平面选择
G19	c		YZ 平面选择
G20～G32	#	#	不指定
G33	a		螺纹切削，等螺距
G34	a		螺纹切削，增螺距
G35	a		螺纹切削，减螺距
G36～G39	#	#	永不指定
G40	d		刀具补偿/刀具偏置注销
G41	d		刀具补偿—左
G42	d		刀具补偿—右
G43	#(d)	#	刀具偏置—正
G44	#(d)	#	刀具偏置—负
G45	#(d)	#	刀具偏置 +/+
G46	#(d)	#	刀具偏置 +/-
G47	#(d)	#	刀具偏置 -/-
G48	#(d)	#	刀具偏置 -/+
G49	#(d)	#	刀具偏置 0/+
G50	# (d)	#	刀具偏置 0/-
G51	# (d)	#	刀具偏置 +/0
G52	# (d)	#	刀具偏置 -/0
G53	f		直线偏移，注销

（续）

代　　码 (1)	功能保持到被取消或被同样字母表示的程序指令所代替 (2)	功能仅在所出现的程序段内有作用 (3)	功　　能 (4)
G54	f		直线偏移 X
G55	f		直线偏移 Y
G56	f		直线偏移 Z
G57	f		直线偏移 XY
G58	f		直线偏移 XZ
G59	f		直线偏移 YZ
G60	h		准确定位 1（精）
G61	h		准确定位 2（中）
G62	h		快速定位（粗）
G63		#	攻丝
G64 ~ G67	#	#	不指定
G68	#(d)	#	刀具偏置，内角
G69	#(d)	#	刀具偏置，外角
G70 ~ G79	#	#	不指定
G80	e		固定循环注销
G81 ~ G89	e		固定循环
G90	j		绝对尺寸
G91	j		增量尺寸
G92		#	预置寄存
G93	k		时间倒数，进给率
G94	k		每分钟进给
G95	k		主轴每转进给
G96	I		恒线速度
G97	I		每分钟转数（主轴）
G98 ~ G99	#	#	不指定

注：1. # 号：如选作特殊用途，必须在程序格式说明中说明。

2. 如在直线切削控制中没有刀具补偿，则 G43 到 G52 可指定作其他用途。

3. 在表中左栏括号中的字母（d）表示：可以被同栏中没有括号的字母 d 所注销或代替，亦可被有括号的字母（d）所注销或代替。

4. G45 到 G52 的功能可用于机床上任意两个预定的坐标。

5. 控制机上没有 G53 到 G59、G63 功能时，可以指定作其他用途。

在同一程序段中出现非同组的几个模态代码时，并不影响 G 代码的续效。现列举一程序例说明之：

```
N001  G01  G19  G42  X…Y…LF
N002                 X…Y…LF
N003  G03            X…Y…LF
N004                 X…Y…LF
N005  G01            X…Y…LF
N006  G00  G40       X…Y…LF
```

上例中，N×××为程序号；在N001程序段中，有3种G功能代码的要求，但它们不属同一组，故可编在同一程序段中；N002的功能与N001相同，因都为模态代码，故继续有效；N003中出现G03，同组的G01失效，但G19、G42因不同组，继续有效；N005中需要的G01必须重写；N006出现同组的G00，则G01失效，又因G40与G42同组，所以G42失效，但G19继续有效。

表中序号（3）有符号的G代码为非模态代码。即只在本程序段有效，下一程序段需要时必须重写。

序号（4）功能说明中的“不指定”代码用作将来修订标准时，有可能指定新的功能定义。“永不指定”代码，即使将来修订时也不指定新的定义。“不指定”代码在未指定新的定义之前以及“永不指定”代码，机床设计者根据需要可自行定义除表中已有定义的新功能。但必须在机床说明书中予以明确的定义，以便用户应用。

2. 辅助功能M代码　它是控制机床开—关功能的指令。如主轴的开、停，冷却液的开、闭，运动部件的夹紧与松开等辅助动作。

表7-3为我国JB3208-83标准规定的M代码定义。从M00-M99共100种。以下对常用的M代码作简要说明：

M00——程序停止。在完成该程序段其它指令后，用以停止主轴转动、进给和冷却液，以便执行某一固定的手动操作，如手动变换，换刀等。此后，须重新启动，才能继续执行以下程序。

表7-3　JB3208-83辅助功能M代码

代码	功能开始时间		功能保持到被注销或被适当程序指令代替	功能仅在所出现的程序段内有作用	功能
(1)	与程序段指令运动同时开始 (2)	在程序段指令运动完成后开始 (3)	(4)	(5)	(6)
M00		#		#	程序停止
M01		#		#	计划停止
M02		#		#	程序结束
M03	#		#		主轴顺时针方向
M04	#		#		主轴逆时针方向
M05		#	#		主轴停止
M06	#	#		#	换刀
M07	#		#		2号冷却液开

（续）

代　码 (1)	功能开始时间		功能保持到被注销或被适当程序指令代替 (4)	功能仅在所出现的程序段内有　作　用 (5)	功　　能 (6)
	与程序段指令运动同时开始 (2)	在程序段指令运动完成后开始 (3)			
M08	#		#		1 号冷却液开
M09		#	#		冷却液关
M10	#	#	#		夹紧
M11	#	#	#		松开
M12	#	#	#	#	不指定
M13	#		#		主轴顺时针方向，冷却液开
M14	#		#		主轴逆时针方向，冷却液开
M15	#			#	正运动
M16	#			#	负运动
M17 ~ M18	#	#	#	#	不指定
M19		#	#		主轴定向停止
M20 ~ M29	#	#	#	#	永不指定
M30		#		#	纸带结束
M31	#	#		#	互锁旁路
M32 – M35	#	#	#	#	不指定
M36	#		#		进给范围 1
M37	#		#		进给范围 2
M38	#		#		主轴速度范围 1
M39	#		#		主轴速度范围 2
M40 ~ M45	#	#	#	#	如有需要作为齿轮换档，此外不指定
M46 ~ M47	#	#	#	#	不指定
M48		#	#		注销 M49
M49	#		#		进给率修正旁路
M50	#		#		3 号冷却液开
M51	#		#		4 号冷却液开
M52 ~ M54	#	#	#	#	不指定
M55	#		#		刀具直线位移，位置 1
M56	#		#		刀具直线位移，位置 2
M57 ~ M59	#	#	#	#	不指定
M60		#		#	更换工件
M61	#				工件直线位移，位置 1
M62	#		#		工件直线位移，位置 2

（续）

代　　码 （1）	功能开始时间		功能保持到被注销或被适当程序指令代替 （4）	功能仅在所出现的程序段内有　作　用 （5）	功　　　能 （6）
	与程序段指令运动同时开始 （2）	在程序段指令运动完成后开始 （3）			
M63～M70	#	#	#	#	不指定
M71	#		#		工件角度位移，位置 1
M72	#		#		工件角度位移，位置 2
M73～M89	#	#	#	#	不指定
M90～M99	#	#	#	#	永不指定

注：1．#表示：如选作特殊用途，必须在程序说明中说明。
　　2．M90～M99 可指定为特殊用途。

M01——程序（任选）停止。它与 M00 相似，所不同的是，除非操作人员预先揿下面板上的任选停止按钮确认这个指令，否则这个指令不起作用，继续执行以下程序。该指令常用于关键尺寸的抽样检查或有时需要临时停车。

M02——程序结束。它编在最后一条程序段中，用以表示加工结束。它使主轴、进给、冷却都停止，并使数控系统处于复位状态。

M03、M04、M05——分别命令主轴正转、反转和停止。所谓主轴正转是从主轴往 z 方向看去，主轴顺时针方向旋转。逆时针方向则为反转。主轴停止旋转是在该程序段其它指令执行完成后才能停止。一般在主轴停止的同时，进行制动和关闭冷却液。

M06——换刀指令。常用于加工中心机床刀库换刀前的准备动作。

M07、M08——分别命令 2 号冷却液（雾状）及 1 号冷却液（液状）开（冷却泵启动）。

M09——冷却液停。

M10、M11——运动部件的夹紧及松开。

M19——主轴定向停止。即指令主轴停在预定的角度位置上。

M30——程序结束。虽和 M02 相似，但 M30 可使程序返回到开始状态。

三、程序结构和格式

（一）加工程序的构成

一个完整的加工程序由若干程序段组成，程序段是由一个或若干字组成，每个字又由字母和数字数据组成（有时，还包括代数符号），每一个字母、数字、符号称为字符。例如，某一加工程序：

```
%
O020
N001  G01  X80   Z-30  F0.2  S300  T0101  M03  LF
N002       X120  Z-60                          LF
⋮
N125  G00  X500  Z200                   M02  EM
```

这表示一个完整的加工程序。它由 125 条程序段按操作顺序排列而成。整个程序的开始用符号“%”，以 M02（或 M30）EM 作为全程序的结束。每个程序段用序号“N”开头，用 LF 结束。

在“%”后的 O020 表示从数控装置的存储器中调出编号为 O020 的加工程序。 由于目前的计算机数控（CNC）系统都靠存储器运转，在存储器中可事先存入多种加工程序。 需要时即可调出使用。但不是所有的 CNC 机床都具备“O”功能，有些机床则采用人工调出。

每条程序段表示一种操作。它由若干字组成，每个字表示一种功能。如第一条程序除程序段结束字符“LF”外，由 8 个字组成：N001 表示第一条运行的程序段；G01 字定义为直线插补，由准备功能 G 和功能种类代码 01 共 3 个字符组成；X80 字表示 x 轴正向位移至 80（此处指毫米数，也有用脉冲数表示），由 3 个字符组成；Z－30 字表示刀具位移至 z 轴负方向 30 处，由 4 个字符组成；F02 字为进给量0.2 mm/r；S300 字表示主轴转速为 300r/min；T0101 字为一号刀且用一号刀补；M03 为主轴正转。该程序段表示一个完整的操作，即命令机床用一号刀以0.2 mm/r 的进给量和 300r/min 的主轴正向转速，直线位移至 X80 和 Z－30 处。其中 X80 相当于 X＋80，一般规定正号“＋”可省略，但负号“－”不可省。

一个程序段的字符数有一定限制。例如，国产 JCS——018 立式加工中心机床的程序段字符≤90，大于限定的字符数时，可分成两条程序段。

（二）程序段格式

程序段格式就是一个程序段中字、字符、数据的表现形式。不同的数控系统往往有截然不同或大同小异的程序格式，格式不合规定，数控装置会报警出错。

字——地址程序格式如上例所示：每个字前有地址（G、X、Z、F、…）；各字的先后排列并不严格；数据的位数可多可少（但不得大于规定的最大允许位数）；不需要的字以及与上一程序段相同的续效字可以不写（如上例 N002 程序段中，G01、F0.2、S300、T0101、M03 这些续效字继续有效）。这种程序格式的优点是程序简短、直观、不易出错，故广泛应用。国际标准化组织已对这种可变程序段字——地址格式制订了 ISO6983—I—1982 标准。

分隔符固定顺序程序格式的特点是：所有字的地址用分隔符“HT”表示，但各字的顺序为固定，不可打乱；不需要或与上一程序段相同的续效字可以省略，但必须补上分隔符。这种程序格式不需要判别地址的电路，系统简化，主要用于功能不多且较固定的数控系统。但程序不直观、易错。

（三）主程序和子程序

在一个加工程序中，如果有几个一连串的程序段完全相同（即一个零件中有几处的几何形状相同，或顺次加工几个相同的工件），为缩短程序，可将这些重复的程序段串单独抽出，按规定的程序格式编成子程序，并事先存储在子程序存储器中。子程序以外的程序段为主程序。主程序在执行过程中，如需执行该子程序即可调用，并可多次重复调用，从而可大大简化编程工作。主程序和子程序的关系如下：

主程序　　　　　　　　　子程序

%

N001…

N002 … 子程序名

⋮ N051 …

呼叫子程序名← N052 …

⋮

呼叫子程序名← 子程序结束（如M 17）

⋮ 并返回主程序

主程序结束

主程序与子程序的内容不同，但两者的程序格式应相同。其编程方法应按具体机床的规定。

四、数控车削加工编程示例

图 7－13 为一车削零件图。选用某经济型数控车床进行加工。图中 ϕ85 不加工，要求编其终加工程序。

图 7－14 为其刀具布置图。Ⅰ号刀车外圆，Ⅱ号刀切槽，Ⅲ号刀车螺纹。采用对刀显微镜以Ⅰ号刀为准进行对刀，螺纹刀尖相对于Ⅰ号刀尖在 Z 向偏置 10mm，由Ⅲ号刀的程序进行补偿，保持刀尖位置一致。

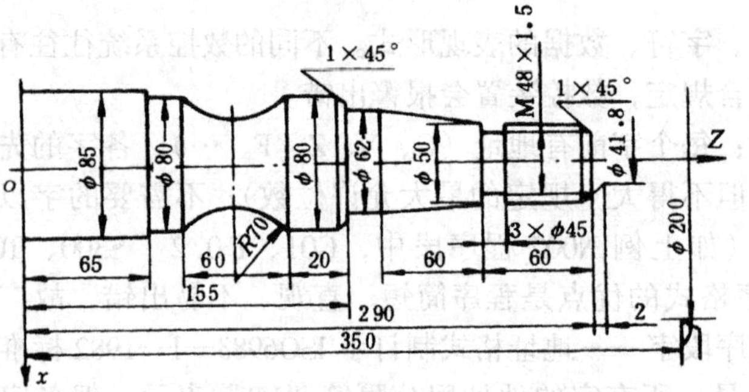

图 7－13 车削零件示例

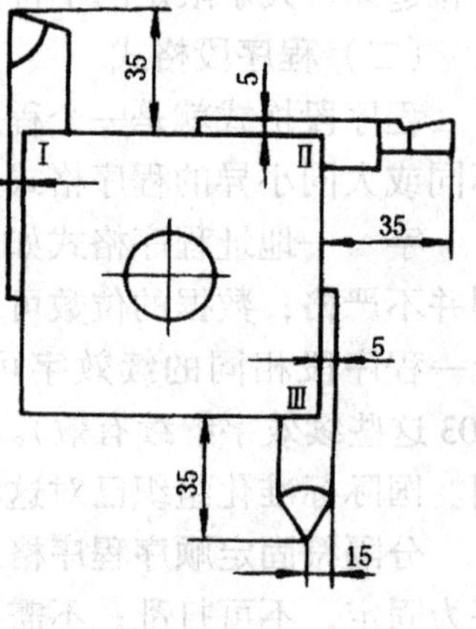

图 7－14 刀具布置图

表 7－4 为精加工程序单。图中刀尖点为起刀点，同时又是换刀点，其位置的确定以刀具转位时不碰撞工件为准。该机床可以用绝对值和增量值混合编程，绝对值用 X、Z 地址，增量值用 U、W 地址（不采用 G90 和 G91 代码）。主轴转速代码 S31、S23 和 S22 分别为 630、315 和 200r/min。T11 为Ⅰ号刀具用 1 号刀补，T10 为Ⅰ号刀注销刀补，T22、T33 与 T11 类同。对刀误差及Ⅲ号刀偏置值的补偿，由数控面板上的键盘输入，并显示在 CRT 屏幕上。G04 中的 U50 表示 U/F＝50/10＝5r。M08 和 M09 分别表示冷却开和停。G33 为螺纹循环指令，Ⅰ为推进量（以二倍值编程），螺纹底径为 ϕ45.8。N022～N024 三条程序中，G33 固定循环指令继续有效，X、Z 值由 I、K 值自动叠加，故不编码。该机床为跨象限编制圆弧程序，所以 *R*70 圆弧为一个程序段。在 N002、N015 和 N020 三条程序中，总是先执行 S、M、T 指令，然后才执行坐标指令。

这仅是一个程序示例。实际编程时，根据具体情况，可能有些差异。

表 7－4 车削加工程序单

/	N	G	X U	+ −		Z W	+ −		I	+ −		K	+ −		F	S	M	T	M	LF	
	N001	G92	X		20000	Z		35000												LF	坐标设定
	N002	G00	X		4180	Z		29200								S31	M03	T11	M08	LF	
	N003	G01	X		4780①	Z		28900							F15					LF	倒角
	N004		U		0	Z		2300												LF	ϕ47.8
	N005		X		5000	W		0												LF	退刀
	N006		X		6200	W	—	6000												LF	锥度
	N007		U		0	Z		15500												LF	ϕ62
	N008		X		7800	W		0												LF	退刀
	N009		X		8000	W	—	100												LF	倒角
	N010		U		0	W	—	1900												LF	ϕ80
	N011	G02	U		0	W	—	6000	I		6325	K	—	3000						LF	圆弧
	N012	G01	U		0	Z		6500												LF	ϕ80
	N013		X		9000		W	0												LF	退刀
	N014	G00	X		20000	Z		35000										T10	M09	LF	退至换刀点
	N015		X		5100	Z		23000								S23	M03	T22	M08	LF	
	N016	G01	X		4500	W		0							F10					LF	割槽
	N017	G04	U		50															LF	延迟
	N018	G00	X		5100	W		0												LF	退刀
	N019		X		20000	Z		35000										T20	M09	LF	退至换刀点
	N020	G00	X		6200	Z		29600								S22	M03	T33	M08	LF	
	N021	G33	X		4720	Z		23150							F150					LF	切螺纹
	N022								I	—	60	K		0						LF	切螺纹
	N023								I	—	50	K		0						LF	切螺纹
	N024								I	—	30	K		0						LF	切螺纹
	N025	G00	X		20000	Z		35000										T30	M02	LF	退至换刀点

① ϕ47.80 是 M48 × 1.5 的螺纹实际外径。

第五节　可编程序控制器的程序编制

一、可编程序控制器的语言方式

可编程序控制器的工作是根据一连串的指令或要求来控制的，一连串的指令或要求要用程序语言来表示。可编程序控制器的语言有多种，不同的生产厂家、不同的机种采用的也不一样，一般分三种方式。

1．记述方式　一般用文字或数字式表示。如助记符号式（Memonic）就是用文字记号。数字式或特殊记号式（Mathematical and/or Specialcharacters）就是用数字式表示的。

2．线路图方式　用逻辑图或线路图来表示的。如逻辑图功能方式（Function Chart）就是用逻辑图记号。梯形图方式（Ladder Diagram）就是用线路图表示的。

3．图表方式　用图或表来表示的，比较直观。如判定表（Decision Table）是用决策的表格来表示的。时序图（Time Chart）是用图或表来表示的语言，一般横轴定为时间、工艺等，纵轴定为输入输出装置工作的顺序。

当前，程序设计语言最常用的是梯形图方式，它继承了原继电器控制逻辑中使用的工业流程符号，又有CRT显示，比较直观、易懂。现在世界上最有竞争力的PC制造厂家，如日本的三菱电机、日立、东芝、三洋、安川等，美国的GOULD、MODICON、SQUARED、AB，西德的西门子公司等多用梯形图法编程。

二、梯形图的编程方法

首先要熟悉生产过程和设备情况，按工艺要求设计完善的自动控制系统图，包括断续控制的继电器控制系统；具有数学运算（如代数运算的＋、－、×、÷、$\sqrt{\ }$等）的控制系统；具有PID的闭环模拟量控制系统等。为了编程，首先要画出完善的控制系统图，再变换成梯形图，进而转换成PC编码表。

（一）编写PC程序的八个基本步骤

1）确定控制系统及其控制顺序。

2）确定输入输出器件，即确定向PC发出信号的器件及接收从PC输出信号的外部器件、装置等。

3）用继电器梯形图符号画梯形图，这就是按正确的顺序表示所要求的所有功能及它们之间的关系。

4）将梯形图译为编码程序，编制码表，以便用编程控制台把程序输入到PC中去。

5）将这些编制的代码及指令用编程控制台传送到PC中。

6）编辑、校对、检查程序。

7）修改程序的错误。

8）存储已编好的程序。

（二）具体步骤

1．评估控制过程　这是建立PC控制系统的极为重要的一步，PC的灵活性使控制系统不仅在控制操作上，而且在控制方法上都给用户提供了方便。

（1）输入/输出要求　首先，就是要评估控制系统所要求的I/O数目，这样做，实际上就是确认有哪些器件发出信号输入到PC，PC又发出哪些输出信号到执行装置里去。将这些输入/输出点合计起来，看选用什么样的 PC 合适。例如当使用非扩展型的 C20PC 机时，输入有 16 点，输出有 12 点，如果不够，就要选用扩展型的。

对于 C20 机，所有的输入开关量信号都可用本机端子上输出的直流 DC24V 供电，引入 PC 内。也有的机型直接使用交流电源。对有模拟量信号输入的机型，模拟量直接输入，不用外接电源。

开关量的输出端子就是或相当是开关接点，一般可直接通过交流 220V 电源驱动负载。模拟量的输出端子输出的就是模拟量的电压或电流。应注意，输入输出端子排上都有自己的公共端子。

(2) 顺序、定时和相互关系评估　在决定控制动作发生的时间（即在什么时候进行什么控制）时，应明确每个被控器件如何与其他器件发生关系（如光电开关去启动电机），并且知道在它们之间发生什么响应。

例如，将光电开关通过装在 PC 中的计数器连接到电机上，当 PC 接收到启动信号时，电机便启动；而当计数器接收到从光电开关发出的若干个输出信号后，PC 发出信号，则使电机停止。

2．分配 I/O 点

(1) 点和通道　SYSMAC－C 系列可编程序控制器全部使用 I/O 通道的概念来分辨每个 I/O 终端或点，每个通道由 16 个点组成。用四位数来定义一个 I/O 点，这四位数的左面两位表示通道，右面两位表示通道内的点数。例如："0104" 表示第二个通道中的第五个点。

在 C20 中前五个通道（00～04）作为输入通道，而后五个通道（05～09）作为输出通道。

(2) I/O 通道分配　应当注意的是，包括 I/O 扩展连接机的点数在内，其 I/O 点数不超过 140 个点。当系统为交流输入机时，每个通道的输入点数相应减少两点，如：

28 点系统→26 点系统

56 点系统→52 点系统

(3) 内部辅助继电器　在输出通道中，其中有四个点（12～15）是不能当作输出点发出输出信号的，只能当内部继电器使用。

这些继电器不能直接接外部器件，而是在控制其它继电器、计时器和计数器时作数据存储或数据处理用。从功能上讲，这些内部辅助继电器相当于继电器控制面板上使用的内部继电器，这就称为"内部输出"。

(4) 确定计时器、计数器数目　C20 中有 48 个计时器或 48 个计数器，如果既有计数器又有计时器时，总数目不超过 48 个，而且必须在 00～47 内确定其编号（这不是输入/输出点数的编号，而是定义你要使用的计时器或计数器的编号）。

3．画继电器梯形图　梯形图符号如图 7－15。

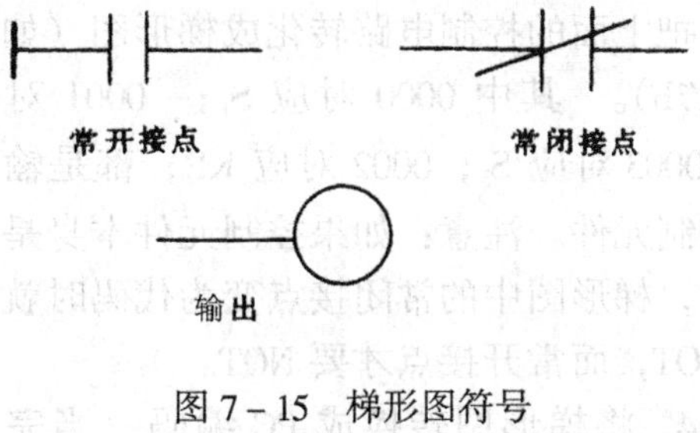

图 7－15　梯形图符号

编写继电器梯形图时，每一条逻辑线路必须从左边母线开始，以继电器线圈、计时器、计数器或一个特殊指令结束。这与真实的电路图不同，右边的母线不要画入梯形图。

PC的编程较容易，其逻辑线路的串联、并联接点可以无限使用。因此，需要多少接点就使用多少。另外，为了编程方便，有时也可以把电路做些适当的变化。如图 7-16 所示。

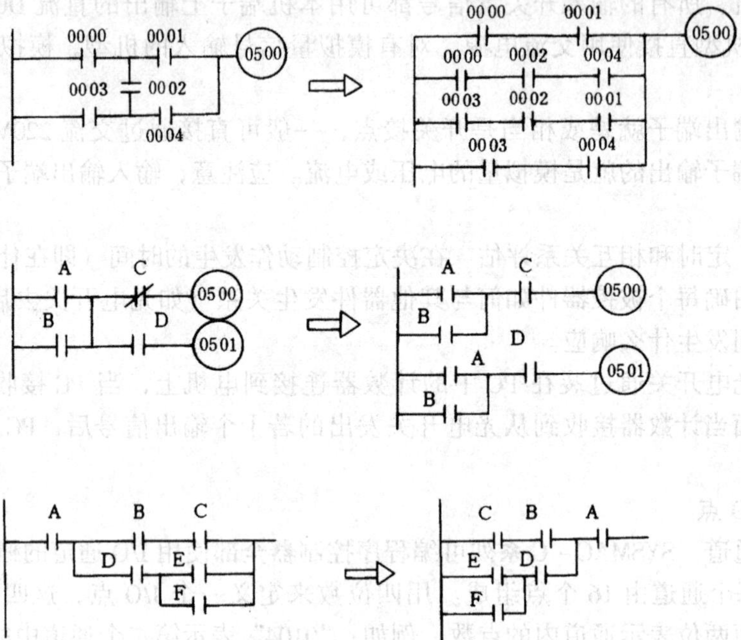

图 7-16　梯形图的变化形式

下面举一个电动机正反转控制电路的例子，如图 7-17 所示。

7-17a 图中，S_1 是为停车用的常闭按钮；S_2、S_3 分别为正转和反转的起动常开按钮；K_0、K_1 为接触器；它们的输出可直接控制电动机的正转和反转；它们的辅助触点，常开的用于自维持电路，常闭的用于连锁，以防止 K_0、K_1 同时动作。KR 为热保护继电器。

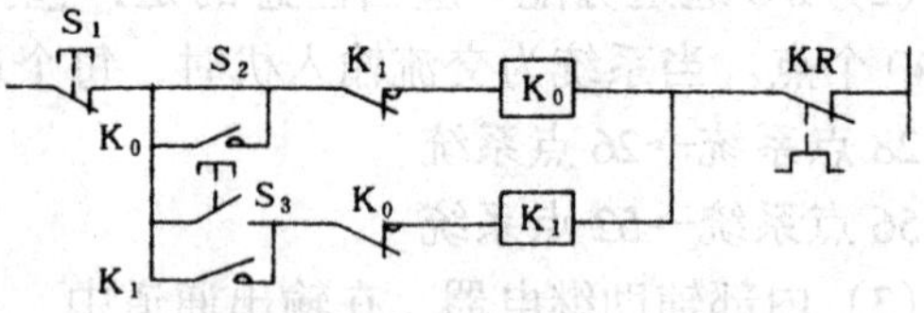

a)继电器图例

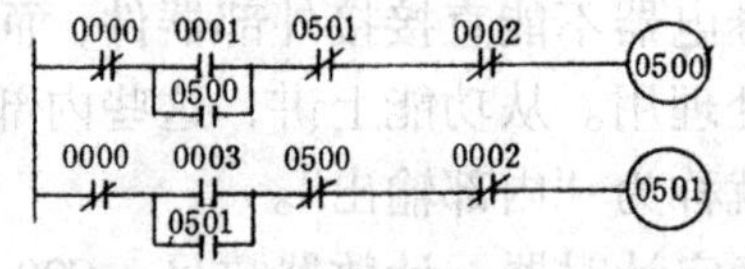

b)梯形图图例

图 7-17　电动机正反转控制电路

把上面的控制电路转化成梯形图（如图 7-17b）。其中 0000 对应 S_1；0001 对应 S_2；0003 对应 S_3；0002 对应 KR；都是输入的控制元件。注意：如果控制元件本身是常闭的，梯形图中的常闭接点变为代码时就不要 NOT，而常开接点才要 NOT。

地址	指令	数据

图 7-18　程序编码标准格式

4. 将梯形图转换成 PC 编码　当完成梯形图后，就可依该图编码成 PC 能够认别的语言。这种语言的标准格式如图 7－18 所示。

地址表示存储器的编号，在该编号的存储器内可存放指令与数据，每个指令后面一般都跟着数据。

为了编码，我们首先要确定存储器地址，程序是从这个地址开始的。在该例中，以 0000 为起始地址，对于这地址，表示程序开始，就要写一个指令。对于 C20 机，指令 LD（LOAD）就是起这个作用。对于这个梯形图，左边的母线就表示 LD 指令。因此，这个指令总是用来表示逻辑母线开始。见表 7－5。

表 7－5 最初的电机正反转控制码表

地　　址	指　　令	数　　据
0000	LD	0000
0001	LD	0001
0002	OR	0500
0003	AND LD	
0004	AND NOT	0501
0005	AND	0002
0006	OUT	0500
0007	LD	0000
0008	LD	0003
0009	OR	0501
0010	AND LD	
0011	AND NOT	0500
0012	AND	0002
0013	OUT	0501
0014	END	

注：每句写完后都要按一下 WAITE 键。

结束时 END 在 C 系列机上按 FUN B 1 键，再按 WAITE 键。

输入输出端子接线图如图 7－19 所示。

为了接线和编程方便，上面电路和梯形图还可以简化，简化后的梯形图如图 7－20 所示。

（1）把 0000 常闭接点放在 0001 并联接点的后面，在编程时就不需要频繁地用 LD 指令。

（2）把 KR 连在外电路中，不用输入到 PC 中去。简化后的编码表如表 7－6 所示。

简化后输入输出端子连线如图 7－21 所示。注意：0000 对应的按钮，本身就是常闭的。

下面以一个稍为复杂的程序说明如何将步骤 1～4 关联起来的实际应用。

例如，一个用于检测和计算送到包装机装配线上的产品数量的控制电路如图 7－22 所示。当计数器计到 10 个产品时，电路接通一个电磁线圈，电磁线圈通电 2s 后，自动断电。

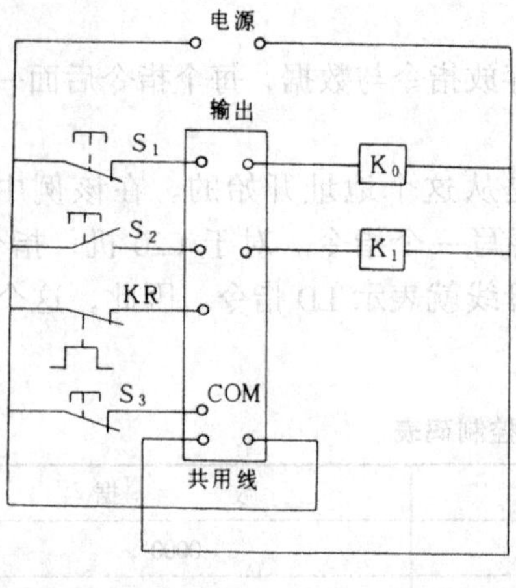

图 7-19　最初的电机正反转端子接线

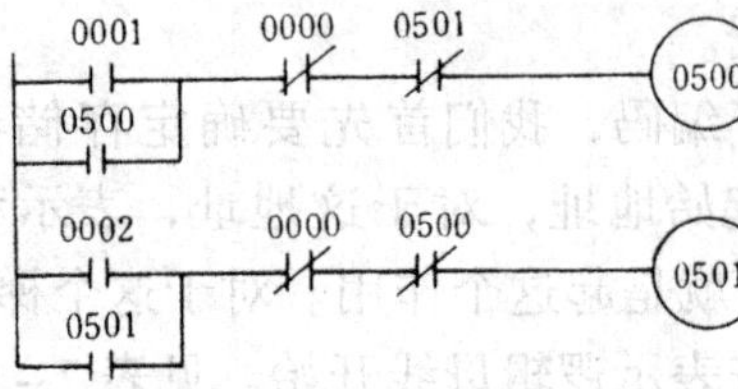

图 7-20　简化后的梯形图

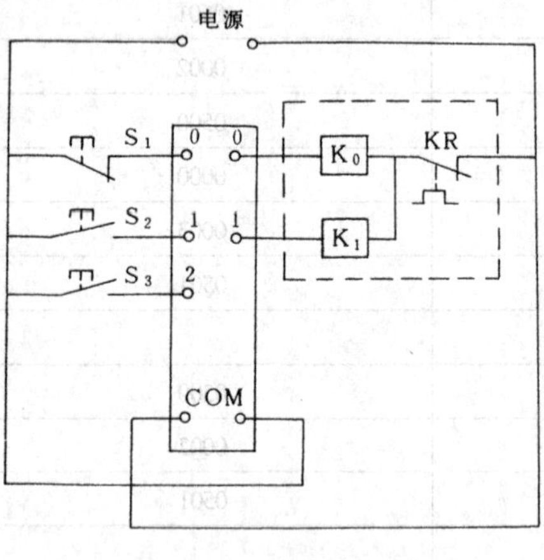

图 7-21　简化后的端子接线图

表 7-6　简化的编码表

地　址	指　　令	数　据
0000	LD	0001
0001	OR	0500
0002	AND	0000
0003	AND　NOT	0501
0004	OUT	0500
0005	LD	0002
0006	OR	0501
0007	AND	0000
0008	AND　NOT	0500
0009	OUT	0501
0010	END	

利用步骤 1，我们设定该系统有一个输入装置，即限位开关；一个输出装置即电磁线圈；一个控制继电器即内部辅助继电器；一个计时器和一个计数器。

为实现步骤 2，我们必须确定构成这个电路的部件数目，下面是确定的结果。

输入装置（限位开关）：输入继电器号为 0000；

输出到电磁线圈：输出继电器号为 1000；

计数器 CC：CNT47；

计时器 T：TIM00；

实施步骤 3 时，有几个关键事项要注意：

1）检查已确定的输入编码。由于计时器与计数器使用编号共同范围是 00～47，容易出错，有一个方便且不出错的办法，就是将计时器从 00 号起递增编起，而计数器从 47 号递减编号，这样可以防止两者编号重复。

2）计时器与计数器不能直接输出，而要求输出时必须使用输出继电器。

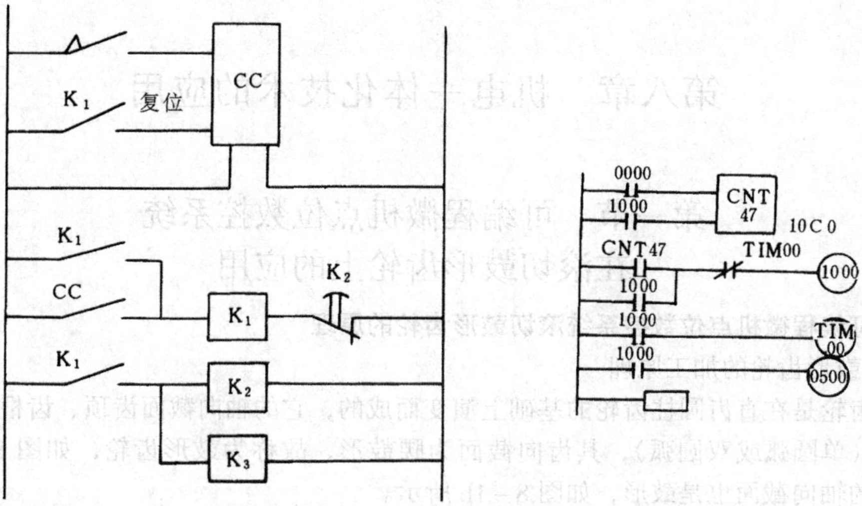

图 7-22 产品数量控制电路编程梯形图

3）需要时，继电器触点可以反复使用，但线圈号却不能重复使用。

4）确定的输出继电器，在这里是当作负载用的。

5）在画梯形图时，右母线舍去不要。

6）每个逻辑线必须用继电器、计时器、计数器或专门指令作结束。

7）编码必须从左到右、从上到下编写。

根据这些考虑，按步骤 4 进行编码如表 7-7 所示。

表 7-7 包装机产品数量控制编码表

地　　址	指　　令	数　　据
0000	LD	0000
0001	LD	1000
0002	CNT	47
		# 0010
0003	LD	CNT 47
0004	OR	1000
0005	AND NOT	TIM OO
0006	OUT	1000
0007	LD	1000
0008	TIM	00
		# 0020
0009	LD	1000
0010	OUT	0500
0011	END（FUN01）	

注：表中 # 号表示逻辑线结束符号

第八章　机电一体化技术的应用

第一节　可编程微机点位数控系统在滚切鼓形齿轮上的应用

一、可编程微机点位数控系统滚切鼓形齿轮的原理

(一) 鼓形齿轮的加工原理

鼓形齿轮是在直齿圆柱齿轮的基础上演变而成的，它的轴向截面齿顶、齿根及分度圆均为圆弧形（单圆弧或双圆弧），其齿向截面为腰鼓形，故称为鼓形齿轮，如图 8－1a 所示。鼓形齿轮的轴向截面也是鼓形，如图 8－1b 所示。

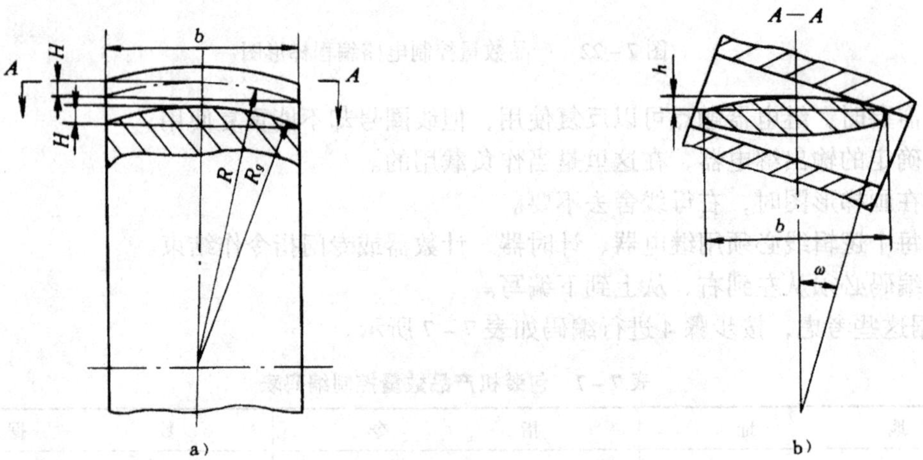

图 8－1　鼓形齿轮齿形几何关系图

鼓形齿轮的齿形断面弧是在齿形滚切加工过程中，滚刀根据齿形分度圆半径 R 进行位移滚切而形成的，齿形要满足轴线要求的最大倾角。

由图 8－1 可见，已知齿宽 b 和轴向最大倾角 ω 时，弧面曲率 e 和弧面高 h 分别为：

$$e = \frac{b}{2\sin\omega} \tag{8-1}$$

$$h = e\,(1-\cos\omega) \tag{8-2}$$

将式（8－1）代入式（8－2）得

$$h = \frac{b\,(1-\cos\omega)}{2\sin\omega} \tag{8-3}$$

齿的弧面弦高相当于弧面齿端部的齿厚减薄量。根据变位齿轮原理，齿厚减薄量与刀具变位的移进量 H 之间的关系用以下公式表示：

$$h = H\tan\alpha_0 \tag{8-4}$$

式中，α_0 滚刀压力角，一般为 $\alpha_0 = 20°$。

由图 8－1 所示齿轮的弓形几何关系，可以求出刀具移进量 H 与原始的位移圆半径 R 的

关系，即

$$R_b = \frac{b^2 - 4H}{8H} \tag{8-5}$$

根据公式（8－2）、公式（8－3）以及 $\tan\alpha_0 = \tan 20° = 0.314$，可得出原始齿形位移圆半径 R 的计算公式：

$$R_b = \frac{1 + 7.55\left(\frac{1-\cos\omega}{\sin\omega}\right)^2}{11 \times \frac{1-\cos\omega}{\sin\omega}} \tag{8-6}$$

ω 角一般为 1°～3°，最大不超过 6°。

如图 8－2 所示，在滚齿加工过程中，只要保证滚刀分度圆沿着工件分度圆的圆弧轨迹滚切即可。因此，滚刀的轴线必须以半径 R 的圆弧轨迹运动，随着滚刀的旋转，滚刀分度圆包络成工件所要求的圆弧曲线，其中 R 按下式进行计算：

$$R = R_b + R_{刀}$$

式中　R_b——工件原始齿形位移半径；

$R_{刀}$——滚刀的分度圆半径。

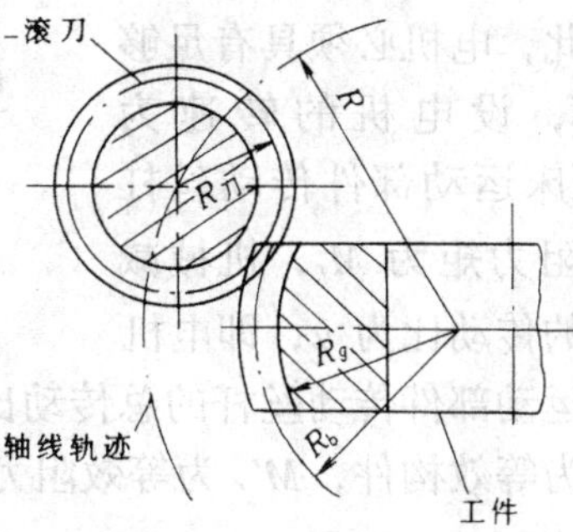

图 8－2　鼓形齿轮加工原理

综上所述，已知鼓形齿轮轴线要求的转角 ω 和齿宽 b 即可计算出鼓形齿轮原始齿形位移圆半径 R_b，根据工艺要求选定滚刀后，可方便的计算出滚刀轴线的轨迹圆弧半径 R。

（二）数控滚切系统原理

图 8－3 是点位控制可编程微机点位数控滚切鼓形齿轮的系统工作过程框图。图 8－4 是其加工原理图。其工作原理是，根据工件轮廓尺寸编制程序（控制介质），输入数控装置，并转换成控制指令，输出给交流电机和电磁离合器，通过定位机构和机械减速装置，使机床按规定要求移动，移动的坐标通过检测装置检测，并反馈给数控装置，数控装置及时将检测的实际坐标与轮廓上的理论坐标相比较，当两者在某坐标方向上差值为 Δ（根据零件的精度而定）时，数控装置控制电磁离合器吸合，定位机构松开，电机通过电磁离合器将动力传递给机械减速装置，带动机床沿某坐标方向移动，直到两者差值为 0 时，数控装置控制电磁离合器断电松开，定位机构定位，停止某坐标方向上的移动，从而加工出要求的轮廓。

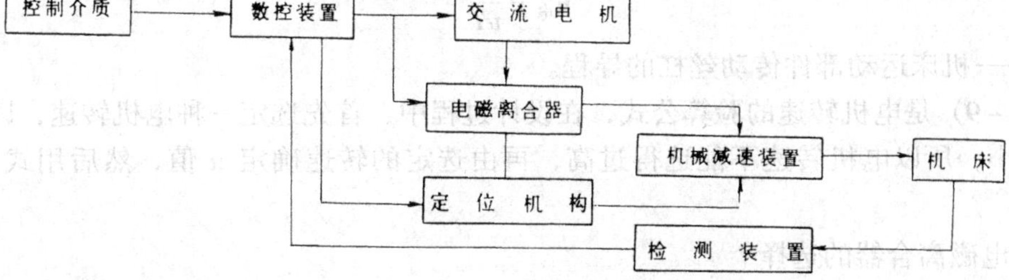

图 8－3　伺服数控系统工作过程框图

二、机械驱动装置的设计

(一) 交流电机的选择

本系统中机械驱动装置，主要由电机、电磁离合器、定位机构和机械减速装置等组成，电机是动力源。设计时应合理确定交流电机的转速和功率。

1. 电机功率的确定　电机在驱动机床运动部件移动时，要克服一定的阻力，如切削力和运动副之间的摩擦力等。因此，电机必须具有足够的功率，设电机的转速为 $n_电$，机床运动部件传动丝杠所受的阻力矩为 M_f，机械减速装置的传动比为 u，即电机到机床运动部件传动丝杆的总传动比。根据等效力矩原理，取机械减速装置的输入轴（即电机轴）为等效构件，M'_f 为等效阻力矩，则在 t 时间内有：

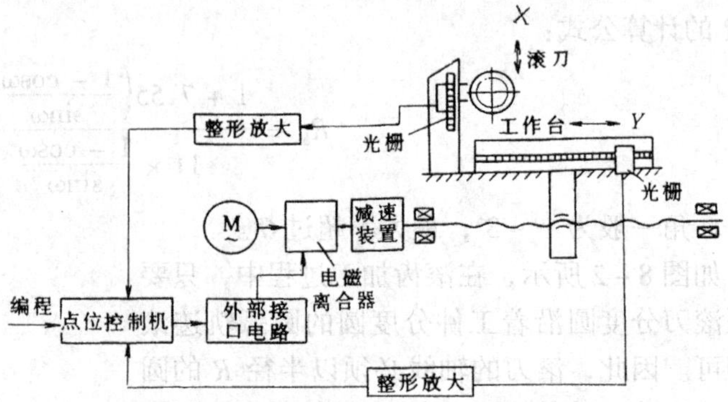

图 8-4　鼓形齿轮数控加工系统原理图

$$M'_f 2\pi n_电 t = \frac{M_f 2\pi n_电 t}{u}$$

$$\therefore \quad M'_f = \frac{M_f}{u}$$

则电动机功率 $N_电$ 应满足下式

$$N_电 \geqslant \frac{M_f 2\pi n_电}{u} \tag{8-7}$$

若计入机械减速装置的传动效率 η，则式（8-7）可写为

$$N_电 \geqslant \frac{M_f 2\pi n_电}{u\eta} \tag{8-8}$$

式中，$n_电$ 为电机的额定转速。

2. 电机转速的确定　机床移动部件的进给速度主要与电机的转速 $n_电$ 和机械减速装置的传动比 u 有关。现设进给速度为 v_f，则三者存在下列关系

$$v_f = n_电 uT$$

$$n_电 = \frac{v_f}{uT} \tag{8-9}$$

式中　T——机床运动部件传动丝杠的导程。

式（8-9）是电机转速的验算公式，在设计过程中，首先选定一种电机转速，因进给速度 v_f 比较小，所以电机转速不能选得过高，再由选定的转速确定 u 值，然后用式（8-9）进行验算。

(二) 电磁离合器的选择

电磁离合器是电机与机械减速装置的联接元件，其必须能保证将电机的转矩满负荷地传递给机械减速装置。为了减小电磁离合器转矩和尺寸，设计时应将电磁离合器装在机械减速

装置的输入轴上。因此，电磁离合器的额定转矩 M 应满足下式

$$M \geqslant \frac{M_f n}{u} \tag{8-10}$$

由于电磁离合器工作频繁，工作间隔时间短，所以要求电磁离合器应具有动作灵敏、延时时间短和空载转矩小等特点，一般常用干式电磁离合器。

（三）定位机构

图 8-5 是定位机构原理图，其主要由定位轮、定位爪、推进弹簧和磁性线圈等部分组成。定位轮固定在机械减速装置的某一传动轴上，定位爪、推进弹簧和磁性线圈均装在箱体上，且定位爪用铰链与箱体联接。其定位原理是，当要求机床运动部件沿某坐标方向移动时，数控装置控制磁性线圈通电产生磁力，克服推进弹簧的弹性力和定位爪与定位轮槽侧面的摩擦阻力，将定位爪从定位轮槽口中拉出，使装有定位轮的传动轴自由，机械驱动装置驱动机床运动部件移动。当移动到要求位置时，数控装置控制磁性线圈断电，磁力消失，推进弹簧将定位爪推进定位轮槽口，机械减速装置定位。其中，关键是定位轮的结构尺寸和磁性线圈力大小，两者对定位机构的性能影响较大。

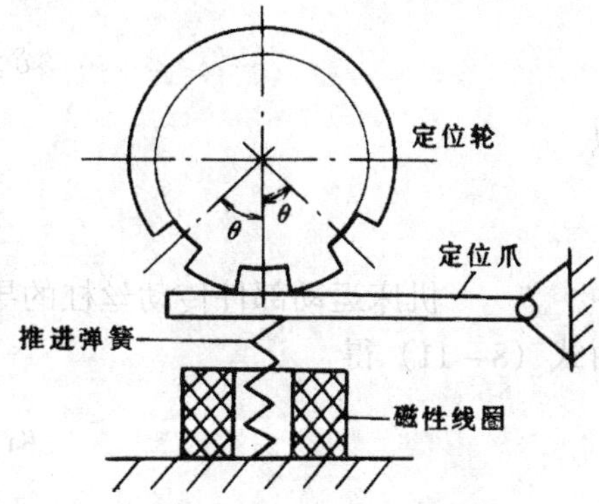

图 8-5　定位机构原理图

定位轮的结构尺寸主要是指定位轮槽口之间的圆心角 θ 和定位轮的直径 D，两者要求设计合理。设电机到定位轮所在传动轴的传动比为 u_1，磁性线圈的延时时间为 t。因线圈的延时作用，当磁性线圈断电后，磁性不能马上消失，定位爪不能及时定位，定位轮所在转动轴继续转动 N 转，即

$$N = n_{电} u_1 t \tag{8-11}$$

则合理的 θ 角应满足下列条件

$$\theta \leqslant 360° N$$

定位轮直径 D 的大小直接影响磁性线圈所需的磁力 F。设定位阻力矩为 M_T，则定位爪与定位轮槽口侧面产生的压力 F_N 为

$$F_N = \frac{2M_T}{D} \tag{8-12}$$

若定位爪与定位轮槽口侧面之间的摩擦系数为 f，则产生的摩擦力 F_f 为

$$F_f = F_N f \tag{8-13}$$

（四）机械减速装置传动比计算

机械减速装置的传动比是机械驱动装置的主要参数，其直接影响机械驱动装置的工作性能和机床运动部件的位移精度。设计时要合理选择其数值。为了保证加工精度，要求机床运动部件的位移误差不能超过 δ 值，δ 值一般取为

$$\delta = \frac{1}{10}\Delta$$

式中　Δ——为实际坐标与理论坐标允许的最大差值。

设定位轮所在传动轴到机床运动部件传动丝杠的传动比为 u_2。通常定位槽口之间的圆心角 θ 取值为

$$\theta = 360° \qquad N = 18°$$

则 δ、N 和 u_2 三者之间必须满足下列关系

$$\delta \geqslant 2Nu_2T = \frac{u_2T}{10}$$

所以

$$u_2 \leqslant \frac{10\delta}{T} \tag{8-14}$$

式中　T——机床运动部件传动丝杠的导程。

又由式（8－11）得

$$u_1 = \frac{N}{n_{电}t} = \frac{1}{20n_{电}t}$$

而 $u = u_1 + u_2$

故有

$$u \leqslant \frac{1}{20n_{电}t} + \frac{10\delta}{T} \tag{8-15}$$

又由式（8－9）得

$$u = v_f/n_{电}T \tag{8-16}$$

因此，$n_{电}$ 和 u 必须同时满足式（8－15）和式（8－16）因 v_f 是变量，在某范围取值，所以要求变速。u_1 的变化将影响位移精度，所以要求 u_2 有适应的变化范围，根据变化范围的大小，可以选择有级或无级变速。

三、数控系统方案

数控机床的运动轨迹控制可分为点位控制、点位—直线控制和轮廓控制，前两种方式一般不具有加工斜线的功能，而后者为完成曲线加工需要软件插补程序或硬件插补装置。为了用点位控制加工出曲面，在鼓形齿轮数控加工中采用了图 8－4 所示方案。

控制机为 PNC－40 点位控制可编程微机，设有两个坐标显示，位置检测通过两个光栅传感器来完成，可实现三级降速定位，具有手动、零位记忆、读/写和自动等四种操作，能进行刀具和丝杠间隙补偿，并具有 16 路辅助功能触点输出。系统工作时，刀具沿 X 坐标连续运动，光栅检测其位移量并送入计算机。当其位置与程序设置的数值一致时，计算机通过外部驱动电路使电磁离合器吸合，工作台沿 Y 方向运动，当 Y 值与程序指令一致时计算机使电磁离合器断开转入下一条指令。在离合器工作时，x 与 y 两个方向的复合运动所形成的折线，近似地逼近所要求的曲面形状，实现了插补功能，如图 8－6 所示。该方案有两个主要特点，一是采用了光栅检测反馈，保证了坐标设定处的工件轮廓位置精度，二是采用了交流电动机驱动负载，避开了其它驱动元件功率较小的困难。

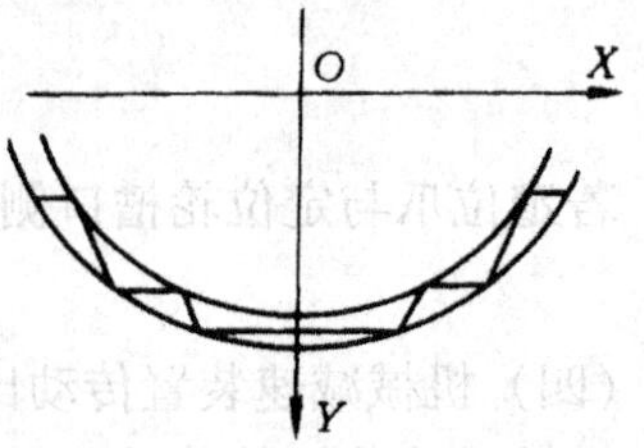

图 8－6　插补结果

在图 8－6 的插补中，为了获得高的加工精度，应减小横向进给量（x 方向）。这意味着

在采用点位控制机时应有较多的坐标值设定，而这对于程序段为有限的点位控制机是困难的。因此在加工精度要求高的场合，采用下面的双机粗精控制方式。其主要加工特点是将若干次横向进给形成一个程序后，其端点 X_n 与 X_{n+1} 的 Y 方向位置按闭环方式实现控制，其间每次横向进给量所对应的 Y 值则由时间开环控制完成。见图 8-7。

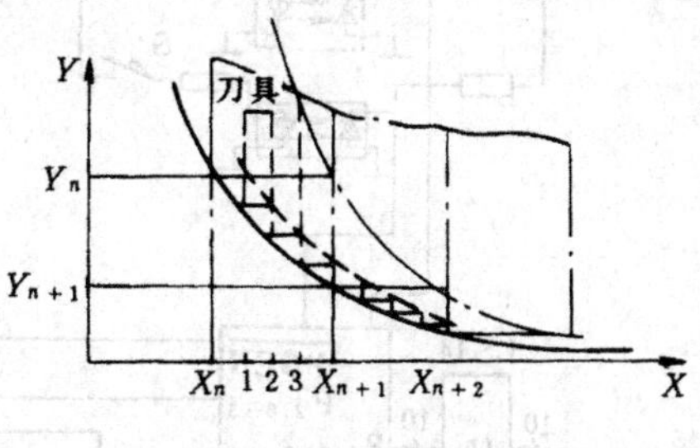

图 8-7

—轮廓表面 ┄精插结果

双模控制系统（图 8-8）主要由点位控制机、51 系列单片机、外部接口电路和工艺参数“通讯”电路构成。

由图 8-8 可见，主控制机完成 Y 方向的位置闭环控制，单片机及其输入输出和显示电路完成开环时间插补。工作过程如图 8-7，当 $N-1$ 条指令完成后，X 坐标处于 N 条程序轨迹的起点位置 X_n，N 条程序规定该段轨迹的终点位置 X_{n+1}。计算机在执行第 N 条程序时，首先通过 10 个辅助接点以编码形式将工艺参数送给单片机，这些工艺参数包括在 x_n 与 x_{n+1} 间需插补的点数，各点插补的进给时间（即长度）和插补的间隔点，工艺参数可以多种形式组合，以适应不同曲面的要求。单片机在外部触发信号下，通过软件延时完成时间控制以达到精插补的目的。经过若干点（图中为 3 点）精插补 X 坐标为 X_{n+1} 时，程序转入 $N+1$ 条，通过闭环控制使运动部件于 Y_{n+1} 处，从而保证了轮廓形状的准确性。考虑到程序内存的限制，插补点间的距离不是由程序决定的，而是由横向进给量决定。该方案可用内存容量较小的工业控制机完成曲面精加工，且具有很强的灵活性。

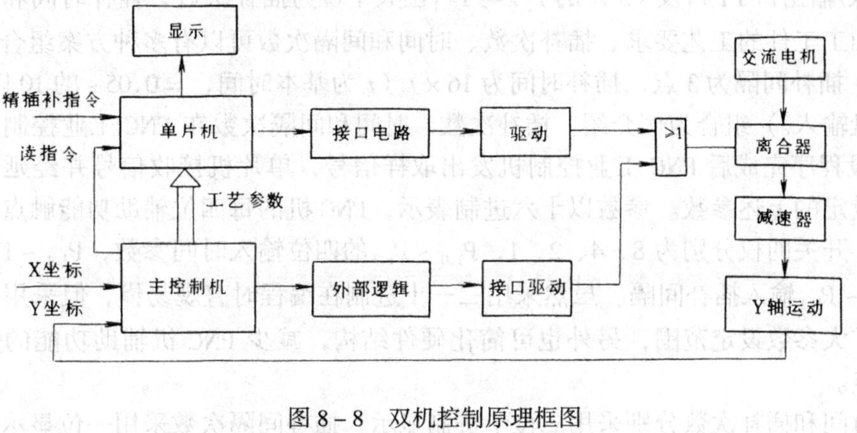

图 8-8 双机控制原理框图

（一）硬件设计

根据前述插补原理和控制方案的要求，设计了 PNC 点位数控系统的外部扩充接口电路，其原理图示于图 8-9。该电路由 51 系列单片机最小系统、数字输出输入，数字显示电路及电源等部分组成。数字输入信号主要为两部分：1）在时间控制方式下由 PNC 的辅助接点给出的插补次数、插补时间以及插补间隔。2）启动时间控制的外部触发信号（行程开关）和读数触发信号（PNC 机）。输出信号为控制离合器吸合时间的开关信号。

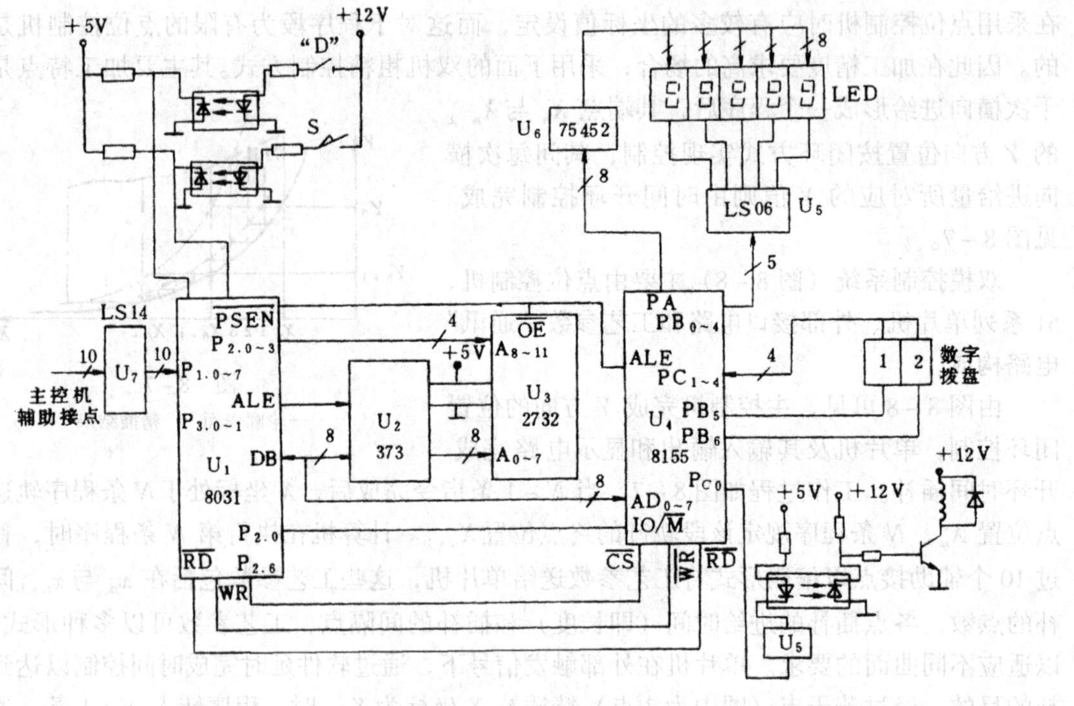

图 8-9　接口电路原理图

最小单片微机系统由单片机 8031（u_1）、地址锁存器 74LS373（u_2）、程序存储器 EPROM2732（u_3）、可编程 I/O 扩展接口芯片 8155（u_4）、应用程序和外围接口电路构成。8031 的输入/输出口 P1 口及 P3 口的 $P_{3.0}$ 与 $P_{3.1}$ 位共十位为插补次数，插补时间和间隔的输入口。根据加工工件的工艺要求、插补次数、时间和间隔次数可以有多种方案组合。现以插补次数为 16，插补间隔为 3 点，插补时间为 $16 \times t$（t 为基本时间，$=0.05$ s 的 10 以内整数倍，可由拨码盘输入。）组合为例介绍。插补次数、时间和间隔次数在 PNC 工业控制机编程时设定，在 N 段程序完成后 PNC 工业控制机发出取样信号，单片机接收信号并经延时后，读入编程时所设定的上述参数。参数以十六进制表示，PNC 机的每四位辅助功能触点构成一位十六进制数，开关的权分别为 8、4、2、1，$P_{1.0} \sim P_{1.3}$ 的四位输入时间参数，$P_{1.4} \sim P_{1.7}$ 输入插补次数，$P_{3.0} \sim P_{3.1}$ 输入插补间隔。虽然采用二—十进制在编程时直观易懂，但采用十六进制一方面可以扩大参数设定范围，另外也可简化硬件结构，减少 PNC 机辅助功能的数量，具有一定的优点。

插补时间和插补次数分别采用二位十进制显示，插补间隔次数采用一位显示，五个显示器 $LED_1 \sim LED_5$ 采用动态扫描方法。显示电路由 8155（u_4）、74LS06（u_5）、75452（u_6）和数码管组成。可编程 I/O 芯片 8155 的 PA 口作为显示的段选信号，由 8031（u_1）写入要显示的字形数据并锁存，经 74LS06 驱动送至 5 个显示器的字形线。8155 的 $PB_0 \sim PB_4$ 作为 5 个显示器的字位选择，经 74LS06 驱动送至 5 个显示器的字形线。8155 的 $PA_0 \sim PA_7$ 作为 5 个显示器的字位选择，经 75452 驱动依次控制显示器分时动态显示，以供操作人员监视程序运行。

安装于机床上的行程开关 S 经光电耦合后送至 8031P3 口的 $\overline{INT0}$ 位，该信号用于启动时间插补程序。由 PNC 控制机发出的读数触发信号接至 P3 口的 $\overline{INT1}$ 倍。输出数字信号经隔离、放大驱动中间继电器、继电器触点控制电磁离合器通断，其通断时间决定了刀具行程。

除上述基本电路外，系统硬件部分还设置了两位数字拨盘，一个选择程序模式以适应不同的曲面加工要求，另一个选择基本时间长度 t（在0.05～0.5 s 范围内分为 10 级）采用数字拨盘输入参数具有直观和记忆功能，不会因断电而丢失参数。拨盘输入信号经 8155 扩展 I/O 口读入。

（二）系统软件简介

该系统软件由 5 个程序模块组成：初始化、模式Ⅰ、模式Ⅱ、模式Ⅲ和显示程序块。初始化程序块完成系统初始状态的设置，读入数字拨盘所设定的单位控制时间和模式选择，经适当处理后跳转相应的模式程序。

三种模式的主要区别在于分配 10 个辅助功能触点数，以获得范围合理、适应工艺要求的插补时间、插补次数和插补间隔。

模式Ⅰ的插补时间、次数和插补间隔分别使用 4、4 和 2 个辅助触点，每 4 个辅助触点形成一个十六进制数，通过编程可在 0～15 间任意选择工艺参数。模式Ⅰ的插补次数和间隔分 0～15 和 0～3 次，插补时间为（0～15）× 基本控制时间。模式Ⅱ的插补次数为 0～31 次，插补间隔为 0～1，插补时间为（0～15）× 基本控制时间。模式Ⅲ的插补次数为 0～15 次，插补间隔为 0～1，插补时间为（0～31）× 基本控制时间。三种模式程序结构基本相同，现以模式Ⅰ为例予以介绍。

程序框图示于图 8－10，程序采用串行结构。初始化程序根据数字拨盘所设定的模式跳转到模式程序的入口，计算机执行模式程序。计算机采用查询方式读入工艺参数输入信号（D 信号）和插补启动信号（X 信号）。若 D =1 则经延时后由单片机读入工艺参数，并经适当处理后送入指定内存待用。若 X =1 则进入定时插补程序段，否则计算机仍不断地查询 D 信号与 X 信号。定时插补程序段首先对是否真正实施插补进行逻辑判断，若属真实插补点，则首先发出控制信号

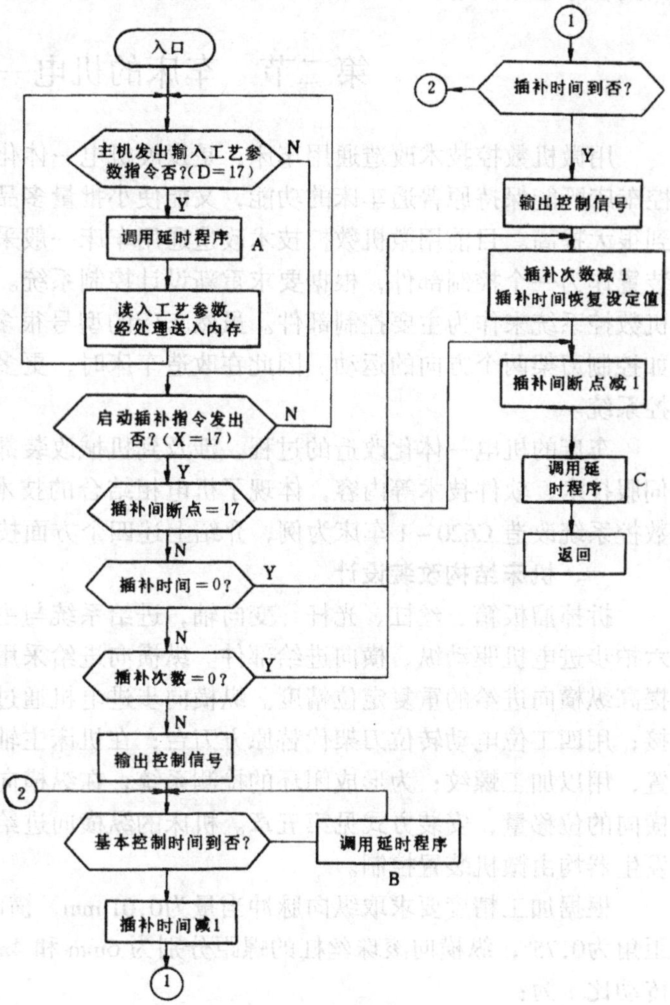

图 8－10　模式程序流程图

使电磁离合器接通，刀具运动，然后不断调用延时程序实施软件延时，当插补时间达到预定值后，发出控制信号使电磁离合器断开，刀具停止运动。插补完成后经适当延时返回模式程序的入口。

延时程序内含显示程序，每调动显示程序一次显示五位显示器一遍，延时的时间为25ms。合理地设置系统程序变量，可以通过动态扫描稳定地显示以基本时间为单位的插补时间及插补次数与插补间隔。每个模式程序在三个地方调用了延时显示程序。在图 8 - 10 中 A 处调用是考虑 PNC 在程序转换时有一滞后为读入工艺参数准确而设置的，B 处是考虑触发信号宽度为避免误操作而设定的。

程序中还包括防干扰的软件对策，包括：1）设置软件陷井，使程序在 PC 失控后仍能回到程序起始状态。2）设置了工艺参数合理性检验程序。

第二节　车床的机电一体化改造

用微机数控技术改造通用车床，是发展机电一体化技术的重要方向。经改造后的简易数控车床既能保持原普通车床的功能，又能使小批量多品种、复杂零件的加工精度和生产率得到很大提高。目前用微机数控技术改造通用车床一般采用两种办法。一种办法是把微机数控装置作为一个控制部件，根据要求重新设计控制系统。另一种方法是采用标准的步进电机微机数控系统来作为主要控制部件。虽然车床的型号很多，但各类车床的基本运动是相同的，如控制刀架两个方向的运动。因此在改造车床时，更多的是直接选用标准的步进电机微机数控系统。

车床的机电一体化改造的过程，涉及到机械改装部分的设计、微机及其接口技术、步进伺服技术、软件技术等内容，体现了机电相结合的技术设计。下面以 CK - Ⅰ型经济型车床数控系统改造 C620 - 1 车床为例，介绍上述四个方面技术的应用。

一、机床结构改装设计

拆掉溜板箱、丝杠、光杆、变向轴，进给系统与主传动系统分离，换上 110BF 型号三相六拍步进电机驱动纵、横向进给部件。纵横向进给采用滚珠丝杠付代替原梯形丝杠传动，以提高纵横向进给的重复定位精度。纵横向步进电机通过齿轮箱分别与纵横向滚珠丝杠轴相联接；用四工位电动转位刀架代替原方刀台；在机床主轴尾端安装主轴脉冲发生器及其配套装置，用以加工螺纹；为形成闭环的检测系统，在纵横向进给部件上分别安装光栅尺，检测纵横向的位移量，安装方式见第五章。机床的纵横向进给步进电机、自动转位刀架及主轴脉冲发生器均由微机装置控制。

根据加工精度要求取纵向脉冲当量为0.01 mm，横向脉冲当量为0.05 mm，步进电机的步距角为0.75°，纵横向滚珠丝杠的螺距分别为 6mm 和 4mm。根据已知数据可计算出纵横向的传动比 i 为：

$$i_{纵} = \frac{T_{纵}}{\frac{360}{\theta} \times \delta_{纵}} = \frac{6}{\frac{360}{0.75} \times 0.01} = \frac{60}{48}$$

$$i_{横} = \frac{T_{横}}{\frac{360}{\theta} \times \delta_{横}} = \frac{4}{\frac{360}{0.75} \times 0.005} = \frac{40}{24}$$

式中 $T_{纵}$——滚珠丝杠的导程（mm）；

θ——步进电机的步距角（°）；

$\delta_{纵}$——纵横向的脉冲当量（mm）。

主轴脉冲发生器与机床主轴之间传动比为 1 时，可加工螺距在0.25～10mm 范围内的螺纹。

为消去减速齿轮箱中齿轮的传动间隙，采用图 2－26 中的结构。滚珠丝杠的调正方法参见图 2－19。

二、微机数控系统及其接口

改造所采用的 CK－Ⅰ型车床数控系统是安徽工学院数控机床研究所生产的产品。该系统既可用于普通车床的数控化改造，也可与机床主机配套构成数控车床产品。下面从数控化改造的角度，对该系统的特点，工作原理及其接口等方面加以阐述。

（一）CK－Ⅰ型车床数控系统的特点

系统具有如下主要特点：

1）以 8031 单片机芯片为控制核心的八位微处理器系统。

2）系统具有闭环控制技术，开、闭环两用。

3）通过闭环控制技术，系统可自动地补偿环内机械传动部件的变形、间隙及传动等造成的误差，还可以自动地补偿步进电机失步造成的误差，使系统的定位精度和重复定位精度稳定地控制在 ±0.01mm 内。

4）系统具有全功能自动对刀技术。

5）系统具有软件判频技术，使步进电机在高速运行时具有较大的扭矩。

（二）系统的组成和工作原理

该数控装置是以 8031 单片机为控制核心，以步进电机作为驱动电机，工作台和刀架作为执行元件，以光栅作为位置检测元件而构成的一个闭环控制系统。其结构图如图 8－11 所示。

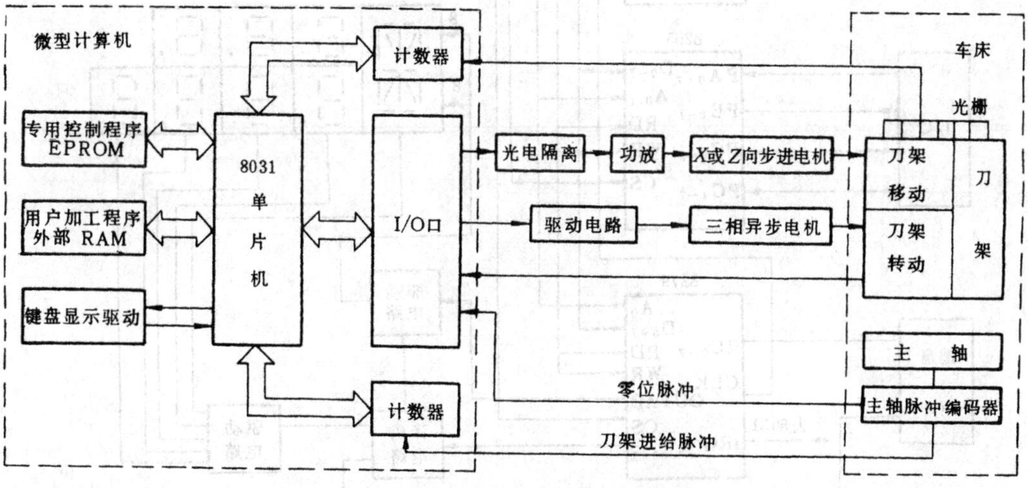

图 8－11　CK－Ⅰ型车床闭环控制系统

用户根据零件图纸，按照ISO标准格式编制出零件加工程序，通过键盘把程序输入计算机。计算机在管理程序的控制下，通过专用控制程序把用户加工程序转化为一定数量（位移）和频率（速度）的脉冲信号。这些指令脉冲经过输入/输出（I/O）口和光电隔离，再经过功率放大，去驱动两台步进电机，带动工作台和刀架完成纵、横两个方向的进给，使车刀走出直线、斜线或圆弧等轨迹。工作台的位移量通过光栅检测出来并反馈回计算机形成闭环。

刀架上可装四把刀。当需要换刀时，由计算机发出驱动刀架旋转的信号，经过驱动电路使刀架电机旋转，带动刀架换位。刀架到位夹紧后，给计算机一个回答信号。计算机接到回答信号后再继续执行下一道加工程序，从而完成对各种零件表面的加工。

主轴脉冲编码器把主轴旋转的角位移以电脉冲的形式输给计算机，计算机通过软件控制，使车刀的进给运动与工件的旋转运动保持正确的运动关系。

（三）微处理器系统及其接口

微处理器系统硬件是由8031单片机加上ROM、RAM、I/O口、计数器、键盘显示和控制等扩展电路构成的，系统硬件结构图见图8-12。

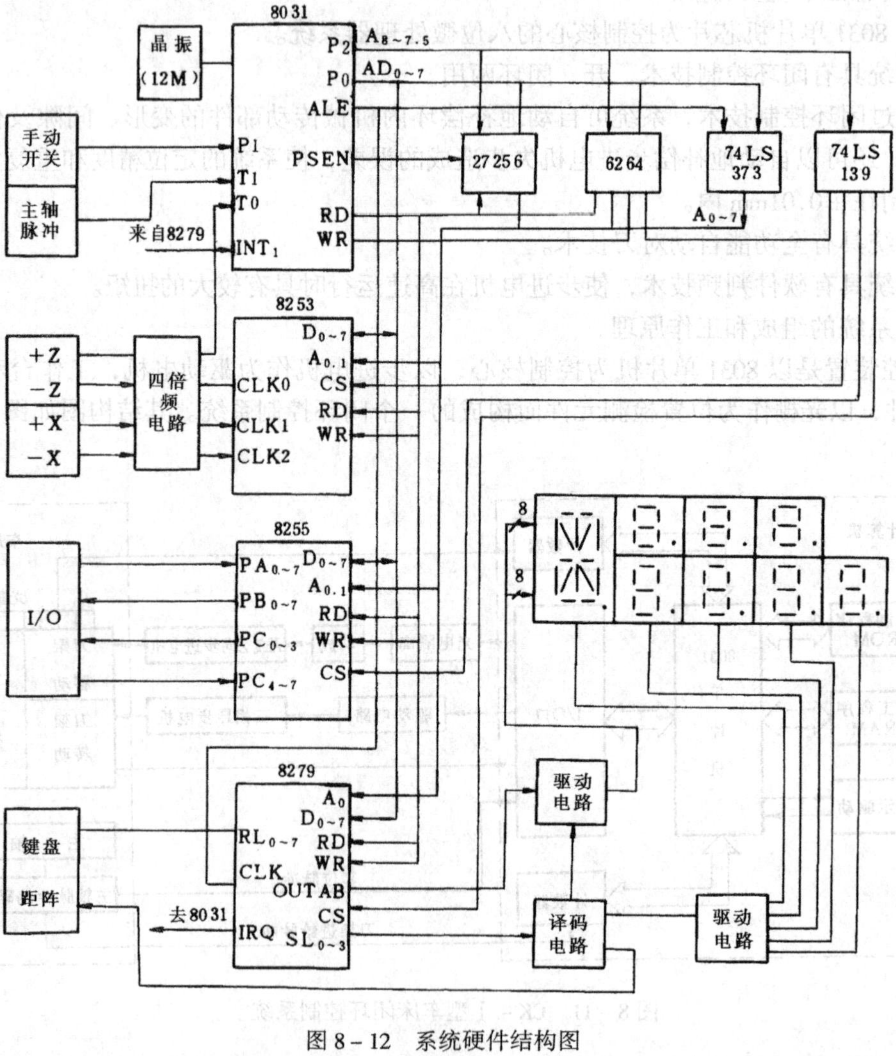

图8-12 系统硬件结构图

8031 片上有四个 I/O 口，由于有外接存储器，故 P0 口用来传送低位地址和数据，P2 口用来传送高位地址。由于 P0 口地址和数据复用，故需用外接地址锁存器（如 74LS373），用 ALE 控制。外部程序存储器（如 27256）选通信号端为$\overline{PSFN}$。读取数据用 MOVC 查表指令，由$\overline{PSEN}$控制，选通时“读”取程序代码。$\overline{WR}$、$\overline{RD}$用于外部 RAM 的读/写控制。当执行外部数据存储器操作指令 MOVX 时，这两个控制信号自动生成。8031 没有内部存储器，故内部与外部存储器选择端$\overline{EA}$必须接地。P1 口用作输入输出口，P3 口使用其第二功能。图 8－13 是 8031 单片机引脚分配图。

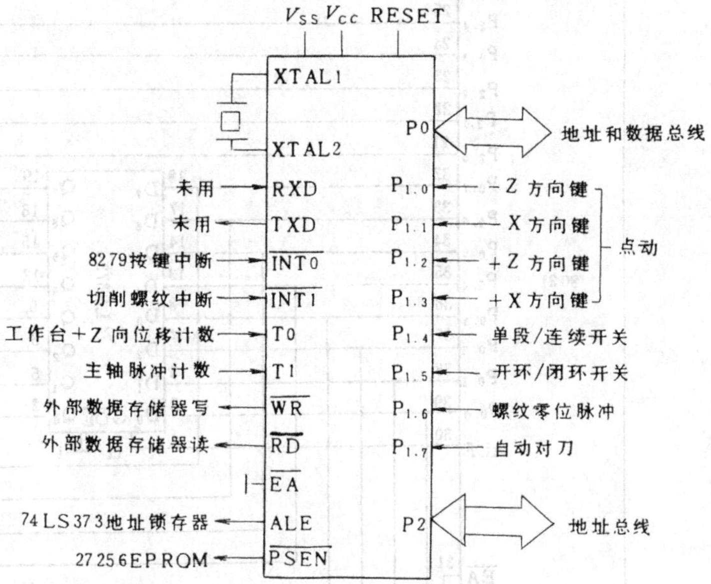

图 8－13　8031 引脚分配图

1．8031 单片机系统扩展　显然仅 8031 单片机本身的结构不能满足数控系统的要求。本系统扩展主要有程序存储器 ROM 的扩展、数据存储器 RAM 的扩展、I/O 口的扩展和计数器的扩展。

1）程序存储器扩展　系统程序存储器的扩展电路如图 8－14 所示。

图中 8D 锁存器 74LS373 作为地址锁存器。它的锁存控制端 G 可直接与单片机的锁存控制信号 ALE 相连。用作地址锁存器时，应使输出允许端$\overline{OE}$为低电平。27512 有 16 根地址线（A_0～A_{15}），8 根数据线（D_0～D_7），存储容量为 64K 字节。由于系统中只扩展一片程序存储器，故将程序存储器 EPROM 的片选端$\overline{CE}$接地。

2）数据存储器 RAM 扩展，因 8031 单片机内仅有 128 字节的 RAM 存储器，为了存放用户加工程序和加工数据，外接了一片 6264（8K×8）随机存储器（RAM）。

6264 逻辑符号和管脚分配图见图 8－15。A_0～A_{12}为 13 根地址线，IO_0～IO_7为 8 位数据线，$\overline{OE}$、$\overline{WE}$为读、写信号线。6264 有两个片选端，$\overline{CE_1}$由 139 译码器进行片选，$\overline{CE_2}$是专门用于进行掉电保护的引脚。通常在正常工作时，须将 6264 的 CE_2 引脚保持高电平。若把该引脚电平拉至小于或等于0.2 V 时，RAM 进入保护状态。

3）I/O 口的扩展　8031 本身只有 P1 口 8 位 I/O 线和 P3 口的某些位可作输入输出线用，这对于微机数控系统是不够的。因此系统对 I/O 口进行了扩展，采用了一片 8255 可编程并行 I/O 接口芯片，逻辑符号管脚分配图见图 8－16。

PA 口设定为输入口。PA_0～PA_5 信号来自面板六个琴键开关；空运行是验证程序用；自动运行用于加工；手动速度有三档，用于点动；回零是指刀架回零；电动刀架转位后产生换刀回答信号；工作台超过限位开关发出超程信号。

PB 口设定为输出口。A、B、C 三相用于控制三相六拍步进电机。步进电机的驱动器提

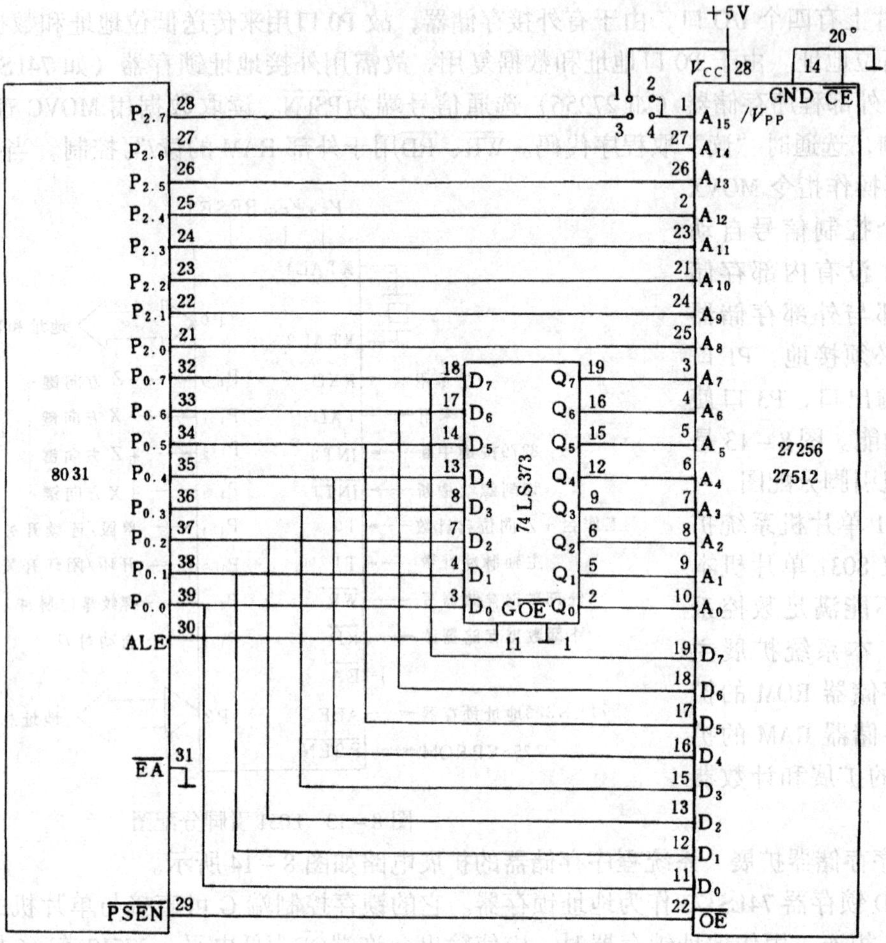

图 8－14　EPROM 扩展电路

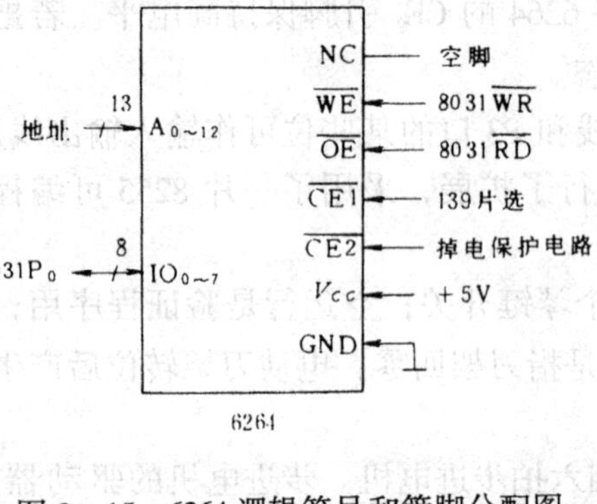

图 8－15　6264 逻辑符号和管脚分配图

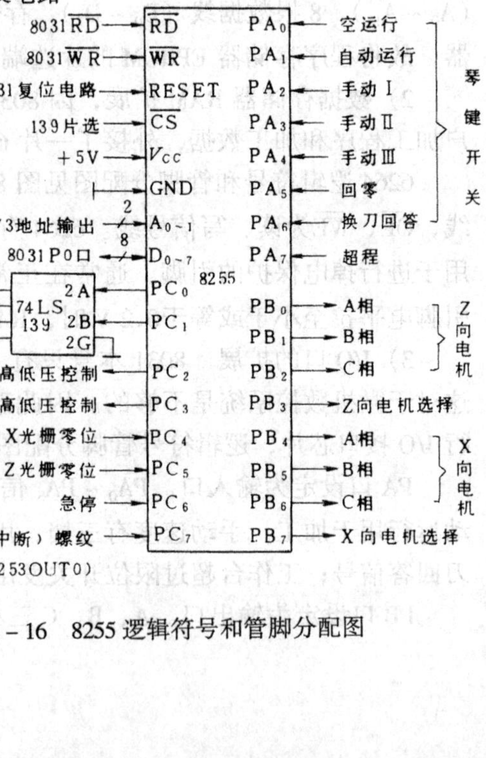

图 8－16　8255 逻辑符号和管脚分配图

供三种电压：9V 锁定电压和 45V、120V 的运行电压。

PC 口的高 4 位设定为输入，低 4 位设定为输出。PC4 和 PC5 用作光栅零位输入。采用闭环控制时，工作台上装有直线光栅，通过光栅零位输入。采用闭环控制时，工作台上装有直线光栅，通过光栅零点信号可以判别工作台的绝对坐标。急停（PC8）信号来自操作面板上的急停键，PC7 信号来自 8253T0 计数器的输出 OUT0，是用来车削螺纹时的中断处理。74LS139 为双 2 - 4 译码器，其中一个 2 - 4 译码器用于控制电动刀架的四个工位，另一个被用作数据存贮器和 I/O 的片选。

8255 的 $D_0 \sim D_7$ 位是 8 位数据线，用于和 8031 的 P0 口交换数据。A_0、A_1 是 8255 的口地址选择位，信号来自 74LS373 地址锁存器的输出，通过 A_0A_1 二位可选择输入输出口 A、B、C 以及内部控制寄存器。

4）计数器的扩展　MCS - 51 内部有两个 16 位定时/计数器，而对应于车床刀架的四个坐标运动方向，就需要四个计数器，故系统扩展一片 8253 计芯器芯片，其逻辑符号及计数器分配见图 8 - 17。

8253 具有三个功能相同的 16 位减法计数器，每个计数器的工作方式及计数常数分别由软件编程来设定。每个计数器有三根 I/O 线：CLK 为时钟输入线，是计数脉冲输入端；OUT 为计数器输出端，当计数器减为零时，OUT 输出相应的信号；GATE 为门控信号，用于启动或禁止计数器操作。CLK_1 接收刀架沿 + X 坐标方向运动的位移脉冲，CLK_2 接收刀架沿 - X 坐标方向的位移脉冲。该位移脉冲是由直线光栅发出的。这三个计数器的输出口没有使用，工作时只是通过指令读取计数值。三个计数器的 GATE 端都接高电平，以保持一直处于计数状态。

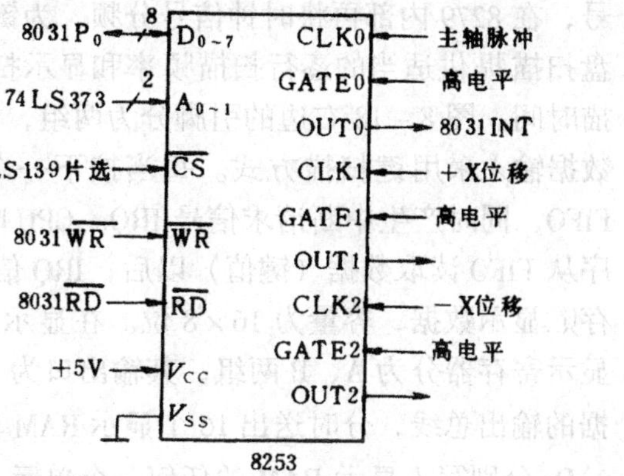

图 8 - 17　8253 逻辑符号

8253 芯片的 $D_0 \sim D_7$ 为双向、三态数据总线，它和 8031 的 P0 口直接相连，以实现数据的传送。$\overline{CS}$是片选线，和数据存贮器统一编址，由 74LS139 译码器进行片选。A_0、A_1 是地址线，接到 74LS373 低八位地址锁存器的输出端，由它们的电平高低来选择 8253 的 3 个计数器和控制字寄存器。实际上，$\overline{CS}$、A_0、A_1 给出 16 位地址编码。$\overline{RD}$、$\overline{WR}$分别为 8253 的数据读、写控制线。

2．8031 单片机系统配置　数控系统在使用前要输入加工程序和数据，在输入程序、检查程序和加工过程中需要显示，因此 CK - Ⅰ型车床数控系统配备了一个 ISO 编码键盘和一组显示器。键盘上共有 38 个编辑键、4 个功能键和 4 个方向键。采用 8279 通用可编程键盘、显示接口器件、单个芯片就能完成键盘输入和 LED 显示控制两种功能。

8279 键盘输入部分提供的扫描方式，可以和具有 64 个按键或传感器的阵列相连，能自动消除开关抖动以及完成几个键同时按下的保护。CK - Ⅰ型系统键盘只有 46 个键，故采用 6 × 8 阵列进行扫描。8279 显示输出部分按扫描方式工作，可以显示 8 或 16 位 LED 显示器。CK - Ⅰ型系统显示器采用一个米字管，7 个数码管以显示加工程序和数据，其逻辑符号及管脚分配见图 8 - 18。

图中 $D_0 \sim D_7$ 为双向三态数据总线，用于 CPU 和 8279 之间的数据/命令传送。IRQ 为中断请求信号，每当按下一个键后，8279 便向 CPU 申请中断处理。$\overline{CS}$是 8279 的片选信号，当 $\overline{CS}=0$ 时，8279 才被允许读出或写入信息。$\overline{WR}$、$\overline{RD}$为来自 8031 的读写控制信号。A_0 用于区别信息特性：$A_0=1$ 时，表示数据缓冲器输入为指令、输出为状态字；$A_0=0$ 时，输入输出皆为数据。RESET 为复位信号线。系统时钟 CLK 取自外界输入。CK－Ⅰ型系统从 8031 的 ALE 端获取时钟信号，在 8279 内部再将时钟信号分频，为键盘扫描提供适当的逐行扫描频率和显示扫描时间。图 8－18 右边的引脚分为两组，一组用于键盘数据输入，一组用于数据显示。键盘数据输入采用键扫描方式。每当按下一个键时，便由 8279 自动编码并进入先进先出堆栈 FIFO，同时产生中断请求信号 IRQ。CPU 响应中断后执行中断服务子程序，当中断服务子程序从 FIFO 读取数据（键值）以后，IRQ 信号将自动撤消。8279 内部有一个显示 RAM，用来存贮显示数据，容量为 16×8 位。在显示过程中，存贮的显示数据轮流从显示寄存器输出。显示寄存器分为 A、B 两组，其输出口为 $OUTA_0 \sim A_3$ 和 $OUTB_0 \sim B_3$。这 8 个输出口是显示数据的输出总线，分时送出 16 个显示 RAM 单元内存贮的数据。显示数据可以通过数据总线 $D_0 \sim D_7$ 分别写入显示 RAM 的任何一个单元。一旦数据写入后，8279 的硬件便自动管理显示存贮器的输出及同步扫描信号。

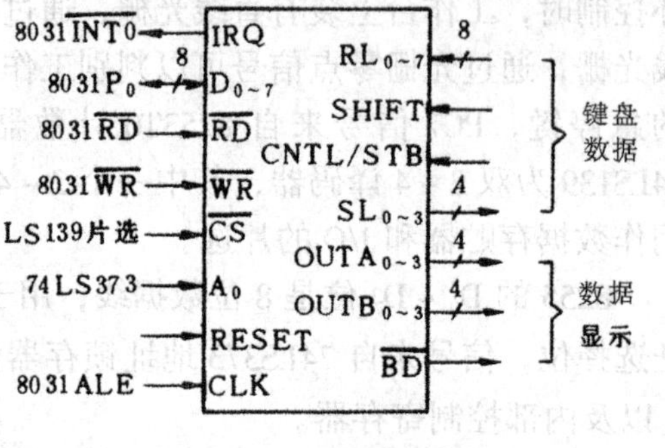

图 8－18　8279 逻辑符号

3．输入和输出信号接口电路　为了使计算机能控制机床的进给系统、电动刀架等，并能接收光栅、编码器等的反馈信号、系统配置了相应的电路。为提高系统的抗干扰能力，所有的输入、输出信号均经光电隔离。

(1) 光栅信号输入　图 8－19 是光栅信号的输入电路。因为每个光栅都有 A 相、B 相和零位三组输入信号，所以共有六路完全相同的输入电路。图中＋12V 是光栅的专用电源。因光栅的输出是 12V 脉冲信号，需经光电隔离并变换为 5V 脉冲信号送入计算机。

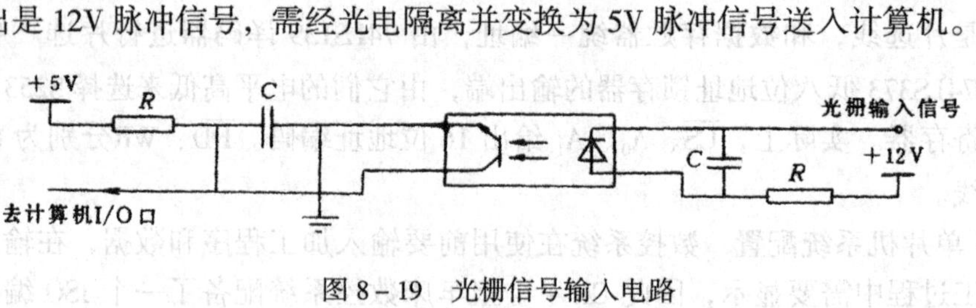

图 8－19　光栅信号输入电路

(2) 输出信号接口电路　信号输出电路作用是来控制电动刀架选择刀号，实现自动换刀。电路原理见图 8－20 所示。来自 CPU 的绝对要刀信号、经光电隔离并变换成 12V 信号，经 MC1413 驱动放大后送入电动刀架、控制电动刀架的换刀动作。

三、步进电机的驱动

从第六章知道步进电机作伺服电机用于控制系统时，工作可靠且可获得较高的控制精度，为了驱动步进电机，必须通过功率放大电路把微机或环形分配器发出的脉冲电平放大到

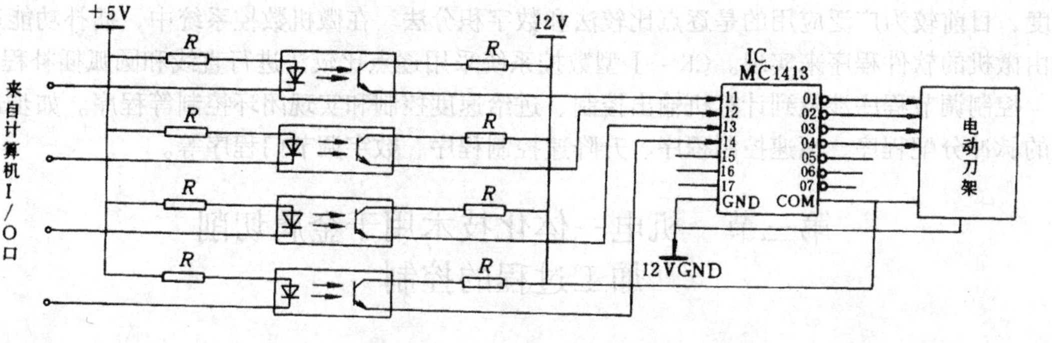

图 8-20　输出信号接口电路

几安培到几十安培的电流。常用的功放电路有单电压电路、高低压电路和斩波电路。CK-Ⅰ型系统的步进电机驱动电源原理框图见图 8-21。该驱动电源具有如下特点：软件判频双高压自动切换；恒流斩波；低压锁相。

图中 $\overline{Q}_a$、$\overline{Q}_b$、$\overline{Q}_c$ 是计算机来的步进电机三相进给信号，当与电机选择信号 PB7 同时有效时，电流检测电路检测电机绕组电流，并控制电压管 VT_2 的导通和截止，使电流得以保持恒定，实现恒流斩波。

系统设计了两组高压电源，120V 和 45V。电机作高速运行时，步进电机扭矩将下降，这时计算机软件判频程序便输出 $\overline{PC_2}$ 信号，电路自动将电机绕组电压由 45V 提高到 120V，使步进电机在高速运行时，具有很强的驱动能力，又能减少低速振荡。V_{sx} 是电机的低压驱动和锁相电压，当需要电机锁相时，A、B、C 三相信号的任一相或二相有效，低压管 VT_3 便导通电流经电机绕组 W 到地，电机锁定。此时锁相电流是电机额定电流的 $\frac{2}{3}$，所以它既能提供足够的锁相扭矩，又不会使功率晶体管因长时间大电流导电而过热损坏，还能节约能源。

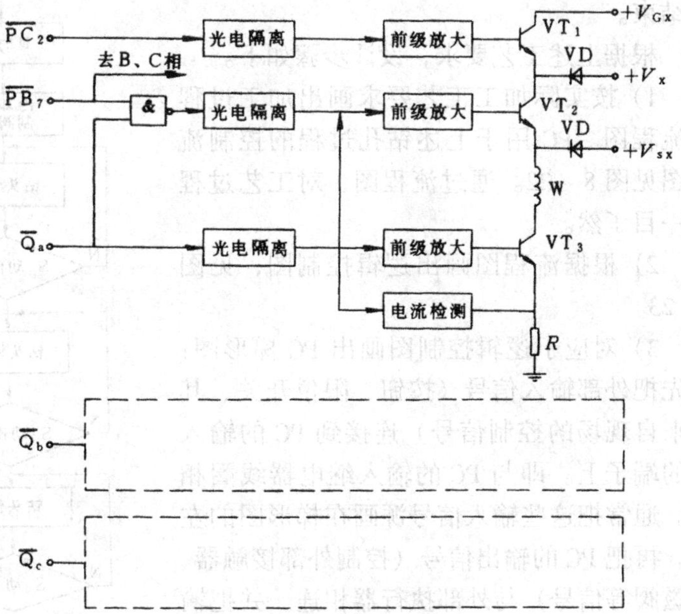

图 8-21　步进电机驱动电源框图

四、数控系统软件

整个数控系统软件主要由四大部分程序组成。一是操作管理程序，二是插补程序，三是控制调节程序，四是坐标变换程序和诊断程序。

操作管理程序包括系统初始化、键盘分析显示、输入数据处理和管理程序，这些程序用来实现人机对话、输入数据以及对整个系统进行管理。

插补是数控机床中一种脉冲分配的计算。合理的插补方法可以提高数控机床运行的轨迹精度，目前较为广泛应用的是逐点比较法和数字积分法。在微机数控系统中，插补功能通常都由微机的软件程序来实现。CK－Ⅰ型数控系统采用逐点比较法进行直线和圆弧插补程序。

控制调节程序涉及到计算机输出控制、进给速度控制和实现闭环控制等程序。如步进电机的脉冲分配程序、恒速控制程序、升降速控制程序、数字调节门程序等。

第三节　机电一体化技术用于金属切削加工过程的控制

一、PC 用于钻削加工控制

用 PC 控制一条五工位加工线，其中第二工位的头道工序是钻孔。此工序的动作过程要求如下：启动后，夹紧装置动作。延时 10 秒钟，控制冷却油的电磁阀吸合。同时，钻头向工件方向快进。当接近工件时，限位开关 S_1 动作。钻头变为慢进，开始钻削。达到预定深度，限位开关 S_2 吸合，钻头快速退回。回到原位，S_3 动作，钻头停止移动。钻削工序结束。

根据上述工艺要求，设计步骤如下。

1）按实际加工工艺要求画出加工过程的流程图。PC 用于上述钻孔过程的控制流程图见图 8－22。通过流程图，对工艺过程就一目了然。

2）根据流程图画出逻辑控制图，见图 8－23。

3）对应于逻辑控制图画出 PC 梯形图：首先把外部输入信号（按钮、限位开关、其它来自现场的控制信号）连接到 PC 的输入口的端子上。即与 PC 的输入继电器线圈相连。通常把这些输入信号源画在梯形图的左部。再把 PC 的输出信号（控制外部接触器、电磁阀等信号）与外部执行器相连。并把输出部分画在梯形图的右部。然后按工艺流程图或逻辑控制图，遵循一定的编程规则，应用 PC 的内部继电器、计数器/定时器等单元画出梯形图。见图 8－24。PC 中各输入/输出线圈、内部继电器线圈及触头、特殊功能单元、定时器/计数器等都有规定的编号或地址。

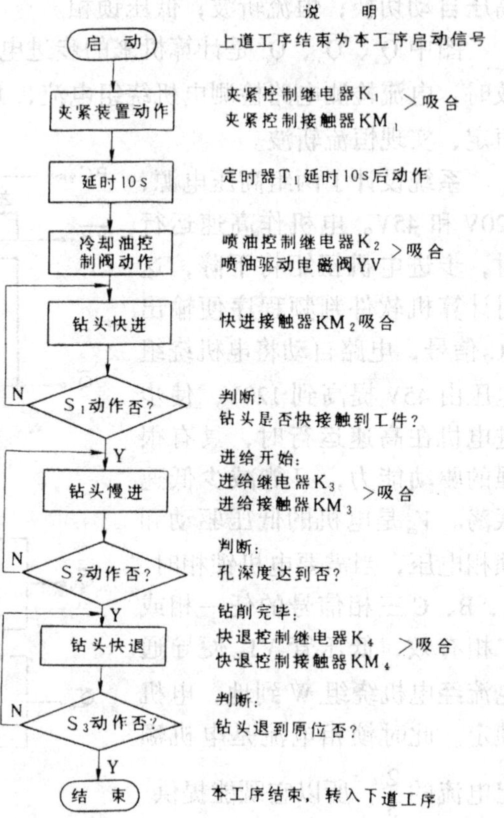

图 8－22　PC 用于钻孔控制过程的流程图

4）用 PC 的指令助记符把梯形图编成程序。这里用 CE－Ⅰ型 PC 指令助记符对图 8－24 的梯形图编程，得到能满足钻孔工艺所要求的程序清单，见表 8－1。

5）程序的输入、调试、考核和运行。把编好的程序通过编程器上的键盘输入到 PC 内，

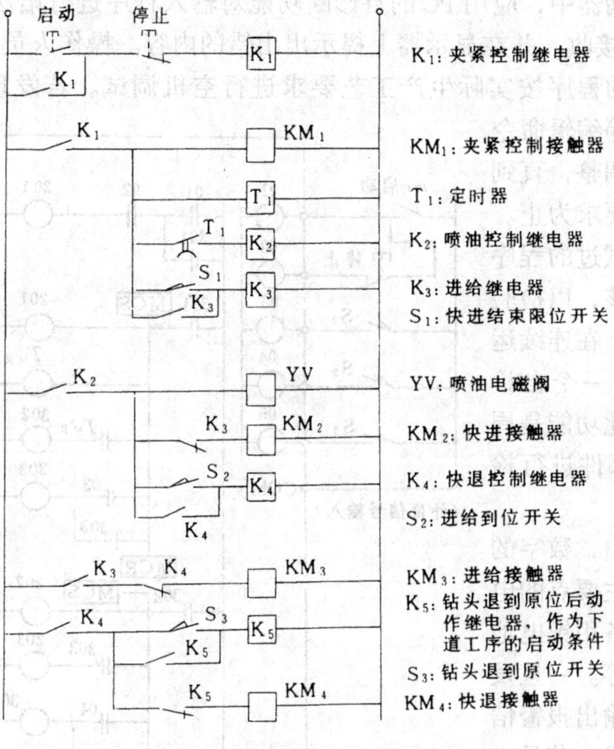

图 8-23　钻孔过程的继电器逻辑控制图

表 8-1　钻孔工艺的程序清单

序　号	指　　令	备　　注	序　号	指　　令	备　　注
1	SRT　01		18	STR　NOT　303	
2	OR　301		19	OUT　203	
3	AND　NOT　02		20	STR　04	
4	OUT　301		21	OR　304	
5	STR　301		22	OUT　304	
6	MCS	分支起	23	MCR	分支末
7	OUT　201		24	STR　303	
8	TMR　1 10	1*定时器 定 10s	25	AND　NOT　304	
9	STR　TMR		26	OUT　204	
10	OUT　302		27	STR　204	
11	STR　03		28	MCS	分支起
12	OR　303		29	STR　05	
13	OUT　303		30	OR　305	
14	MCR	分支末	31	OUT　305	
15	STR　302		32	STR　NOT　305	
16	MCS	分支起	33	OUT　205	
17	OUT　202		34	MCR	分支末

存放在用户程序存储器中，应用PC的自诊断功能对输入程序进行语法的分析和校验。若发现错误，PC便拒绝接收，并在显示器上提示出出错的内容。操作人员可及时修改错误序。

然后，对输入的程序按实际生产工艺要求进行空机调试。若发现问题可用PC中的移位，删除、插入等等编辑命令对程序进行修改和调整，直到满足预定工艺控制要求为止。

最后，对已调试过的程序进行连续运行和考核，以检验其动态性能等指标。在连续运行过程中，PC的另一个自诊断功能就起作用，此功能是周期性地对PC中各部件进行检查。

如数值是否溢出，数字的存取有否出错、各主要点的电源电压是否正常、备用锂电池电压值正常与否等等。一旦发现异常情况，立即输出报警信号，显示出出错代码，若是灾难性错误就会自动停止运行。操作人员应根据具体情况分析处理。若属于程序上的问题，则应进一步修改程序，重复上述步骤，直到通过为止，并把通过的程序固化到EPROM中去。

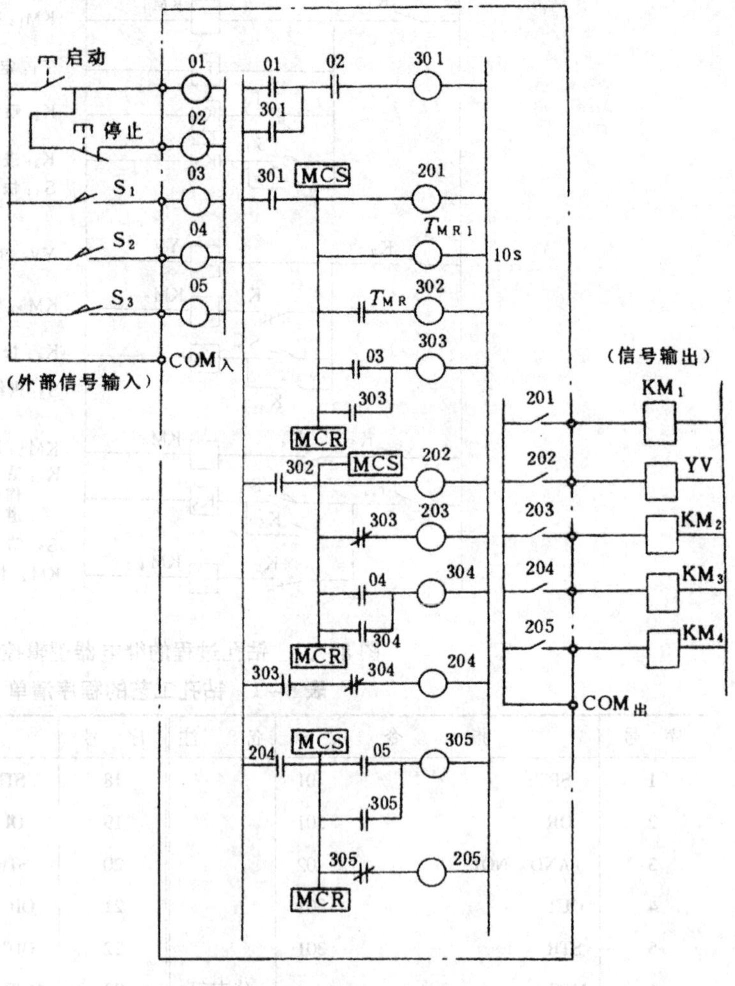

图8-24　钻孔过程的梯形图

6）进行在线调试和验证。按梯形图把PC与现场的输入信号及外部执行器相连后就可以进在线调试。若发现某些参数不合适，如：定时器的延时值等；通过编程器可在线修改，直到满足现场要求为止。

二、刀具磨损的计算机监视

刀具磨损的监测，是机械制造过程中必须认真解决的一个重要课题，特别在自动化生产系统（FMS）中更为重要。刀具磨损一般是由刀具后刀面上的磨损量大小来度量的。

目前，在加工过程中检测刀具磨损的方法有直接检测法与间接检测法。在直接检测法中，无论是接触式或非接触式的检测，都是要直接测定刀具磨损处与工件的相对位置的变化，这在技术上都存在着一些困难。采用间接检测法时，利用刀具磨损与切削过程某些物理量（如切削力、切削温度、切削振动、电机功率等）之间的定量关系，通过检测物理量来间接地检测出刀具磨损量。为了建立刀具磨损与各种物理现象之间的数学模型，也将借助于各种数学工具。

下面列举两个实现刀具磨损监视与补偿的实例。

1．镗刀磨损的补偿　镗刀磨损后，刀具的径向尺寸减小，影响被加工工件与孔径的尺寸。对精加工工件，为了保证工件孔径的尺寸精度，须对镗刀磨损量进行补偿。如图 8－25 所示的系统是属于刀具磨损的直接检测，利用测量传感器检测出工件孔径，将其与理论公称尺寸比较，其差值即为控制偏差 e_n，通过一定的控制算法，产生出控制变量，使补偿器动作，以调整刀具的径向尺寸，使磨损量得以补偿。显然，测量信号的处理、控制算法的实现均可利用微机系统完成。

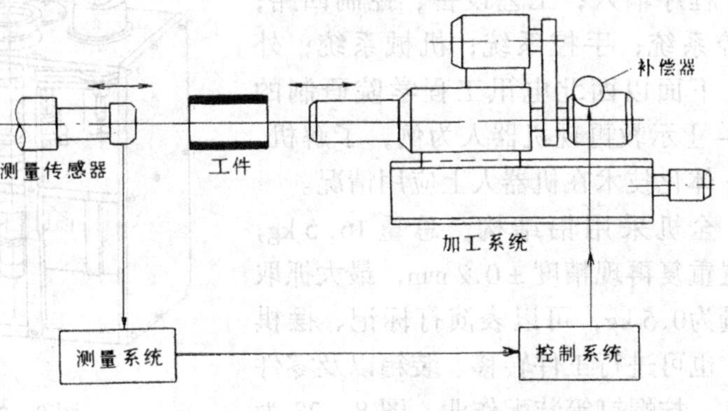

图 8－25　镗刀磨损补偿监测系统

2．用检测轴承受力的方法检测刀具磨损　当刀具磨损后，切削力会随磨损的增大而增大，相应地引起机床主轴轴承受力也增大。因此，通过检测机床主轴轴承受力的变化，就可以检测出刀具磨损量的大小。可见，这是一种间接检测方法，为了测量主轴轴承的受力大小，可在轴承外环上贴应变片来实现，如图 8－26 所示。

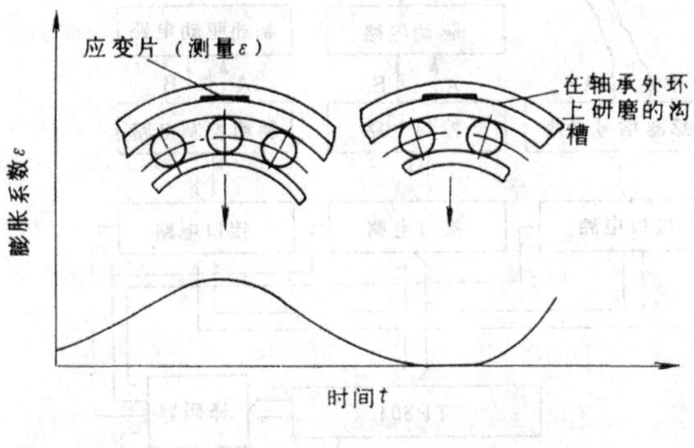

图 8－26　检测轴承受力的方法

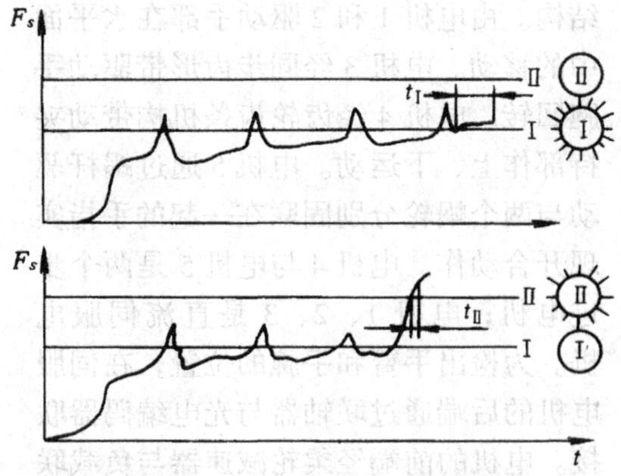

图 8－27　刀具磨损监测原理图

根据受力变化监视机床工作原理见图 8－27，力 F_s 等于切削力 F_C 乘上一个系数。图中有两条控制线，当 F_s 超出控制线Ⅰ后，指示灯亮，告诉操作人员刀具磨损已较严重，但机床并不立刻停车，而是经过 t_{I} 后再停，当 F_s 一超出控制线Ⅱ时，机床立即停车。停车以后，更换刀具并再进行调整。如果刀具发生破损，F_s 将急剧上升，但随后又急剧下降。

第四节　机器人的应用

机器人是机构学、仿生学、电子学、控制技术、计算机技术高度发展的综合成果，是机电一体化技术应用的典型产品。机器人综合了机械和电子于一体，形成一种能模仿人的某些动作和功能的操作机械，具有完成一系列任务的技术密集型自动化装置。按机器人控制的特点分类，机器人可分为手控操纵机器人、固定程序机器人、可编程序机器人、示教再现机器人、数控机器人和智能机器人等六类。

机器人一般由七个部分组成：信息系统；程序输入；工艺设备、控制回路；程控系统；手控系统；机械系统；外界。下面以西北电讯工程学院研制的 XD－Ⅰ示教再现机器人为例，了解机、电一体化技术在机器人上应用情况。

全机采用铝结构，总重16.5 kg，位置重复再现精度±0.2 mm，最大抓取重量为0.5 kg，可以表演打标记、摆棋子，也可进行工件转移、装箱以及零件插入，拧螺钉等装配作业。图 8－28 为其外形图。

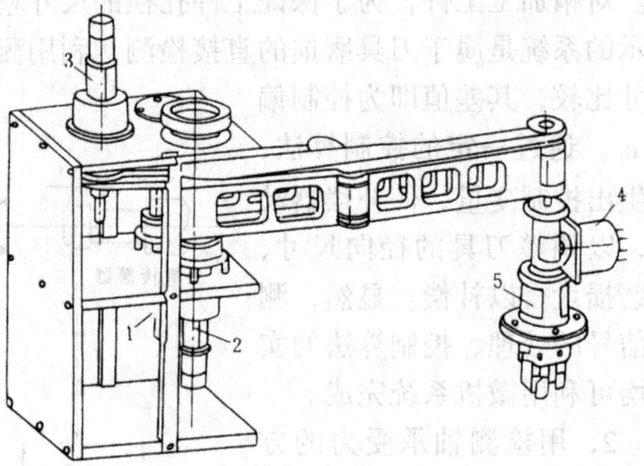

图 8－28　XD－Ⅰ机器人外形图

1、2、3、4、5—电机

一、结构特征及工作范围

为了减小驱动力矩和提高快速性，XD－Ⅰ机器人的手臂采用平面五杆型结构。由电机 1 和 2 驱动手部在水平面中的移动。电机 3 经同步齿形带驱动手腕回转。电机 4 经齿轮齿条机构带动夹持部作上、下运动。电机 5 通过蜗杆驱动与两个蜗轮分别固联在一起的手指实现开合动作。电机 4 与电机 5 是两个步进电机；电机 1、2、3 是直流伺服电机。为检出手臂和手腕的位置，在伺服电机的后端通过联轴器与光电编码器联接。电机的前端经柔轮减速器与负载联接。为了抑制在定位时产生的残余振动和提高定位精度，在输出轴上装有电磁制动器。

二、控制系统

图 8－29 为 XD－Ⅰ示教再现机器人的控制系统方框图。主机为 TP801 单板机。接口电路均采用了 8255A 并行接口片。通过单板机键盘进行示教。

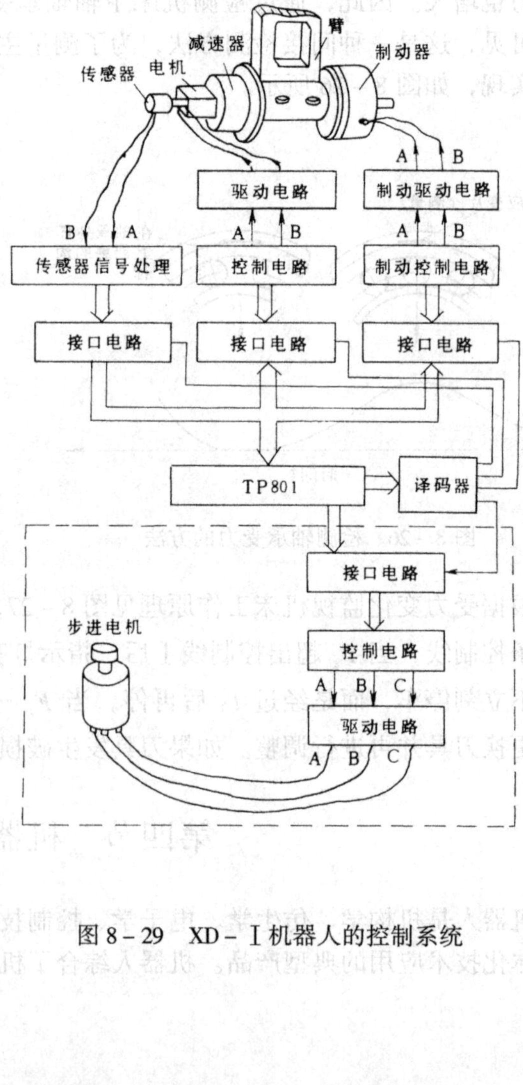

图 8－29　XD－Ⅰ机器人的控制系统

图 8－30 所示为其伺服电机控制原理图。当工作时主机发出清零信号使系统复位，接着发出运转方向及运转时间

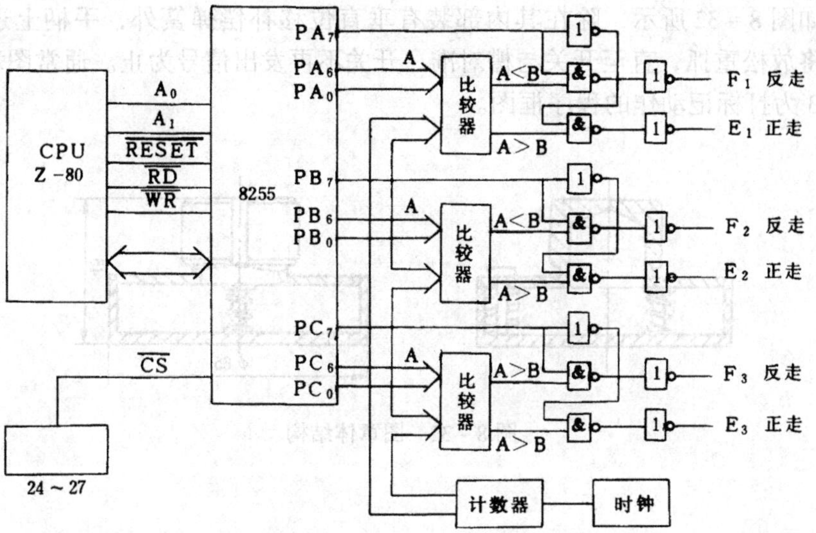

图 8 - 30　伺服电机控制原理图

常数到接口电路，同时计数器由零状态开始对时钟脉冲进行计数并不断向比较器输入所计的数码。在 CPU 控制下的 8255 接口片的 A、B、C 三个数据端口，也同时向比较器输入三个时间常数，分别在三个比较器上进行比较。规定电机正走数据代码为 00～7F，反走为 80～FF，亦即图 8 - 30 中各端口的第 7 位 PA_7、PB_7、PC_7 分别决定所接电机的转向。当第 7 位为 0 时，电机正转，为 1 时反转。因此，设 A 端口输出信号为 A′，而计数器输出为 B′时，若 A′ > B′、且 A 端口数据第 7 位为 0，则电机正转，一直到计数器计到 A′ ≤ B′时，电机停止转动。

电机转动时，光电编码器随同旋转，产生电机的位置信号，经过传感器信号处理电路处理后，由接口送入计算机判断是否到位。若已到位，立即发出制动信号，使制动器动作。

图 8 - 31 为步进电机控制驱动电路。8255 接口片在 CPU 的控制下，向译码器 SN7442 输入一个包含步进电机旋转步数及步进方向编码，经编码器变成三相六拍式脉冲码后，再将其送入步进电机驱动电路，在驱动电路中经电流放大，以足够大的电流驱动步进电机旋转。

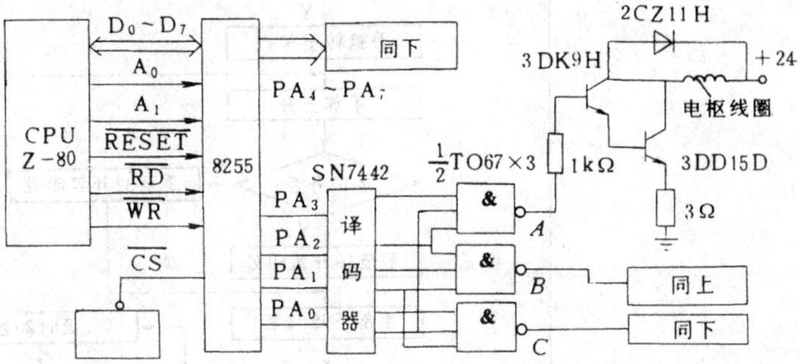

图 8 - 31　步进电机控制、驱动电路

三、打标记程序框图

XD - Ⅰ机器人由 TP801 型单板机控制，采用汇编语言由键盘示教。打标记动作是在一个专用台面上进行。

在台上设有固定的印泥盒与置纸处，置纸处台面下装有光电系统以判定所放纸张是 16 开还是 32 开。

图章体如图 8－32 所示，除在其内部装有垂直位移补偿弹簧外，手柄上还作有一个竖槽，否则手将放松重抓，直至开关与槽对准，开关不再发出信号为止。通常图章置于印泥盒上。图 8－33 为打标记动作的程序框图。

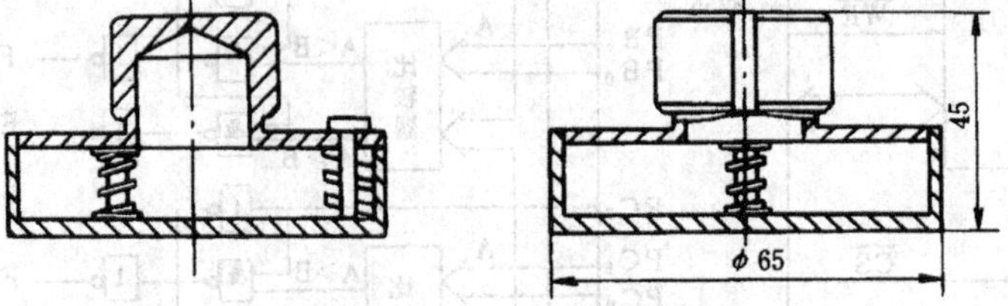

图 8－32　图章体结构

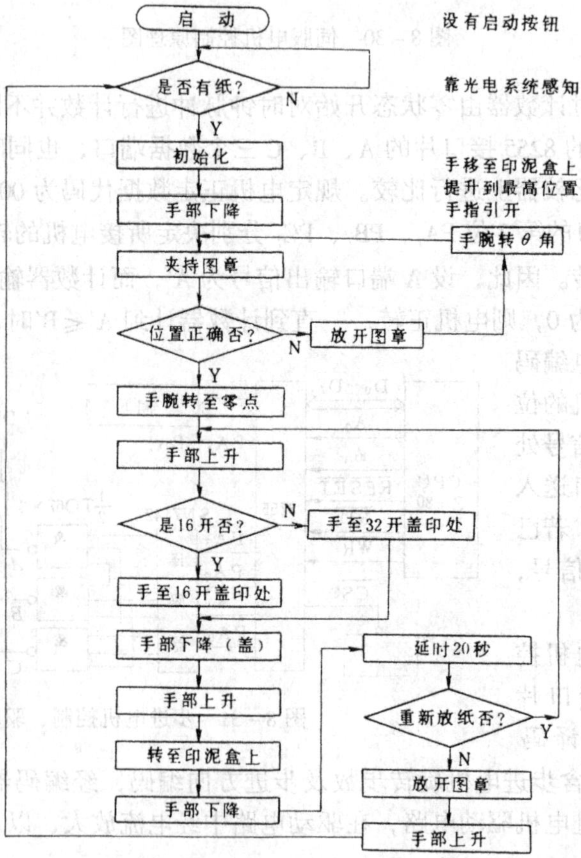

图 8－33　打标记动作程序框图

主要参考文献

1 黄筱调编．机电一体化技术基础．马鞍山：华东冶金学院，1990

2 李正吾等编著．机电一体化技术及其应用．北京：机械工业出版社，1990

3 赵松年等编．机电一体化机械系统设计．上海：同济大学出版社，1990

4 于贻琛等编著．精密机床．上海：同济大学出版社，1989

5 庞振基等编著．精密机械零件．北京：机械工业出版社，1989

6 吴祖育等主编．数控机床．上海：上海科学技术出版社，1990

7 林其骏主编．微机控制机械系统设计．上海：上海科学技术出版社，1991

8 王秀玲等编著．微型计算机 A/D D/A 转换技术及数据采集系统设计．北京：清华大学出版社，1984

9 陈瑜编著．机电一体化技术．北京：机械工业出版社，1987

10 马之行等．机电一体化技术．成都：四川科学技术出版社，1986

11 刘任需等编著．机械工业中的机电一体化技术．北京：机械工业出版社，1991

12 黄安南等编著．机床微型计算机控制系统．北京：电子工业出版社，1988

13 陈汝全编著．微机与单片机接口技术及应用．成都：成都电讯工程学院出版社，1989

14 陈伟人编著．单片微型计算机原理及其应用．北京：清华大学出版社，1989

15 耿文学等主编．微机可编程序控制器原理、使用及应用实例．北京：电子工业出版社，1990

16 方培生编著．传感器原理与应用．北京：电子工业出版社，1991

17 张福学编著．实用传感器手册．北京：电子工业出版社，1988

18 石来德等编著．机械参数电测技术，上海：上海科学技术出版社，1981

19 李忠杰等编著．步进电动机应用技术．北京：机械工业出版社，1988

20 魏余芳编著．微机数控原理设计及应用。成都：西南交通大学出版社，1988

21 裴仁清等编．机床的微机控制技术．上海：上海科学技术文献出版社，1990

22 郑人杰编著．实用软件工程．重庆：科学技术文献出版社重庆分社，1990

23 陈绍廉等编著．数控机床改造技术．北京：航空工业出版社，1989

24 宾鸿赞编著．机械制造过程的计算机控制．武汉：华中工学院出版社，1987

25 范印越编．机器人技术．北京：电子工业出版社，1988

26 王文熙编著．机床数字调节技术．北京：中国科学技术出版社，1992